AF340706

SERVITEURS

ET

COMMENSAUX

DE L'HOMME

PAR

M. SAINT-GERMAIN LEDUC

TOURS

ALFRED MAME ET FILS

ÉDITEURS

SERVITEURS

ET

COMMENSAUX DE L'HOMME

2ᵉ SÉRIE IN-4º

CHEVAL, D'APRÈS FROMENTIN

SERVITEURS

ET

COMMENSAUX

DE L'HOMME

PAR

M. SAINT-GERMAIN LEDUC

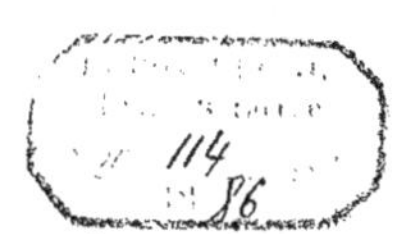

TOURS

ALFRED MAME ET FILS, ÉDITEURS

M DCCC LXXXVI

A MADEMOISELLE

ROSA BONHEUR

Ma bonne Rosa,

J'ai été l'ami de votre digne père, Raymond Bonheur, dont le talent fut malheureusement entravé par la mauvaise fortune et le souci de nourrir sa nombreuse famille. Je suis l'ami de ses enfants, qui ont payé ses tendres soins, son dévouement et ses savantes leçons en faisant au nom qu'il leur a transmis une auréole de gloire. Je vous ai connue à peine adolescente, et déjà laborieuse et habile. J'ai été un des premiers à prédire (ce qu'il était facile de pressentir) vos succès brillants et le bel avenir qui vous attendait.

En considération de ces doux souvenirs, permettez-moi de vous dédier ce petit livre, qui probablement sera mon dernier, la maladie qui m'a frappé me laissant peu d'espoir de pouvoir reprendre la plume.

Il traite d'un sujet qui nous a toujours intéressés, et dont nous avons souvent causé tous les deux. Vous y trouverez le résumé d'idées que nous avions plaisir à échanger ensemble. Vous considériez la question à votre point de vue de grand peintre, ami de la poésie. Je la considérais sous le rapport purement prosaïque, en homme qui a consacré la meilleure partie de sa vie au progrès de la science agricole.

Pour en rendre la lecture plus facile et attrayante, j'ai adopté la forme du dialogue familier, qui convient à l'allure de mon esprit, et qu'on a paru goûter quelque peu dans mon livre de *Maître Pierre ou le Savant de village* et dans le *Nouvel Ami des enfants*.

Je souhaite vivement, ma bonne Rosa, d'obtenir votre suffrage; ce serait d'un bien bon augure pour l'accueil que le public daignerait faire à mon nouvel essai d'enseignement populaire.

Votre vieil ami,

Saint-Germain Leduc.

INTRODUCTION

Mme D***, veuve d'un officier supérieur, et son fils ont décidé de vivre de la vie rurale sur leur terre des Bessieux. Cette terre se compose d'une confortable habitation de maître, qu'on appelle pompeusement « le château », et de deux fermes assez belles.

Le fils a reçu une bonne instruction; il possède un savoir étendu et varié dans toutes les directions. Arrivé au moment de choisir une profession, il a reconnu que, de toutes, l'agriculture est celle qui met le mieux à l'abri des soucis cuisants et des déceptions de l'amour-propre, celle qui est la plus exempte de perturbations, d'influences pernicieuses, celle dans laquelle l'homme conserve le plus facilement l'indépendance de caractère et trouve le plus d'occasions d'être utile à tout ce qui l'entoure. Il rêve d'ajouter un nom de plus à la liste des grands agronomes qui contribuent si fort à la prospérité du pays : les Falloux, les Torcy, les Behague, les d'Andelarre, etc.

Pour son début, il essaye ses forces sur l'une des fermes des Bessieux, à côté d'un vieux fermier qui continuera d'exploiter l'autre jusqu'à une fin de bail. Il se propose d'apprendre, en le regardant faire, quelle est la culture traditionnelle et routinière de la contrée, tandis que lui-même, éclairé par de saines études générales, fournira l'enseignement des améliorations modernes qu'on y peut apporter.

Après le travail quotidien, la mère et le fils passent la soirée dans la bibliothèque du château, en compagnie du vieux fermier. On cause du gros et du menu bétail, et de tous les animaux dont se composent l'attirail d'une ferme.

Le fermier émet ses axiomes de *praticien* de la contrée ; le débutant agronome se place au point de vue du *théoricien* améliorateur. Tous deux raisonnent en *utilitaires,* et visent au plus gros revenu. La mère cependant ne veut pas que l'on sacrifie le bien-être de l'animal à la question du bénéfice net. Elle se constitue la protectrice, l'avocate des serviteurs de l'homme.

SERVITEURS

ET

COMMENSAUX DE L'HOMME

CHAPITRE I

LE CHIEN

Mâtins. — Épagneuls. — Dogues. — Loup. — Chacal.

La mère demande que le chien, qui est mieux qu'un serviteur, qui est l'*ami* de l'homme, ait l'honneur de figurer le premier dans la revue que l'on va passer.

« C'est justice, dit l'agronome. Sans le secours du chien, comment l'homme aurait-il pu se soumettre l'univers vivant ? Il lui a fallu commencer par se créer un partisan parmi les animaux, se concilier par la douceur et les caresses celui qui se montrait le plus susceptible d'affection, le plus capable de s'attacher et d'obéir, et en même temps doué d'assez de force et de courage pour qu'il pût l'opposer aux autres. La brebis, la vache, la jument se laissaient aborder, lui donnaient leur lait; plus tard le chien, par lui séduit, a consenti à le défendre et à protéger ses nourriciers contre les animaux qui tentaient de leur nuire.

« Il est à remarquer que le chien n'est nulle part mentionné dans la Genèse; la Bible ne le cite parmi les animaux domestiques qu'à partir de l'Exode. Isidore Geoffroy Saint-Hilaire pense que c'est d'abord dans l'Asie centrale qu'il aura passé de l'état sauvage à la vie en commun avec l'homme. Les plus anciens livres des religions de l'Orient prescrivent aux fidèles d'élever dans leur demeure trois animaux : le chien, la vache et le coq. Un livre très ancien de la Chine mentionne le chien et le cheval comme des animaux de provenance étrangère. De vieux monuments de l'Égypte nous ont conservé l'image de chiens appartenant à différentes races, notamment celle d'un lévrier à oreilles droites, dont un voyageur, M. Rueppel, vient de retrouver l'analogue vivant dans les montagnes de l'Abyssinie, et celle du lévrier à oreilles tombantes.

— Comme nos levrettes ordinaires, dit la mère : voyez ma petite chienne Mirza.

— Comparez cette mignonne au puissant dogue qui veille à la garde de notre cour, ou bien à ce tuteur d'un troupeau, l'honnête chien de berger ; ceci nous donnera une première idée des modifications que l'homme a fait subir au chien primitif à mesure qu'il s'est fait suivre de lui sous tous les climats du globe.

« Il a créé des races de chiens tellement nombreuses et tellement diverses par la taille, les formes, la couleur et la qualité et même l'absence de poils, qu'il nous est aujourd'hui impossible de les classer d'une façon bien méthodique. George Cuvier a établi dans le genre chien trois groupes caractérisés par la forme osseuse de la tête ; ce sont : les *mâtins*, les *épagneuls* et les *dogues*.

« Dans le *premier*, à leur point de départ au-dessus des tempes, les os des deux côtés du crâne tendent insensiblement à se rapprocher, à se rétrécir.

« Dans le *second*, à partir des tempes, les os du côté du crâne ne tendent plus à se rapprocher ; au contraire, ils s'écartent et se renflent de manière à beaucoup agrandir la boîte cérébrale. Les deux proéminences qui surmontent les arcades sourcilières sont plus fortes ; elles recouvrent deux *sinus frontaux* plus étendus (c'est le nom des deux cavités qui forment le prolongement supérieur des fosses nasales).

« Dans le *troisième*, le crâne monte tout droit, il est rapetissé, les sinus frontaux sont vastes, le museau est court.

« Au premier appartiennent : le mâtin proprement dit. Grand, vigoureux, léger, oreilles à demi pendantes, queue courbée en haut à l'extrémité. Il y en a de blancs, de gris, de bruns, de noirs. C'est un chien de garde. On l'emploie aussi à conduire les bœufs, à chasser le sanglier. On consacre aux mêmes services le *danois*, plus corsé, plus musculeux. C'est le plus grand des chiens. Son pelage est constamment d'un fauve noirâtre rayé de bandes transversales plus foncées. Il est probablement le descendant du molosse de l'Épire, dont les auteurs anciens ont fait un brillant éloge. — *Le danois moucheté*, pelage blanc, marqué de nombreuses petites taches rondes, chien de luxe, qu'il a été de mode de faire courir devant les équipages. — *Le lévrier* aux formes sveltes, effilées, museau aigu, front surbaissé. Il y en a de taille, de qualité, de poil et de couleurs très différentes. Son extrême agilité lui permet de *forcer* lui seul à la course le lièvre et le lapin. Votre Mirza est une sous-variété très petite du lévrier.

« Si nous sortons de l'Europe, nous rattacherons au premier groupe *le dingo* ou *chien de l'Australie*, qui a la tête du mâtin, mais moins de taille ; — le *chien de Sumatra*, qui a grande analogie avec lui ; — le *quao* des monts Ramghur, dans l'Inde ; — le *wah* des montagnes de l'Himalaya ; — le *dhole*, qui vit à l'état sauvage dans l'Afrique méridionale ; — le *chien du Cap*, qui habite l'Afrique australe et se trouve aussi au Congo ; — le *foull* de la Nouvelle-Irlande ; — et dans la Guyane, le *grand* et le *petit crabier*, qui vivent de crabes et d'écrevisses, et, à leur défaut, de fruits.

« Dans le groupe épagneul se rangent : notre *chien de berger*, oreilles courtes et droites, poil long et hérissé, queue longue et pendante, notable développement cérébral. Il a deux variétés principales : le *chien de Brie*, généralement de couleur noire, le *chien de montagnes*, plus vigoureux et à pelage brun. — Le *chien-loup*, qui n'est pas moins bon gardien des troupeaux, a la tête et les pieds dégarnis de poils ; sa queue en est très pourvue ; il la porte très relevée et ordinairement en trompette ; pelage soyeux, le plus souvent noir ou blanc, rarement gris ou fauve. — Le *chien de la Chine*, apporté de Canton, était un véritable chien-loup noir et plus trapu. — Le *chien des Esquimaux*, oreilles droites, pelage où le noir et le blanc alternent par grandes plaques. Le poil laineux y est très épais, et plus développé que le poil soyeux. — Le *chien de Sibérie*, pelage d'un gris ardoisé et cendré, ou noir avec un collier blanc. L'extrémité de l'oreille est un peu courbée. — Le *chien de Terre-Neuve*, museau plus fort, oreilles pendantes sans être très grandes, pelage très soyeux, queue touffue, recourbée en panache. — Le *chien du mont Saint-Bernard*, issu d'un croisement du terre-neuve avec notre mâtin. — Le *barbet* ou *caniche* ou *chien-canard*, pelage long et frisé, qui varie du blanc pur au noir foncé, en passant par toutes les nuances intermédiaires.

« Toute cette série se distingue par l'intelligence ; nous pourrions les qualifier, les *chiens sagaces*. Une autre série dans le même groupe serait celle des *chiens de chasse*, laquelle se distingue par des oreilles larges, longues et pendantes.

« Nous commencerons par notre *épagneul français* (race formée en Barbarie, et qui d'Espagne est venue chez nous ; le mot épagneul est une corruption du mot *spaniol*) : pelage long et soyeux, offrant un mélange de blanc et de brun marron ; jambes peu élevées. Bon chien d'arrêt, surtout dans les marais et contrées couvertes. — L'*épagneul anglais*, pelage noir, taché d'un jaune vif au-dessus de chaque œil. — L'*épagneul frisé*, pelage d'un brun chocolat frisé sur tout le corps, très court et très lissé sur la tête, excepté les oreilles, qui ont le poil long et soyeux. — Le *chien courant*, museau plus allongé, jambes plus longues et plus fortes, poil très court, le plus souvent blanc avec taches noires ou fauves, queue très relevée. — Le *limier* lui ressemble, mais plus grand, plus robuste, avec museau plus fort et lèvres un peu pendantes. — Le *braque* a les lèvres pendantes, mais son museau est moins long et assez épais ; ses oreilles sont plus courtes et ne pendent qu'à demi. Il est moins haut sur jambes, le corps est moins allongé, la queue plus courte et plus charnue ; pelage ras, généralement blanc, tacheté d'un brun marron plus ou moins foncé. — Chez le *braque à nez fendu*, une gouttière profonde sépare les deux narines. — Le *terrier* ou *renardier* des Anglais est de taille moindre ; corps trapu, peu haut sur jambes ; pelage ras, noir et brillant avec plaques d'un fauve vif. — Une sous-variété est le *terrier griffon* à poil hérissé, qui est dressé à chasser les rats. — Le *basset*, poil ras, couleur variable, et caractérisé par des jambes extrêmement courtes et un corps allongé. Il y a le *basset à jambes droites* et le *basset à jambes torses*. — Aux Antilles, le *basset de Saint-Domingue* chasse fort bien les rats.

« Au groupe épagneul se rattachent encore : le *petit barbet*, qui semble résulter d'un croisement du barbet avec le petit épagneul, et le *griffon*, produit de l'union du barbet avec le chien courant.

« Viennent ensuite les chiens d'appartement : le *petit épagneul*, un diminutif du grand ; — le *gredin*, poil noir, court et presque

lisse, excepté aux oreilles, où il est long et soyeux ; — le *pyrame* ne
s'en distingue que par des marques de feu aux pattes, aux yeux et
au museau, et le *chien de Calabre,* que par plus de taille ; —le *bichon*
ou *chien de Malte,* pelage très long, hérissé surtout autour des yeux;
— le *chien-lion,* dont le poil, long et soyeux sur le devant du corps
et court sur la partie postérieure, joue une crinière léonine peu formidable; — le *king-charl s,* dont le corps et les pattes disparaissent
sous des flots d'une soie moelleuse ; — l'*alco* ou *techici,* sur le continent américain, se pare d'une soie non moins belle avec une tête et

Chien basset à jambes torses.

des formes exiguës : c'est le plus minime représentant de la gent canine.

Le groupe *dogue* comprend : le *grand dogue,* museau noir, court,
lèvres épaisses et pendantes, petites oreilles qui pendent à demi,
corps gros et robuste, jambes fortes et puissantes, queue petite et
recourbée par le bout, pelage ras, d'un fauve pâle plus ou moins ondulé de noirâtre, quelquefois de grandes parties blanches. — Le
dogue du Thibet n'en diffère que par son poil assez long et un peu
hérissé. — Le *doguin* est une sous-variété plus petite. — Le *boule-*
dogue (bull-dog des Anglais) à cette taille moindre joint une queue
relevée en corde, des oreilles à demi dressées, une tête presque ronde.
— Le *doglau* se distingue par son nez fendu. — Le *carlin* ou *mopse*
(race qui a passé de mode) est un dogue en miniature.

« A ce groupe se rattachent : le *chien d'Islande,* qui a grande analogie avec le carlin, et plus de taille, un poil long et lisse; — le *chien*
d'Alicante ou *de Cayenne,* qui semble provenir du boule-dogue et de

l'épagneul; — le *petit danois,* nommé encore *arlequin,* à cause de son pelage ras, ordinairement à fond blanc, moucheté de noir; — le *roquet,* qui vient du doguin et du petit danois; — le *chien d'Artois,* appelé aussi *Lillois* ou *quatre-vingts,* qui semble un métis du carlin et du roquet.

« Quelques savants y rattachent aussi le *chien turc,* qui s'appellerait mieux chien d'Amérique, dont la tête ronde rappelle le dogue, et les formes le lévrier, et qu'on ne sait où placer. Ce qui le caractérise surtout c'est une peau huileuse, qui est d'une couleur de chair obscure, avec absence de poils presque complète. Christophe Colomb le trouva aux îles Lucayes et à Cuba. Il est encore aujourd'hui très commun dans le Pérou. — Le chien turc à crinière semble provenir de cette race croisée avec l'épagneul.

« Quant à la vulgaire multitude de chiens qui résultent d'un croisement fortuit et non dirigé avec soin et persévérance, et qui, par conséquent, n'appartiennent point à des races ou variétés permanentes, ils échappent, par la confusion des caractères réunis en eux, à toute classification. Le connaisseur les flétrit du nom de *chiens de rue.*

« Selon un tableau dressé par Daubenton et revu par Isidore Geoffroy Saint-Hilaire, la taille la plus ordinaire dans le genre chien est d'environ 8 décimètres.

« Le corps atteint chez certaines espèces un *maximum* de 1 m. 332 en longueur (queue non comprise), et 0 m. 770 de hauteur du train de devant.

« Chez d'autres cette longueur se réduit à 0 m 220 avec la hauteur m. 112 (ce *minimum* est pris sur la race du bichon; chez l'alco il est encore un peu inférieur).

« Il en résulte, dit Isidore Geoffroy, que pour la *taille* un chien
« peut différer d'un autre comme *un* est à plus de *six* dans les di-
« mensions linéaires; et que, par conséquent, le chien de la plus
« grande race est en *volume* plus que *deux fois le centuple* du chien
« de la plus petite. »

« Nous venons de voir qu'en outre de la taille, les chiens varient par la couleur, par l'abondance du poil, qu'ils perdent même quelquefois, et par sa nature; et aussi par la forme des oreilles, du nez, de la queue (dont le nombre de vertèbres n'est pas constamment le même); par la hauteur relative des jambes, et même par le développement progressif du cerveau.

« Ils ont quarante-deux dents : six incisives et deux laniaires en haut et en bas ; douze molaires en haut, et quatorze en bas. Leur langue est douce ; leurs doigts, réunis par une membrane qui s'avance jusqu'à la dernière phalange, sont au nombre de cinq pour les pieds de devant ; quatre existent à ceux de derrière avec le rudiment d'un cinquième, non apparent à l'extérieur (chez quelques races le rudiment se développe plus ou moins et va jusqu'à devenir doigt). Leurs ongles ne sont point des armes tranchantes, mais leur servent à fouiller la terre. Dans les mâchoires est leur puissance d'attaque.

« Leur cri naturel est le hurlement, comme le prouvent les nombreuses troupes de chiens libres qui depuis plusieurs générations ont échappé à la domination de l'homme. L'aboiement est une langue acquise du chien civilisé.

« Chez le chien l'œil a la pupille ronde, tandis que celle du renard est allongée. (C'est, dit G. Cuvier, le caractère extérieur le plus positif qui distingue ces animaux de *genres* différents, mais que les savants rattachent à une même *famille*). La vue du chien est excellente, surtout chez les races qui vivent à l'état libre.

« Le sens de l'ouïe se modifie selon la direction plus ou moins facile que l'animal peut imprimer à la conque externe de l'oreille. Il est supérieur chez les races libres, et chez le chien de berger, qui a l'oreille droite et mobile ; moindre chez le mâtin, qui a l'extrémité de l'oreille à demi affaissée ; moindre encore dans les races où l'oreille prend un développement monstrueux du cartilage et ne se soutient plus.

« L'odorat est en proportion de l'allongement des os du nez, et conséquemment des cornets qu'ils renferment et de leurs prolongements dans les sinus frontaux. Le lévrier, qui a le front déprimé dans cette partie, a peu d'odorat, bien que son nez soit long.

« Linnée a donné du chien une description en latin qui est un modèle du style laconique. J'en traduirai un fragment : « Le chien se nourrit de chair, de charogne... »

— Fi! dit la mère, interrompant le citateur, Mirza est incapable d'une telle saleté.

— Outre le chien domestique, Linnée, qui généralise, a en vue les races à l'état libre. Cependant remarquez, ma mère, que le chien domestique, même celui des races mignonnes, persévère à rendre à toute chair infecte qu'il rencontre l'innocent hommage de se rouler dessus avec une évidente satisfaction : c'est peut-être en souvenir du chien primitif qui l'aurait mangée. Il y a plus. Donnez un os à un chien domestique rassasié, il court l'enfouir dans un coin du jardin afin de le retrouver plus tard dans un état qui sera peu ragoûtant : il tient la coutume du chien primitif. Je reprends :

« Le chien se nourrit de chair... je passe le mot horrible... de vé-
« gétaux farineux, mais non de légumes ; digère les os, se purge en
« mangeant des feuilles de chiendent, a le nez humide, court oblique-
« ment, marche sur les doigts, sue à peine, tire la langue lorsqu'il a
« chaud, tourne autour du lieu où il va se coucher, se couche en rond,
« dort l'oreille au guet, rêve, etc. etc. »

— Je n'ai jamais bien compris, dit la mère, la manière dont Mirza boit.

— Elle a, dit le fils, la gueule fort ouverte et la langue longue et mince. Elle lèche la liqueur et forme avec la langue, en la tirant et en l'élargissant, une sorte de godet qui se remplit à chaque fois. C'est là ce qu'on appelle *lapper*. Les chiens préfèrent cette façon à celle de boire en se mouillant le nez.

« La passion dominante chez le chien est celle de la chasse. Le loup, ce chien sauvage...

— Ne faites-vous pas erreur ? dit le fermier. Vous parlez là du plus mortel ennemi du chien.

— Du chien tel que l'homme a su le faire ; mais en réalité le loup est né frère du chien. C'est un frère qui se distingue par un pelage d'un fauve grisâtre, avec une raie noire sur les jambes de devant, la queue droite, les yeux obliques à iris d'un fauve jaune. Dans le Nord, le pelage est quelquefois entièrement blanc.

« Les savants d'aujourd'hui reconnaissent que le loup n'est qu'une simple variété ou race qui a échappé à la domestication. Depuis quelque cinquante ans on en a acquis, dans la ménagerie de notre jardin des Plantes, les preuves les plus complètes, puisque les loups qu'on y conserve, au rapport de M. Boitard et d'autres, s'accouplent très bien avec des chiens, et les métis qui en résultent multiplient soit entre eux, soit accouplés avec des chiens ou des loups.

— Le loup, Monsieur, est l'animal le plus féroce...

— Il l'est moins qu'on le raconte, et fort heureusement ; car, doué d'une constitution très vigoureuse, qui lui permet de faire quarante lieues dans une nuit et de rester plusieurs jours sans manger, d'une force supérieure à celle de nos chiens des plus grandes races, il pourrait nuire bien plus encore qu'il ne le fait.

« Le chien et le loup me représentent deux frères dont le dernier a mal tourné par manque d'éducation. L'homme primitif a négligé le loup ; les héritiers de l'homme dans la suite des siècles recueillent le triste fruit de cette faute, qui a fait ennemis des frères nés pour s'entendre. Voulez-vous comprendre combien elle est regrettable, écoutez ce récit d'un naturaliste distingué, M. Boitard :

« Tout ce qu'a dit Buffon de l'indomptable férocité du loup est
« inexact ou très exagéré. J'ai eu pendant quatre ans une louve par-
« faitement privée, aussi douce, aussi caressante et aussi attachée
« qu'un chien, vivant en liberté sans que jamais elle ait cherché à
« se sauver. Frédéric Cuvier a donné l'histoire de deux loups qui
« vivaient à la ménagerie, et qui ont donné l'exemple d'un attache-
« ment pour leur maître aussi grand, aussi passionné qu'aucun
« chien ait pu l'éprouver. L'un d'eux, ayant été pris fort jeune, fut
« élevé de la même manière qu'un chien, et devint fort familier
« avec toutes les personnes de la maison ; mais il ne s'attacha d'une
« affection très vive qu'à son maître ; il lui montrait la soumission
« la plus entière, le caressait avec tendresse, obéissait à sa voix
« et le suivait partout. Celui-ci fut obligé de s'absenter, en fit pré-
« sent à la ménagerie, et l'animal souffrit de cette absence au point
« que l'on craignit de le voir mourir de chagrin. Pourtant, après
« plusieurs semaines passées dans la tristesse et presque sans ali-
« ments, il reprit son appétit ordinaire, et l'on crut qu'il avait
« oublié son ancienne affection. Au bout de dix-huit mois, son
« maître revint au jardin des Plantes, et, perdu dans la foule des
« spectateurs, il s'avisa d'appeler l'animal. Le loup ne pouvait le
« voir ; mais il le reconnut à la voix, et aussitôt ses cris et ses
« mouvements désordonnés annoncèrent sa joie. On ouvrit la loge :
« il se jeta sur son ancien ami et le couvrit de caresses, comme
« aurait pu faire le chien le plus fidèle ou le plus attaché. Malheu-
« reusement il fallut encore se séparer, et il en résulta pour le pauvre
« animal une maladie de langueur plus longue que la première. Trois
« ans s'écoulèrent : le loup, redevenu gai, vivait en très bonne intel-
« ligence avec un chien son compagnon, et caressait ses gardiens.
« Son maître revint encore dans le jardin ; c'était le soir, et la ména-
« gerie était fermée. Il l'entend, le reconnaît, lui répond par ses

« hurlements et fait un tel tapage qu'on est obligé d'ouvrir. Aussi-
« tôt l'animal redouble ses cris, se précipite vers son ami, lui pose
« les pattes sur les épaules, le caresse, lui lèche la figure et menace
« de ses formidables dents ses propres gardiens qui veulent s'inter-
« poser, ses gardiens qu'il caressait une demi-heure auparavant. En-
« fin il fallut bien se quitter. Le loup, triste, immobile, refusa toute
« nourriture, une profonde mélancolie le fit tomber malade; il mai-
« grit, ses poils se hérissèrent; au bout de huit jours il était mécon-
« naissable, et l'on ne douta pas qu'il ne mourût. Cependant, à force
« de bons traitements et de soins, on parvint à lui conserver la
« vie; mais il n'a. jamais voulu depuis ni caresser ni souffrir les
« caresses de personne. Je le demande, un chien ferait-il davan-
« tage? »

— Voici, dit la mère, le loup réhabilité.

— Je doute, Monsieur, que dans les fermes on se sente jamais disposé à l'aimer.

— M. Toussenel, dans son livre: *l'Esprit des bêtes,* indique le
moyen de réparer la faute de l'homme primitif : ce serait de recueillir dès aujourd'hui quelques portées de la louve, pour dresser le lou-
veteau au service de l'homme. Pour en revenir à la chasse, le loup,
ce chien sauvage, y pratique depuis un temps immémorial le procédé savant du *relais.* Le relais est une escouade de loups frais qui se
tiennent sur le passage présumé de la bête poursuivie, afin de relayer
les loups chasseurs fatigués, de manière à ne pas laisser à la malheureuse victime un moment de relâche. Ce qu'ils apportent de profondeur dans leurs combinaisons stratégiques est à peine incroyable;
c'est effrayant de sagacité et de calcul.

« La même aptitude pour la chasse en commun existe chez *le
chacal,* qui vit à l'état libre, mais en qui la plupart des savants s'ac-
cordent aujourd'hui à voir le type, la souche ou plutôt les souches
multiples du chien que l'homme a domestiquées. Isidore Geoffroy
s'exprime ainsi :

« Très nombreux dans les pays où les documents historiques nous
« conduisent à chercher les lieux des plus anciennes domestications
« du chien, les chacals, ainsi que l'ont constaté les voyageurs,
« vivent habituellement à portée des habitations humaines, où même
« ils pénètrent parfois spontanément. Ils sont éminemment sociables,
« ils s'apprivoisent facilement et s'attachent à leur maître; ils se

« mêlent volontiers avec le chien. Enfin, et ce dernier fait ne permet
« pas de méconnaître leur parenté, ils ressemblent au plus haut
« degré aux races canines, celles du moins qui sont peu modifiées
« par la culture soit pour les formes, soit pour les couleurs, soit
« même pour la voix (à part l'aboiement, mais les chiens de plu-
« sieurs peuples n'aboient pas non plus ; je puis ajouter que, mis
« auprès de chiens qui aboient, le chacal ne tarde pas à aboyer

« comme eux). Dans plusieurs pays, la ressemblance est si frappante
« qu'elle a conduit tous les voyageurs qui ont pu comparer sur les
« lieux ces animaux, à cette conclusion : Les chacals sont les uns
« la souche, les autres les rejetons encore réunis sur divers points
« de l'Asie et de l'Afrique. »

« Le chacal a la corpulence du renard, mais il est plus haut sur
jambes. Sa queue, droite, mais plus courte que celle du loup, est
touffue comme celle du renard. Son museau est plus pointu que celui du loup. En dessus il a les poils fauves avec l'extrémité noire,
blancs à la gorge. En avant des épaules une ligne noire descend de
la partie supérieure du cou à la partie inférieure, ce qui est encore
une ressemblance avec le loup.

« Vers la fin du XVIe siècle, les grandes dames avaient entrepris de mettre à la mode deux variétés de chacal. Elles admirent quelque temps dans leurs appartements l'*adive* ou *corsac,* que les navigateurs rapportaient de l'Inde, et le *karagom,* que fournissaient les Tartares Kirghis. Ces deux variétés étaient de la grosseur d'un chat moyen.

— On m'a raconté, dit le fermier, que le chacal sert au lion d'humble pourvoyeur, le met sur la piste de la proie et vit des restes de son repas.

— La légende, dit la mère, repose sur ce savant apologue de l'Indien Pilpaï : « On demandait un jour au petit animal qui marche « toujours devant le lion pour faire partir le gibier : Pourquoi t'es-tu « ainsi consacré au service du lion? — C'est, répondit l'animal, parce « que je me nourris des restes de sa table. — Mais par quel motif « ne t'approches-tu jamais? Tu jouirais de son amitié et de sa « reconnaissance. — Oui, mais c'est un grand, s'il allait se mettre « en colère! »

— Chez les Grecs, Aristote a également parlé d'un petit animal auquel il fait jouer le même rôle, et qu'il appelle *thos.* On n'a pas découvert quel animal il a voulu indiquer sous ce nom. La vérité est que le lion ne mène point de pourvoyeur qui marche devant lui. Il chasse seul, et ne s'en acquitte que trop bien. Si le chacal se nourrit des restes du repas, comme le font l'hyène et d'autres carnassiers, c'est par un effet du hasard. Les chacals vivent en troupe d'une trentaine, et souvent d'une centaine. Ils dorment le jour, comme font les loups, dans l'épaisseur d'une forêt ou d'un fourré, ou dans des grottes et des trous de rocher. (C'est probablement à tort, et parce qu'on les aura confondus dans certains cas avec le renard, qu'on a avancé qu'ils creusent des terriers.) A la nuit close la troupe est sur pied et se met en quête d'une proie. Ils chassent surtout la gazelle et l'antilope. Pressés rudement par la faim, leur audace ira parfois jusqu'à s'attaquer au bœuf et au cheval, mais non pas à l'homme, ni même aux femmes et aux enfants. Dans le désert, ils suivent les caravanes pour profiter des débris de toute nature qu'elles laissent en levant le campement. Dans les lieux plus ou moins habités ils entrent dans les cimetières pour déterrer les cadavres.

— Quelle horreur!

— Là où il existe tant soit peu de piété on prévient ces profanations en mêlant à la terre des tombes de grosses pierres et de fortes épines.

« Pour revenir à la chasse, les chiens *marrons*...

— Singulier nom, dit le fermier.

— C'est une corruption du mot espagnol *cimaron*, sauvage. C'est ainsi qu'on appelle *nègre marron* le nègre qui a fui dans les forêts pour se soustraire à l'esclavage.

Chacals déterrant un cadavre.

« On qualifie de *marrons* les chiens qui ont déserté la demeure de l'homme et lui préfèrent les forêts et les savanes de l'Amérique du Nord, ou les pampas du Sud. Ils y reprennent les mœurs du chien primitif, du chacal de notre continent, et déploient le même art pour la chasse en commun.

« Et même chez nos chiens les plus fidèles à la domestication cette passion et cet art ne font que sommeiller sans s'éteindre. En Angleterre, les braconniers ont imaginé d'employer contre le lièvre et le faisan des chiens dressés à chasser seuls et qu'on appelle *lure-heres*. Ce fut d'abord une espèce de chien demi-sang, produit de l'alliance du chien couchant et du lévrier. Maintenant les qualités qui appartenaient autrefois et spécialement aux lureheres sont l'apanage de toutes les bonnes races de chiens. On trouve partout dans les provinces des lureheres assez habiles et assez actifs pour faire la chasse sans que l'homme les conduise. Un ami (qui n'est pas un braconnier) m'a raconté avoir eu deux chiens, un épagneul et un lévrier, qui, toutes les fois qu'il faisait beau temps, se mettaient en route. L'un faisait lever le gibier, l'autre le prenait et le tuait. Un jour un faisan harcelé par le lévrier s'éleva pour échapper à son ennemi ; d'un seul bond l'épagneul le saisit en l'air, le prit au vol dans toute l'acception du mot, et le rapporta au logis.

« Tous les chiens sont nés plus ou moins chiens de chasse et peuvent servir plus ou moins au *forcer,* la chasse de nos chiens courants. C'est toujours un chien courant qui est représenté à côté de la Diane antique ou du Méléagre. Le chien couchant, celui qui *pointe* le gibier, se couche contre lui dès qu'il le découvre au repos et le tient en observation, est une création qui, selon M. Toussenel, chasseur aussi ardent qu'érudit, ne sera venue qu'à la suite de la fauconnerie. « Comme il fallait des chiens pour faire lever le gibier-plume « et le gibier-poil devant les oiseaux de vol, on en a rencontré qui « *pointaient* naturellement la pièce avant de la faire partir. On a « cultivé cette disposition en prolongeant le pointage jusqu'à *l'arrêt* « *solide.* » Le chien couchant ne *pille,* ne s'élance sur la pièce, ne la fait lever qu'à un ordre de son maître.

« Que deviendraient les troupeaux de l'homme s'il n'avait pas dans le chien le plus fidèle, le plus obéissant et le plus sagace des gardiens ? A l'institut agronomique de Grignon, j'ai vu des bergers donner des ordres à leurs chiens, non par la voix, mais par un simple clignement de l'œil ; il fallait de grosses circonstances pour que la parole fût nécessaire.

« Un jour d'été, à la suite d'un violent orage, j'ai vu dans une ferme de la commune de Mont-Soult (Seine-et-Oise), l'un des deux chiens du troupeau accourir des champs haletant, inquiet. Il tiraille par leurs vêtements le maître, la maîtresse, les serviteurs : c'est une invitation à sortir, à le suivre. On trouve sous un arbre le corps du berger que la foudre a frappé, et tout proche le troupeau pelotonné et contenu par l'autre chien.

« Un jour, en Écosse, raconte un cultivateur écossais, M. Stephens, « sur les monts Cheviot, dans une de ces tempêtes fréquentes qu'ac- « compagnent des tourbillons d'une neige épaisse, un troupeau de « deux mille bêtes à laine se disperse, saisi de terreur. Le chien, « que la neige aveugle, n'y peut rien. La tempête apaisée, le berger

« n'a plus devant lui ni troupeau ni chien. Il se met en quête déses-
« péré. Au bout de deux jours, le chien ramène au logis les bêtes
« sans qu'il en manque une seule. Les montagnards l'avaient vu avec
« admiration aller chercher dans tous les *glens* (vallons rocailleux),
« à douze ou quinze kilomètres à la ronde, les détachements isolés
« du troupeau, les réunir sur un seul point et puis les diriger
« joyeusement vers la demeure du maître.

Chien de berger ralliant un troupeau.

« Dans l'Amérique du Sud, dans le pays de Montevideo, il est fort
ordinaire de rencontrer d'immenses troupeaux de moutons qui, éloignés de plusieurs lieues des habitations, ne sont pas même accom-
pagnés d'un berger, et dont la garde est confiée à deux ou trois
chiens élevés d'une façon singulière. On sépare de bonne heure le
jeune chien de sa mère, et on l'habitue au troupeau dont on lui
destine la garde. Trois ou quatre fois par jour on lui fait teter une
brebis, puis on le dépose sur une toison qui lui sert de couche.
Jamais on ne lui permet de communiquer avec un chien étranger.
Arrivé à l'âge adulte, on s'y prend de manière à lui enlever le sentiment qu'il appartienne à la gent canine. Il en résulte que l'animal
grandi ne témoigne pas le moindre désir d'abandonner un troupeau
où il a trouvé sa nourrice et ses frères de lait. A l'apparence d'un
danger, il s'avance en aboyant, et à ce signal tous les moutons se

réunissent et s'abritent derrière lui. Ces chiens s'entendent aussi très bien à ramener le soir à certain jour et à certaine heure le troupeau lointain au logis du maître.

« Leur plus grand défaut, tant qu'ils sont jeunes, est de vouloir jouer avec les moutons et de ne laisser aucun repos à celui de leurs pauvres subordonnés qui devient l'objet de leur passe-temps.

« Chacun des deux ou trois chiens quitte à son tour le service, accourt à la ferme, afin d'y recevoir sa ration quotidienne de viande. La ration reçue, le pauvre animal reprend sa route, la queue entre les jambes, comme s'il venait de commettre une action honteuse. Le moindre roquet de la maison lui inspire de la crainte et le poursuit. Mais du moment où il a rejoint son troupeau, il s'arrête et fait volte-face. Une troupe de chiens sauvages se hasarde rarement à attaquer les moutons protégés par ces courageux gardiens.

« M. Dupin a dit de nos chiens de berger « qu'ils apprennent même aux brutes à respecter la propriété. » Quel éloge réserverait-il aux chiens de Montevideo ?

« Pour les habitants du pays des Esquimaux et du Kamtchatka, le chien est le courrier des déserts de glace, comme le chameau est celui des déserts de sable. L'attelage d'un traîneau se compose le plus ordinairement de six à sept chiens, parfois d'une douzaine : on évalue que douze chiens peuvent tirer jusqu'à seize quintaux. Des relais de poste sont assurés, et l'on franchit ainsi en vingt-quatre heures jusqu'à deux cents verstes. (La verste est le double d'un kilomètre.) Les chiens sont chaussés pour le verglas ; on les couvre de fourrures quand il gèle trop fort. Sobres et peu délicats, on les nourrit d'une pâté de poissons qui a fermenté dans une fosse. Le conducteur stimule l'attelage en nommant chacun par son nom. Il s'adresse surtout à son favori, celui qui est le plus intelligent, qu'il a soin de placer en tête, sur qui repose le soin de guider la troupe et de tourner à droite ou à gauche.

— Un vieux général, dit la mère, m'a souvent raconté que sous notre premier empire, alors qu'il était à l'école de cavalerie de Saint-Germain-en-Laye, il avait vu un tapissier du nom de Bailly atteler quatre grands chiens de la race du mâtin à une petite voiture et faire le transport régulier de paquets et au besoin d'un voyageur à côté de lui, de cette ville à Paris. Il franchissait la distance en une heure et demie, six bonnes lieues par la route de cette époque. Les ordon-

nances de police ont soustrait chez nous le chien à ce service de bête
de trait, dans lequel il avait trop à souffrir.

— Les côtes du Labrador et des îles environnantes possèdent dans
le chien de Terre-Neuve un sauveteur de la personne et des biens de
l'homme lorsque survient un naufrage.

« Les chiens du mont Saint-Bernard se sont illustrés comme sau-
veteurs du voyageur égaré au milieu des neiges. Napoléon Ier décora
l'un d'eux d'une médaille.

Chiens esquimaux attelés.

— Le nom de cet honorable animal est aujourd'hui ignoré, ajoute
la mère ; mais la ville de Berne conserve dans son musée le nom et
la peau empaillée du célèbre Barry, ainsi que le collier et la gourde
à eau-de-vie qu'il porta dans l'exercice de ses fonctions. Une ava-
lanche avait englouti une femme et son jeune enfant. Barry, faisant
sa ronde, sent qu'il y a deux victimes. Il gratte la neige avec une
ardeur persévérante et les met à découvert. La femme a cessé de
vivre, l'enfant respire encore. Barry le réchauffe, lui présente sa
gourde, lui tend son dos pour qu'il y monte, et vient le déposer à
l'hospice. La peinture et la gravure ont cent fois reproduit ce beau
trait, qui passera à la postérité. Barry, affaibli par l'âge, après avoir
sauvé plus de quarante personnes, a trouvé une retraite et une
pension bien méritées sous le climat moins rigoureux de la ville de
Berne.

— Le caniche Munito a fait longtemps, dans un café de Paris, la partie de dominos avec tout habile joueur qui pouvait se présenter.

— Bah! dit le fermier, le maître choisissait le domino à poser.

— Mais le chien avait la sagacité de lire dans les yeux du maître sur quel domino il convenait de mettre la patte, et de bouder au besoin. Sur nos théâtres nous voyons souvent le chien remplir un rôle assez compliqué et ne pas se montrer l'acteur le moins bon.

« Que l'homme ne s'en est-il tenu toujours à ces applications utiles ou innocentes des talents du chien! A diverses époques de l'histoire des peuples, on voit les chiens employés à la guerre comme de très utiles auxiliaires, soit pour la garde des postes, soit pour éclairer la marche des détachements, soit même pour l'attaque. Les Grecs faisaient garder les camps et les forts par ces animaux, et telle fut longtemps, dit-on, l'unique garnison de Corinthe. Les Celtes dressaient des troupes de dogues à s'élancer sur les rangs ennemis, et les Cimbres leur confiaient la garde des bagages. Strabon nous apprend que les limiers de la Grande-Bretagne furent employés par l'armée romaine dans la guerre des Gaules.

« L'histoire d'Angleterre est remplie de récits de grandes batailles dans lesquelles les chiens d'Écosse se distinguèrent. Henri VIII, envoyant une armée auxiliaire à Charles-Quint qui se disposait à combattre François Ier, mit à la solde du monarque espagnol quatre cents chiens anglais. Le chien était dressé à sauter au nez des chevaux et à harceler la cavalerie.

« Les Espagnols poursuivaient avec ces chiens, comme on chasse le gibier, les naturels d'Amérique qui se réfugiaient dans les forêts et les cavernes. L'expédition française de Saint-Domingue au commencement de ce siècle employa cet abominable moyen. Les Anglais en font autant dans l'Inde. Dans la récente guerre civile des États-Unis, les deux partis ont eu recours au chien.

« Dans un manuscrit français du xive siècle à la Bibliothèque impériale, on lit : « On dresse des dogues à mordre l'ennemi avec « fureur. Ils sont bardés de cuir, portent un vase d'airain rempli « d'une substance résineuse et d'une éponge imbibée d'esprit de vin. « Les chevaux, harcelés par les morsures des chiens et par les brû- « lures du feu, fuient en désordre. » Une vignette accompagne le texte; le chien y est représenté portant de plus une lame de fer adaptée à sa tête et qui pointe en avant.

« L'historien Las Casas nous apprend que parmi les chiens que les Espagnols employèrent à la conquête du nouveau monde, deux dogues surtout se rendirent célèbres. Ce furent Bezerillo et Leoncillo. Le premier, le plus redoutable, appartenait à Diego de Salazar, et son poil était fauve. On prétendait qu'il avait contribué au gain de la bataille livrée au cacique Mabodomaca, et on ne lui reprochait qu'une seule faute dans sa carrière belliqueuse, celle d'avoir épargné une vieille femme sur laquelle il s'était précipité.

— Vos conquérants, s'écria la mère, étaient des monstres.

— Leoncillo était fils de Bezerillo et digne de son père. Cependant il était plus docile à la voix qui cherchait à retenir sa fureur, et souvent à cette voix il s'arrêtait au plus fort du combat. Il rendit d'éminents services durant l'exploration de l'isthme du Darien, de laquelle résulta la découverte de la mer du Sud, et Jean de Bry s'est plu à raconter les exécutions sanglantes dont Leoncillo fut l'acteur principal. Ce terrible auxiliaire recevait (ou plutôt son maître Balboa recevait pour lui) une haute paye; et l'on affirme qu'en 1514 le chien eut pour sa part dans le butin au delà de cinq cents castillos d'or.

— Monsieur, dit le fermier, un mien neveu qui a servi dans notre armée d'Afrique me raconte des choses qui ont beaucoup de rapport avec tout ceci.

— M. Toussenel, dans le livre dont je vous ai déjà parlé, a consigné les états de services de chiens qui se sont illustrés en Algérie. C'est d'abord, à la défense de Bougie, la *compagnie des chiens* à laquelle nos soldats les *zéphirs* confient des *blockhaus* à garder. L'administration reconnaissante vote à cette compagnie quadrupède une ration de pain d'une livre par tête. Sur quoi le zéphyr, qui abuse de tout, même de l'innocence de l'agent comptable, trouve moyen de faire arroser la susdite ration de pain d'un demi-litre de vin, sous prétexte que la gent canine n'avait pas moins besoin que l'homme d'un tonique fortifiant contre les ardeurs énervantes du climat. Or, comme il fut prouvé plus tard, par une expérience authentique en présence de l'intendant militaire, qu'on avait indignement calomnié le chien en lui prêtant des appétits bachiques, l'autorité, furieuse d'avoir été trompée, dépassa l'équité dans sa vengeance. Elle supprima la ration solide de la compagnie auxiliaire en même temps que le liquide. Le corps des chiens supporta sans se plaindre cette disgrâce imméritée; il ne menaça pas le gouvernement de se retirer chez les Volsques; loin de là; et comme le Caleb du sire de Ravenswood, son dévouement et sa fidélité s'accrurent de sa ruine. Le cheval traité ainsi eût passé à l'Arabe.

« Viennent ensuite : le caniche *Mitraille*, qui monte à l'assaut et contribue à la prise des places. *Bichebou*, un admirable métis de braque et de boule-dogue, dans les combats, à chaque coup de feu parti de la main de son maître (M. Toussenel), s'élance dans les rangs ennemis, et mord à belles dents la proie arabe que le plomb vient d'abattre. *Blanchette*, une grande levrette blanche, perd une patte dans une lutte corps à corps avec un chef ennemi. L'amputation faite, elle ne réclame pas l'honneur des Invalides, elle continue à consacrer les trois pattes qui lui restent au service de la patrie, montrant ainsi que chez les chiens le courage est des deux sexes.

— Assez de vos chiens guerriers, mon cher fils. Je n'aime pas le chien devenant mangeur d'hommes.

— Vous n'aimeriez pas mieux l'homme se nourrissant du chien.

— Je dirai avec Bernardin de Saint-Pierre : Manger le chien, c'est être à moitié anthropophage. Sans parler de la répugnance qu'inspire une telle chair.

— Les Chinois la mettent à la broche, et trouvent ce rôti excellent. Chez les peuplades nègres, c'est le mets le plus délicieux du festin. Les premiers habitants de l'Amérique du Sud ne l'estimaient pas moins. Un missionnaire revenant du pays des Hurons, dans l'Amérique du Nord, le P. Sabard Théodat, a émis l'opinion suivante : « Je me suis trouvé diverses fois à des festins de chien. J'avoue « véritablement que du commencement cela me faisait horreur; « mais je n'en eus pas mangé deux fois, que j'en trouvai la chair « bonne, et de goût un peu approchant de celle du porc. »

« Je terminerai par le fameux passage qu'on a constamment répété, de Buffon. « Un naturel ardent, colère, même féroce et san- « guinaire, rend le chien sauvage redoutable à tous les animaux, et « cède dans le chien domestique aux sentiments les plus doux, au « plaisir de s'attacher entièrement à son maître et au désir de plaire. « Il vient en rampant mettre à ses pieds son courage, sa force, ses « talents; il attend ses ordres pour en faire usage, il le consulte, il « l'interroge, il le supplie : un coup d'œil suffit; il entend les signes « de sa volonté. Sans avoir comme l'homme la lumière de la pensée, « il a toute la chaleur du sentiment; il a de plus que lui la fidélité,

« la constance de ses affections : nulle ambition, nul intérêt, nul
« désir de vengeance; il est tout zèle et tout obéissance. Plus sensible
« au souvenir des bienfaits qu'à celui des outrages, il ne se rebute
« pas par les mauvais traitements; il lèche cette main qui vient de
« le frapper; il ne lui oppose que la plainte, et la désarme enfin par
« la patience et la soumission. Plus docile que l'homme, plus souple
« qu'aucun des animaux, non seulement le chien s'instruit en peu
« de temps, mais même il se conforme aux mouvements, aux
« manières, à toutes les habitudes de ceux qui lui commandent. Il

Le caniche.

« prend le ton de la maison qu'il habite. Comme les autres domes-
« tiques, il est dédaigneux chez les grands, et rustre à la campagne.
« Toujours empressé pour son maître et prévenant pour ses seuls
« amis, il ne fait aucune attention aux gens indifférents et se déclare
« contre ceux qui par état ne sont faits que pour importuner; il les
« connaît aux vêtements, à la voix, à leurs gestes, et les empêche
« d'approcher. Lorsqu'on lui a confié pendant la nuit la garde de la
« maison, il devient plus fier et quelquefois féroce; il veille, il fait la
« ronde; il sent de loin les étrangers, et pour peu qu'ils s'arrêtent ou
« tentent de franchir les barrières, il s'élance, s'oppose, et par des
« aboiements réitérés, des efforts et des cris de colère, il donne
« l'alarme, avertit et combat. »

— Je n'ai pas lu Buffon, dit le fermier, mais j'ai sur le mur de
ma chambre une lithographie de Charlet qui résume cet éloge en
un langage de troupier. Elle représente un conscrit qui joue avec un
caniche, et au bas, pour légende : « Ce qu'il y a de mieux dans
« l'homme, c'est le chien. »

— Bravo! dit la mère. J'ai remarqué avec plaisir que vous n'êtes pas de ces hommes qui pendant le jour tiennent leur chien de garde à l'attache : système cruel, que la police devrait interdire. Le chien qui veille à votre porte est parqué dans une petite enceinte derrière des barreaux et conserve liberté de mouvement. La nuit il se dédommage en bondissant à son aise autour de la maison. Le mot du troupier de Charlet a une teinte de misanthropie; je veux clore la séance par quelques vers de notre grand poète Lamartine. Le sentiment le plus pur y est exprimé sans la moindre dose d'amertume contre l'espèce humaine. Ils sont adressés à son lévrier Fido : je me plais souvent à les répéter à Mirza; je vous assure qu'elle les comprend.

O mon chien, Dieu seul sait la distance entre nous.
Seul il sait quel degré de l'échelle de l'être
Sépare ton instinct de celui de ton maître;
Mais seul il sait aussi par quel secret rapport
Tu vis de son regard et tu meurs de sa mort,
Et par quelle pitié pour nos cœurs il te donne
Pour aimer encor ceux que n'aime plus personne.
Aussi, pauvre animal, quoiqu'à terre couché,
Jamais d'un sot dédain mon pied ne t'a touché;
Jamais, d'un mot brutal contristant ta tendresse,
Mon cœur n'a repoussé ta touchante caresse.

CHAPITRE II

Cheval arabe. — Cheval tartare. — Cheval anglais. — Cheval français.
— Courses.

A cette seconde soirée, où l'on se proposait de causer du cheval, le fermier fut un peu en retard : « Mille pardons, Madame, de m'être fait attendre. Un accident m'a retenu : un essieu de charrette brisé, le limonier abattu sous la secousse.

— Pauvre animal !

— Rassurez-vous, nous l'avons dételé, relevé. Il n'a rien, absolument rien. Je l'ai promené au pas. Nulle boiterie, pas le moindre malaise. J'ai visité les jambes : nulle atteinte. Canons, pâturons, boulets, tout est sain, parfaitement sain. Les genoux n'ont pas un seul poil sali.

— Ah! tant mieux. Canon, pâturon, boulet, le sens de ces mots m'échappe. Et aussi je me demande comment il se fait que le cheval ait les genoux placés aux membres de devant, qui correspondent aux membres supérieurs, aux bras chez l'homme. Le genou, chez l'homme, appartient aux membres inférieurs, qui répondent aux jambes de derrière du cheval.

— Un accident, dit l'agronome, est toujours mal venu. Tout en regrettant qu'il en ait coûté un essieu, je saisirai l'occasion qui m'est fournie d'introduire ici quelques petites notions d'ostéologie. Elles répondront à votre question.

— Ostéologie, mon fils, le mot est effrayant.

— C'est la partie de l'anatomie qui traite des os. Je serai bref. Un

3

simple aperçu. Parmi les vignettes des fables de la Fontaine, prenons celle qui représente la Mort accourant à la voix du bûcheron. Comparons les os du squelette humain à ceux du squelette du cheval dans cet autre dessin.

— Ceci, Monsieur, aura un grand intérêt pour moi, pauvre ignorant.

— Comparons le membre supérieur de l'homme et le membre antérieur du cheval. Dans les deux nous trouvons l'*omoplate* ou épaule, à laquelle s'attache un gros os, l'*humérus* (pour les savants c'est le bras proprement dit); à l'humérus s'attachent des os accouplés : le principal est le *cubitus*, l'autre est le *radius* (pour les savants ils forment l'avant-bras. Chez l'homme le radius a un mouvement de rotation sur le cubitus. Dans la langue vulgaire le bras est le membre entier), à l'extrémité supérieure du cubitus, l'*olécrane* ou cou de forme saillie.

« Jusqu'ici nous avons trouvé grande analogie dans les deux squelettes, ici commence la différence tranchée.

« La main chez l'homme est courte; elle se compose de trois parties : 1º le *carpe* ou poignet, formé de deux rangées de petits os fortement liés entre eux ; 2º le *métacarpe,* formé par cinq os; 3º les doigts, qui sont les prolongements de ces cinq os (quatre doigts ont trois phalanges, le pouce n'en a que deux).

« La main chez le cheval est très allongée. Certains os du *carpe* ou poignet disparaissent. Le *métacarpe* est un seul os long avec deux stylets; et il n'a pour prolongement qu'un doigt unique ayant trois phalanges dont la dernière est enveloppée d'une substance dure, la corne ou sabot, au lieu de la demi-enveloppe que les ongles forment aux doigts de l'homme.

« Passons au membre inférieur de l'homme, qui est le membre postérieur chez le cheval.

« A partir de la hanche, nous trouvons le *fémur,* os de la cuisse, puis le bas de la jambe, composé de deux os : le *tibia* et le *péroné,* qui est plus mince, à la jonction du tibia au fémur se trouve la *rotule* ou genou (dans le vulgaire la jambe se dit pour le membre entier).

« Jusqu'à présent nous avons vu grande analogie dans les deux squelettes. Ici commence la différence tranchée.

« Le pied chez l'homme se compose de trois parties : 1º le *tarse,* formé de sept os, dont l'un, le *calcaneum* ou talon, constitue la partie supérieure du pied; 2º le *métatarse*, formé de cinq os; 3º les *orteils*, qui sont les prolongements des cinq os du métatarse. (Il en est pour les phalanges des orteils comme pour celles des doigts.)

« Le pied chez le cheval est allongé, certains os du *tarse* disparaissent. Le *métatarse* n'est qu'un seul os long avec deux stylets; il a pour prolongement un orteil unique dont la troisième phalange est enveloppée d'une substance dure ou sabot, au lieu de la demi-enveloppe que les ongles forment aux orteils de l'homme.

« Voici maintenant un dessin du cheval en chair, avec une légende chiffrée qui porte les noms que l'usage antique, immémorial, a consacrés pour les différentes parties du corps. Plusieurs de ces noms contrarient les saines notions d'ostéologie comparée qui n'ont été acquises que depuis un temps assez récent. Réformer les vieux noms pour en introduire de plus convenables serait une tâche à peu près impossible. »

Après avoir examiné et comparé quelques moments avec attention les trois dessins, le fermier convaincu, prenant la parole : « C'est pourtant vrai, ce que moi et tout le monde nous appelons la jambe de devant du cheval n'est réellement qu'une main très allongée; la jambe de derrière n'est qu'un pied très allongé.

— Il en est de même pour tous les quadrupèdes.

— Le cheval pose sur les quatre bouts de quatre doigts ! n'importe, je ne m'accoutumerai jamais à dire le carpe au lieu de genou, métatarses et métacarpes au lieu de canons.

— Ni os de la première phalange au lieu de *boulet,* os de la seconde phalange au lieu de *couronne.*

— Moi, dit la mère, je n'aurais jamais été chercher le vrai genou où il est réellement.

— Tout en haut de la jambe de derrière, ajouta le fermier en riant, au point qui s'appelle le *grasset.*

— Ce matin, ma mère, en regardant un tout jeune cheval, un *poulain,* vous vous étonniez du développement précoce de ses membres postérieurs; Buffon va vous en rendre compte. « Il semble « au premier coup d'œil que, dans les chevaux et la plupart des « autres animaux quadrupèdes, l'accroissement des parties posté- « rieures soit d'abord plus grand que celui des parties antérieures,

« tandis que dans l'homme les parties inférieures croissent moins
« d'abord que les parties supérieures ; car dans l'enfant les cuisses
« et les jambes sont, à proportion du corps, beaucoup moins grandes
« que dans l'adulte ; dans le poulain, au contraire, les jambes de
« derrière sont assez longues pour qu'il puisse atteindre à sa tête
« avec le pied de derrière, au lieu que le cheval adulte ne peut plus
« y atteindre. Mais cette différence vient moins de l'inégalité de l'ac-
« croissement total des parties antérieures et postérieures, que de
« l'inégalité des pieds de devant et de ceux de derrière, qui est cons-
« tante dans toute la nature, et plus sensible dans les animaux qua-
« drupèdes ; car dans l'homme les pieds sont plus gros que les mains,
« et sont aussi plus tôt formés, et dans le cheval, dont une grande
« partie de la jambe de derrière n'est qu'un pied, puisqu'elle n'est
« composée que des os relatifs au tarse, au métatarse, etc., il n'est
« pas étonnant que ce pied soit plus étendu et plus tôt développé
« que la jambe de devant, dont toute la partie inférieure représente
« la main, puisqu'elle n'est composée que des os du carpe, du méta-
« carpe, etc. Lorsqu'un poulain vient de naître, on remarque aisé-
« ment cette différence : les jambes de devant, comparées à celles de
« derrière, paraissent et sont en effet beaucoup plus courtes alors
« qu'elles ne le seront dans la suite ; d'ailleurs l'épaisseur que le
« corps acquiert, quoique indépendante des proportions de l'accrois-
« sement en longueur, met cependant plus de distance entre les pieds
« de derrière et la tête, et contribue par conséquent à empêcher le
« cheval d'y atteindre lorsqu'il a pris son accroissement. »

« Quant à la première patrie du cheval, nous nous rangerons, si
vous m'en croyez, à l'opinion d'Isidore Geoffroy Saint-Hilaire. C'est
en Asie que l'homme en a fait la conquête, et c'est là que sont les
vrais ancêtres de nos races. Sa domestication remonte à la plus haute
antiquité. Les livres des anciennes religions de l'Inde attestent que
les Indiens avaient déjà des chevaux très variés de couleur ; il en
était à peu près de même des Perses ; et les Chinois, qui pourtant,
d'après un de leurs livres les plus anciens, ne possédaient le cheval
que parce qu'ils l'avaient reçu de l'étranger, l'employaient deux mille
ans avant notre ère dans les travaux de la guerre comme dans
ceux de la paix. La Bible ne mentionne le cheval qu'à l'époque de
Joseph. Il est aujourd'hui répandu sur toute la surface du globe. Ce
sont les conquérants espagnols qui l'ont importé au Mexique et au

Pérou; les Français l'ont introduit au Canada, et beaucoup plus tard
les Anglais en ont doté l'Australie.

« Le genre cheval, qui, outre le cheval proprement dit, le cheval
domestique, comprend plusieurs autres espèces (dont nous aurons à
parler plus tard), possède en commun les caractères suivants : les
membres terminés par un seul doigt, ainsi que nous l'avons dit.
(Les deux stylets osseux accolés au canon ou métacarpe sont regardés

Flair du cheval.

par les naturalistes comme les rudiments de deux autres doigts.) Aux
jambes de devant, et quelquefois à celles de derrière on voit une partie nue, cornée, qui semble une petite plaque, et qu'on appelle *châ-
taigne* ou *noix*. Les dents sont au nombre de quarante. Chaque mâchoire a six incisives, deux laniaires (pour le chien on dit canines,
pour le cheval on dit crochets, chez les chevaux femelles, les *juments,*
les crochets manquent, ou sont très petits), et douze molaires. Entre
celles-ci et les crochets il existe un intervalle vide appelé *barre* qui
répond à l'angle des lèvres. C'est dans cet intervalle que l'homme a
imaginé de placer le mors qui le rend maître de cet utile serviteur.

« Les incisives servent à l'animal à arracher l'herbe. Elles sont
rangées en demi-cercle l'une à côté de l'autre à la mâchoire infé-

rieure, comme à la supérieure. Elles se correspondent parfaitement et s'ajustent de manière à saisir l'herbe la plus fine et la plus courte. Au moyen de cette disposition des dents, le cheval peut paître et se nourrir là où le bœuf mourrait de faim, tant les incisives de ce dernier, qui n'existent qu'à la mâchoire supérieure, diffèrent de celles du cheval. « Ce caractère seul, ajoute M. Richard (du Cantal), nous « indiquerait que le cheval doit être originaire d'un pays chaud, « sec, où l'herbe est rare, fine et substantielle. Le bœuf, au contraire, « avec ses quatre estomacs, est organisé pour vivre particulièrement « dans des lieux où l'herbe est longue et abondante, ce que l'on ob- « serve dans les endroits bas et humides. »

« Le pelage se compose de poils doux et flexibles ; le dessus du cou et la queue, qui est assez courte, sont garnis de crins très longs. Les couleurs sont variées. G. Cuvier fait remarquer que toutes les espèces tendent à se zébrer, à se couvrir de bandes d'une couleur plus foncée.

« Le cheval est un des animaux les mieux doués sous le rapport des sens. Il a la vue excellente. Le proverbe arabe conservé en espagnol, qui dit : « Monter la nuit le meilleur cheval, c'est en faire une « rosse, » manque d'exactitude. Bien que ses habitudes ne soient pas nocturnes, il distingue les objets presque aussi bien la nuit que le jour. Son grand œil à fleur de tête a la pupille en forme d'un carré long dont le grand diamètre est horizontal. Les Arabes ont cet apologue : « Le lion et le cheval se disputaient pour savoir celui qui « avait la meilleure vue. Le lion vit, pendant une nuit obscure, un « poil blanc dans du lait ; le cheval, un poil noir dans du goudron : « les témoins prononcèrent en faveur de ce dernier. » L'ouïe est également très délicate : l'oreille externe, qui peut se dresser ou se coucher à volonté, lui donne facilité extrême de percevoir le plus léger bruit. L'odorat est peut-être plus parfait encore. Ses naseaux s'ouvrent largement pour bien saisir les émanations qui peuvent s'exhaler de l'objet suspect. On prétend qu'à l'état libre, il évente ainsi ses ennemis à plus de cinq kilomètres de distance. Il garde à un prodigieux degré la mémoire des lieux. Le toucher est plus délicat que ne le feraient supposer l'épaisseur de la peau et la présence des poils serrés qui la recouvrent : elle se fronce au moindre attouchement, surtout s'il a lieu sous le ventre. La lèvre supérieure a une grande flexibilité de mouvements ; il semble l'employer à palper. Elle lui sert à rassembler à terre la touffe d'herbe et à attirer les brins de fourrage, ou l'avoine et les substances très divisées. Il boit en humant. Il enfonce la bouche brusquement et profondément dans l'eau. La langue se meut en se raccourcissant et se retirant ; c'est comme le jeu du piston d'une pompe aspirante. Il se fait un vide dans l'intérieur de la bouche, et l'eau, pressée par l'air, s'y précipite.

« Les espèces du genre cheval, quoique herbivores, ne ruminent pas ; leur estomac est simple, de grandeur médiocre ; l'ouverture supérieure en est étroite et se contracte si bien, une fois l'aliment introduit, que le retour vers le gosier est impossible ; sinon dans quelques cas très exceptionnels, l'animal ne peut vomir ; l'aliment traverse rapidement l'estomac, et la digestion se fait surtout dans les intestins, qui sont fort longs. Le genre cheval ne peut pas respirer par la bouche, à cause d'une disposition particulière du voile du palais et du larynx. Il en résulte que chez lui les naseaux sont l'unique passage de l'air respiré, et qu'ils doivent, plus que chez tout autre animal, être grands et dilatables, pour faciliter le jeu des poumons.

« Le hennissement du cheval consiste en une succession de sons saccadés, qui se produisent par une suite d'expirations courtes et comme consécutives. Buffon a distingué cinq sortes de hennissements différents, relatifs à différentes passions : « Le hennissement d'allé-
« gresse, dans lequel la voix se fait entendre assez longtemps, monte
« et finit par des sons plus aigus ; le cheval rue en même temps,
« mais légèrement, et ne cherche point à frapper ; le hennissement
« du désir, dans lequel le cheval ne rue point, et la voix se fait
« entendre longuement et finit par des sons plus graves ; le hennis-
« sement de la colère, pendant lequel le cheval rue et frappe dange-
« reusement, est très court et aigu ; celui de la crainte, pendant
« lequel il rue aussi, n'est guère plus long que celui de la colère ; la
« voix est grave, rauque, et semble sortir en entier des naseaux ;
« celui de la douleur est moins un hennissement qu'un gémis-
« sement ou ronflement d'oppression, qui se fait à voix grave. »
Le mâle a la voix plus forte que la femelle, et celle-ci hennit rarement.

« Les allures du cheval sont le pas, le trot, l'amble, le galop.

« Le pas s'effectue en quatre temps, par l'action alternative d'un membre antérieur d'abord, du membre postérieur opposé ensuite, puis par l'action du second membre antérieur, et enfin du postérieur opposé. Le corps repose toujours sur trois pieds.

« Dans le trot, l'action d'un membre antérieur et du postérieur opposé est simultanée, de sorte que le corps est supporté par deux pieds seulement. Dans le trot rapide, il est un moment où les quatre pieds ont quitté le sol, le corps se trouve un instant lancé en l'air par la force d'impulsion des membres : il y a deux temps en un intervalle.

« L'amble est naturel chez certains chevaux, comme il l'est pour le dromadaire et la girafe. Il est quelquefois le résultat de l'éducation au manège, parce que cette allure est douce pour le cavalier; quelquefois il résulte de l'âge avancé et de la faiblesse de l'animal. Dans cette allure les deux membres d'un même côté, l'antérieur et le postérieur, se lèvent ensemble, parcourent simultanément leur trajet et retombent à la fois sur le sol, puis les deux autres du côté opposé se lèvent à leur tour, se portent en avant et reviennent à l'appui. Il y a deux temps.

« Dans le galop il y a ordinairement trois temps; mais comme dans ce mouvement, qui est une espèce de saut, les parties antérieures du cheval ne se meuvent pas d'abord d'elles-mêmes, et qu'elles sont chassées par la force des hanches et des parties postérieures, si des deux jambes de devant la droite doit avancer plus que la gauche, il faut auparavant que le pied gauche de derrière pose à terre pour servir de point d'appui à ce mouvement d'élancement : ainsi c'est le pied gauche de derrière qui fait le premier temps du mouvement et qui pose à terre le premier; ensuite la jambe droite de derrière se lève conjointement avec la gauche de devant, et elles retombent à terre en même temps; enfin la jambe droite de devant, qui s'est levée un instant après la gauche de devant et la droite de derrière, se pose à terre la dernière, ce qui fait le troisième temps. Ainsi dans ce mouvement de galop il y a trois temps et deux intervalles; et dans le premier de ces intervalles, lorsque le mouvement s'opère avec vitesse, il y a un instant où les quatre jambes sont en l'air en même temps et où l'on voit les quatre fers à la fois. Lorsque le cheval a les hanches et les jarrets très souples, comme il les acquiert au manège, ce mouvement du galop est plus relevé, plus élégant, mais moins rapide, et la cadence s'en fait en quatre temps. Pour l'ordinaire les chevaux galopent plus volontiers le pied droit en

avant; le cavalier leur fait à sa volonté entamer le galop en portant
en avant le pied gauche.

« Le galop de course sur l'hippodrome se décompose de la même
manière que le galop ordinaire en trois temps, bien qu'on ait souvent
écrit le contraire. Sa vitesse, qui peut alors dépasser quatorze mètres
par seconde, tient à la fois, comme l'a remarqué fort bien M. Colin (dans
sa *Physiologie comparée*), « à l'étendue de l'espace embrassé pendant

Tarpan ou cheval sauvage.

« l'oscillation d'une extrémité, et à la rapidité avec laquelle ces oscilla-
« tions se succèdent. Tel cheval est bon coureur surtout par l'étendue
« de l'espace qu'il mesure à chaque pas, tel autre l'est principalement
« par la célérité excessive avec laquelle les pas se répètent »

« Isidore Geoffroy a calculé que la taille moyenne chez le cheval
est de près d'*un mètre et demi* au garrot. On trouve des races hautes
de près de *deux mètres;* la taille tombe chez quelques-unes à un
mètre et moins encore. Il a trouvé que deux chevaux d'une petite
race propre à la Laponie, presque au terme de leur accroissement,
mesuraient au garrot, l'un neuf cent quarante-sept millimètres,
l'autre huit cent quatre-vingt-douze seulement. Le jardin zoologique
de Paris a reçu, il y a quelques années, un couple appartenant à une
race aussi petite des îles de la Sonde. On en voit, assure-t-on, de plus
petits encore à Java et à Timor.

— C'est comme chez le chien, dit la mère. J'ai négligé de vous demander une explication de ces différences de taille, de couleur, etc.

— Elle n'est pas facile à donner. Depuis Buffon, on a beaucoup écrit sur cette question. On n'a guère fait que paraphraser plus longuement ce qu'il a dit dans son langage clair et concis. Écoutez :

« Il y a dans la nature un prototype (premier type) général dans « chaque espèce, sur lequel chaque individu est modelé, mais qui « semble, en se réalisant, s'altérer ou se perfectionner par les circon- « stances ; en sorte que, relativement à de certaines qualités, il y a « une variation bizarre en apparence dans la succession des indi- « vidus, et en même temps une constance qui paraît admirable dans « l'espèce entière. Le premier animal, le premier cheval, par exemple, « a été le modèle extérieur et le moule intérieur sur lequel tous les « chevaux qui sont nés, tous ceux qui existent et tous ceux qui « naîtront, ont été formés ; mais ce modèle, dont nous ne connais- « sons que les copies, a pu s'altérer ou se perfectionner en commu- « niquant sa forme et se multipliant : l'empreinte originale subsiste « en son entier dans chaque individu ; mais, quoiqu'il y en ait des « millions, aucun de ces individus n'est cependant semblable en « tout à un autre individu, ni par conséquent au modèle dont il « porte l'empreinte. Cette différence, qui prouve combien la nature « est éloignée de rien faire d'absolu, et combien elle sait nuancer « ses ouvrages, se trouve dans l'espèce humaine, dans celle de tous « les animaux, de tous les végétaux, de tous les êtres, en un mot, « qui se reproduisent ; et ce qu'il y a de singulier, c'est qu'il semble « que le modèle du beau et du bon soit dispersé par toute la terre, « et que dans chaque climat il n'en réside qu'une portion.

« On sait par expérience que des animaux ou des végétaux trans- « plantés d'un climat lointain souvent dégénèrent, et quelquefois se « perfectionnent en peu de temps, c'est-à-dire en un très petit « nombre de générations. Il est aisé de concevoir que ce qui produit « cet effet est la différence du climat et de la nourriture : l'influence « de ces deux causes doit à la longue rendre ces animaux exempts « ou susceptibles de certaines affections, de certaines maladies ; leur « tempérament doit changer peu à peu ; le développement de la « forme doit donc aussi changer dans les générations. Le premier « couple ne sera pas altéré, leur première progéniture ne dégénérera « pas, l'empreinte de la forme sera pure, il n'y aura aucun vice de

« souche au moment de la naissance; mais le jeune animal essuiera,
« dans un âge tendre et faible, les influences du climat; elles lui
« feront plus d'impression qu'elles n'en ont pu faire sur le père et la
« mère. Celles de la nourriture seront aussi bien plus grandes, et
« pourront agir sur les parties organiques dans le temps de l'accrois-
« sement, en altérer un peu la forme originaire, et y produire des
« germes de défectuosités, qui se manifesteront ensuite d'une manière
« très sensible dans la seconde génération, où la progéniture a non
« seulement ses propres défauts, c'est-à-dire ceux qui lui viennent de
« son accroissement, mais encore les vices de la seconde souche, qui
« ne s'en développeront qu'avec plus de facilité; et enfin dans la troi-
« sième génération les vices de la troisième souche, qui proviennent
« de cette influence du climat et de la nourriture, deviendront si sen-
« sibles, que les caractères de la première souche en seront effacés. »

— J'ai saisi ce raisonnement de Buffon; seulement je demanderai
à mon fils ce qu'il faut entendre au juste par le mot climat.

— Il a deux significations. Dans l'une, qui est la première, il s'applique à une division systématique du globe en zones à partir de
l'équateur jusqu'aux pôles. Dans l'autre, qui dérive de celle-ci, il
s'applique à une étendue quelconque du pays, considérée au point
de vue de la température et des circonstances physiques. « Le mot
« *climat,* dit Humboldt, embrasse dans son acception la plus géné-
« rale toutes les modifications atmosphériques dont nos organes
« sont affectés d'une manière sensible : telles que la température,
« l'humidité, les variations du baromètre, le calme de l'atmosphère
« ou les effets des vents, l'intensité de la pression électrique, la
« pureté de l'air ou ses mélanges avec des émanations gazeuses plus
« ou moins salubres; enfin le degré de l'éclat de lumière habituel,
« cette sérénité du ciel si importante par l'influence qu'elle exerce
« non seulement sur le rayonnement du sol (le renvoi de la chaleur
« qu'il a reçue du soleil), sur le développement des tissus orga-
« niques dans les végétaux et la maturité des fruits; mais aussi par
« l'ensemble des sensations morales que l'homme éprouve dans les
« zones diverses. »

« A l'influence de la *nourriture* et du *climat* j'ajouterai, avec
« M. Magne, un vétérinaire distingué, celle qu'exerce le *dressage,* le
« *travail,* la manière d'entretenir les animaux, de les nourrir au
« râtelier ou au pâturage.

« De nos jours le cheval sauvage existe encore dans le désert des environs de la mer Caspienne et du lac ou plutôt de la mer Aral, jusqu'au 56e de latitude boréale. Les Tartares lui font la chasse, et le nomment *tarpan*. Une opinion assez générale voit dans le tarpan une race qui aurait déserté la domestication pour retourner à l'état libre. Plusieurs savants, parmi lesquels M. Boitard, demandent sur quels faits on pourrait appuyer une telle supposition, et font valoir contre elle plusieurs observations, notamment celle-ci, qui me paraît concluante. Chez toutes les races retournées à la liberté après avoir subi la domestication, les individus sur qui l'homme étend la main de nouveau se domptent avec la plus grande rapidité, et en peu de jours prennent les habitudes et la docilité qui caractérisaient leurs ancêtres ; le tarpan pris à l'âge adulte reste indomptable ; pris jeune, il ne s'apprivoise jamais complètement. Il faudrait recommencer le travail des siècles, on n'agirait qu'à la longue sur la descendance.

« Ces chevaux restés sauvages sont, comme leurs frères domestiques, de couleurs très différentes. On a seulement observé que le brun, l'isabelle et les gris de souris sont les pelages les plus communs : il n'y a parmi eux aucun cheval pie, et les noirs sont extrêmement rares. Tous sont de petite taille ; mais la tête est à proportion plus grande que dans nos races soumises. Leur poil est bien fourni, jamais ras, et quelquefois même il est long et ondoyant : ils ont aussi les oreilles plus longues, plus pointues. Le front est arqué et le museau garni de longs poils ; la crinière est aussi très touffue et descend au delà du garrot ; ils ont les jambes très hautes, et leur queue ne descend jamais au delà du jarret ; leurs yeux sont vifs et pleins de feu. Ils vivent en petites troupes de vingt à trente individus : un chef de famille entouré de plusieurs juments et des enfants, qui ne s'éloignent des parents qu'à l'âge adulte. Ils se défendent fort bien contre les loups. Le cheval libre frappe des pieds de devant, se dresse de toute sa hauteur contre l'ennemi, le broie sous ses sabots meurtriers, puis le saisit de ses redoutables mâchoires entre les deux épaules, et le jette à ses juments pour qu'elles prennent plaisir à l'achever.

« Dans les steppes de l'Ukraine et du Don les chevaux vivent à l'état de liberté, par troupes de trois, quatre à cinq cents, sous la surveillance de deux ou trois hommes à cheval. Ils errent dans la steppe qui leur est assignée, sans abri même pendant l'hiver ; ils écartent du pied la neige durcie pour chercher et manger l'herbe qu'elle recouvre. Lorsque la gelée est par trop rude, on leur donne abri et un peu de fourrage pendant quelques jours dans les très rares villages de la contrée. Le propriétaire de la troupe profite de cette occasion pour les marquer d'un fer rouge.

— J'ai ouï dire, ajouta le fermier, que dans un petit coin de notre France, dans l'île de la Camargue, à l'embouchure du Rhône, il

Gauchos chassant les chevaux sauvages.

existe une petite race de chevaux qui vit de la même manière, sauf la différence des climats.

— Le continent américain ne connaissait point le cheval avant l'arrivée des Espagnols. Des chevaux importés par eux, ils en lâchèrent plusieurs dans les îles Lucayes, dans celles de Saint-Domingue; dans les guerres du Mexique et du Pérou, bon nombre furent abandonnés. Depuis lors leur descendance a multiplié à un tel point, que le cheval à l'état libre a aujourd'hui pour domaine les incommensurables solitudes des *prairies* dans l'Amérique du Nord et celles des *pampas* de l'Amérique du Sud. Le mot espagnol *alzado* (insurgé), par lequel on désigne ce cheval, raconte bien son origine.

« Quelques générations à l'état de liberté ont suffi pour faire disparaître les variétés que présentaient leurs ancêtres amenés d'Espagne. Aujourd'hui ils offrent tous les mêmes caractères. Ils ont généralement un pelage de couleur isabelle. La taille a diminué, la tête a grossi aussi bien que les jambes, qui de plus sont raboteuses; les oreilles et le cou se sont allongés. Néanmoins on retrouve encore quelques restes de l'élégance et des qualités des belles races espagnoles.

— J'ai connu, dit la mère, il y a quelque quarante ans, un de ces alzados que le général espagnol Morillo avait amené à Paris et sur lequel il avait fait dans le Pérou la guerre contre Bolivar. Ce cheval, de très petite taille, de couleur isabelle, avait l'humeur la plus aimable. Avec ses petites jambes et son allure très singulière, un amble qui rasait le sol, il était d'une vitesse extraordinaire. Je l'ai vu souvent dépasser au bois de Boulogne presque tous les chevaux qui essayaient de jouter avec lui.

— Le tarpan du nord de l'Asie parcourt des plaines où il n'a point à redouter des carnassiers aussi terribles que le jaguar et le cougouar du continent américain; il peut donc vivre par petites troupes, par familles. L'alzado trouve sa sûreté à se réunir en de très grandes troupes, dont le chiffre, dit-on, dépasse quelquefois dix mille têtes. Mais la différence est plus apparente que réelle, une grande troupe se décomposant en familles unies par un lien social, et obéissant à des chefs qui s'échelonnent en une hiérarchie : le rang s'acquiert par la supériorité de force et de courage. La nation marche en colonnes serrées, précédées de quelques éclaireurs. Un objet inquiétant est-il signalé, les chefs de tribus accourent en tête, et la colonne s'approche de l'ennemi en décrivant plusieurs cercles afin de le reconnaître. Pour le combat on se forme en groupes compactes. Chaque nation adopte un territoire qu'elle fait respecter de la nation voisine, et que les chefs de tribus répartissent aux chefs de familles.

« Malheur au voyageur conduisant un convoi de chevaux domestiques, s'il vient à rencontrer une colonne d'Alzados! Ceux-ci par leurs hennissements appelleront ses serviteurs; c'est à lui de faire bonne garde pour qu'un déserteur séduit par l'appel n'aille pas grossir le nombre des indépendants. On raconte que dans la Floride les colons européens durent prendre la résolution générale de détruire par une chasse assidue les alzados qui prêchaient avec un fanatisme trop ardent leurs doctrines aux chevaux domestiques.

« Dans l'Amérique du Sud, le *gaucho,* mulâtre espagnol qui vit lui-même à l'état demi-sauvage, veut-il s'approprier le service d'un cheval de plus, il invite quelques amis à l'aider. On monte sur des chevaux domestiques, et l'on va cerner une colonne d'alzados. Quelque fraction se détache que l'on pousse devant soi. On l'amène jusqu'au *coral* (c'est un enclos circulaire construit avec des pieux et des branchages), et l'on force à y entrer ceux dont l'aspect est le plus recommandable. Le *gaucho* tient en main le *lazo*, très long lacet de cuir tressé : un bout est fixé à la selle, l'autre est disposé en nœud coulant ou garni de lanières qui se terminent par des plombs. Il vise à l'alzado qui lui convient le mieux, celui dont sa pensée a fait choix. Le lazo, lancé avec adresse, vient enlacer de son nœud, ou du croisement des lanières, le cou de l'animal. Les auxiliaires entravent les jambent et l'abattent. On lui met une bride, on le selle. Le gaucho, armé de formidables éperons, l'enfourche et entre en lutte avec lui. Il le comprime de ses cuisses et de ses jarrets puissants, lui imprime sa volonté par l'action du mors, et finit toujours par le dompter. Sa domination établie, il le lance dans l'espace, et lui inflige une course épuisante en le stimulant de l'éperon sans relâche. Il le ramène au coral hors d'haleine, les flancs ensanglantés, tremblant sur ses jambes. On lui ôte la selle et la bride. Désormais il fraternisera avec les chevaux domestiques ; il est devenu docile, il ne cherchera point à fuir.

— C'est une leçon cruelle, et dans laquelle l'homme joue sa vie.

— Nous autres, Madame, quand nous voulons dompter un cheval par trop farouche, un poulain, par exemple, qui n'a point été accoutumé de bonne heure à l'attachement de l'homme, et le cas est bien rare (ce serait supposer de la part du propriétaire trop de négligence), on s'y prend d'une manière moins dangereuse, on emploie la patience. Dans des cas exceptionnels, les vétérinaires conseillent de placer l'animal dans l'écurie, la croupe tournée vers la mangeoire ; un homme se tient à sa tête tout le jour et toute la nuit, et l'empêche de se coucher. Il lui donne de temps en temps une poignée de foin. La privation prolongée de sommeil finit toujours par produire la docilité complète.

— Buffon disait : « Il y a en France des chevaux de toute espèce : mais les beaux sont en petit nombre. » Les guerres de la révolution et de l'empire sont venues épuiser encore le pays ; nous avons pénurie même de médiocres, et nous commençons à peine à comprendre en quoi doit consister la beauté du cheval.

— Je suis là-dessus fort ignorante.

— Moi, fermier depuis vingt ans, j'avoue que mes idées sont loin d'être arrêtées.

— Un contemporain de Buffon, un vétérinaire fameux, Bourgelat, professa le premier enseignement sur ce qu'on appelle l'*extérieur du cheval*. Malheureusement il étudia sur le cheval qu'il avait sous les yeux, celui qui était alors de mode en France, le cheval de manège, tel que l'avaient fait des croisements avec des races du nord de l'Europe. Voulez-vous une idée du type idéal qu'il avait conçu pour les belles proportions à rechercher, regardez la statue équestre de Henri IV sur le Pont-Neuf, celle de Louis XIV dans la cour du palais de Versailles, ou celle du même roi sur la place des Victoires; car les principes du maître ont fait loi parmi les élèves des écoles vétérinaires et dans nos ateliers de statuaires jusqu'à l'époque assez récente (la restauration) où ces œuvres ont été produites. Ces principes n'ont commencé à rencontrer des sceptiques que depuis l'expédition d'Égypte et surtout celle d'Alger, à mesure que les communications sont devenues de plus en plus intimes avec l'Orient.

« Vers l'an 1845, M. Richard (du Cantal), qui avait fait partie de l'armée d'Algérie, commença contre eux une attaque radicale. Chargé de l'enseignement au haras du Pin, il publia dans le journal de l'établissement, *Annales des haras et de l'Agriculture*, une étude *du cheval de service et de guerre*. (Il l'a depuis publiée en un volume qui a eu deux éditions.)

« Considérant le cheval comme une machine, une locomobile appelée à rendre tels et tels services, il examine l'une après l'autre, dans le plus grand détail, chaque partie : tête, tronc et membres, suivant les lois de la mécanique appliquées à la physiologie. Il démontre que, pour plusieurs parties, les proportions déterminées dans le type idéal de Bourgelat sont loin de répondre pour le mieux aux fonctions exigées, soit pour une bonne respiration, soit pour supporter le poids du cavalier, soit pour la vitesse, etc. Que pour certaines parties même elles sont un contresens.

« Il se trouve qu'après avoir soulevé et approfondi ces nombreuses questions de détail, l'audacieux novateur est conduit à constater que les antiques éleveurs orientaux ont mieux conçu que le premier *enseigneur* français le type idéal du *beau* dans le cheval, — car ici, beau est, comme partout, synonyme de bon, — de la machine capable de rendre à l'homme le bon, le meilleur service.

 « C'est ainsi que les Orientaux demandent dans le cheval les oreilles courtes et mobiles, les os fins et lourds, ayant grande densité, solidité sous peu de volume ; les joues dépourvues de chair, c'est-à-dire bien musclées, mais sans empâtement; les naseaux *larges comme la gueule du lion;* les yeux beaux, noirs et à fleur de tête ;

L'Arabe et son coursier.

l'encolure longue ; le poitrail avancé, condition qui résulte d'une bonne disposition musculaire de cette région et de l'obliquité des épaules qui fait porter leur pointe en avant (aussi ajoutent-ils : le cheval dont le poitrail est enfoncé et les épaules perpendiculaires, fuis-le comme la peste); le garrot très élevé et très saillant, les reins ramassés, les hanches fortes ; les côtes de devant longues, et celles de derrière courtes; le ventre évidé, la croupe arrondie (c'est une bénédiction quand la croupe est aussi longue que le dos et le rein réunis), les rayons supérieurs des membres longs (comme ceux de l'autruche), et garnis de muscles (comme ceux du chameau), les saphènes (veines des jambes) peu apparentes; la corne noire d'une seule

4

couleur ; les crins fins et fournis ; la chair dure, et la queue très grosse à sa naissance, déliée à son extrémité.

« Le cheval doit avoir en résumé :

QUATRE CHOSES LARGES	QUATRE CHOSES LONGUES	QUATRE CHOSES COURTES
le front,	l'encolure,	les reins,
le poitrail,	les rayons supérieurs,	les paturons,
la croupe,	le ventre,	les oreilles,
les membres.	les hanches.	la queue.

« M. Richard pense que les Arabes n'ont pas d'autres lois de proportions déterminées que celles-ci : Lorsqu'un cheval a plus d'étendue du sommet du garrot au bas du nez, que de ce sommet à la pointe du tronçon de la queue, il est dans de bonnes proportions : il n'en est pas de même dans le cas contraire. Il déclare ne pas plus approuver que condamner ce système réduit à une aussi simple expression.

Abd-el-Kader, consulté par le général Daumas, s'exprime ainsi : « Si en allongeant l'encolure et la tête pour boire dans un ruisseau « qui coule à fleur de terre, un cheval reste bien d'aplomb sur ses « quatre membres sans replier l'un de ses pieds de devant, soyez « assuré qu'il est parfaitement conformé, que toutes les parties de « son corps sont en harmonie, et qu'il est de race. »

« L'opinion de plusieurs de nos généraux d'Afrique vient en aide au réformateur. Parmi eux je me contenterai de citer le général Daumas dans son charmant livre, *Les Chevaux du Sahara,* et le général Morris dans son livre classique à Saumur, *Extérieur du cheval.*

« Voici donc l'ancien cheval classique renversé de son piédestal. La scolastique de Bourgelat a fait son temps ; elle éprouve le sort de celle d'Aristote, elle est condamnée à aller sommeiller dans la poussière des bibliothèques. Cependant la pensée de créer un type idéal, un ensemble où toutes les parties se présenteraient chacune dans leur dimension désirable, un type réalisant les proportions harmoniques dans une perfection accomplie, cette pensée ne peut manquer de se reproduire. Ce ne sera plus le cheval de Bourgelat, soit ; on aura mis à profit les lumières qui se sont faites dans la science depuis l'époque où le fondateur essaya de jeter des bases qui viennent d'être reconnues non satisfaisantes ; mais enfin ce sera un cheval modèle, dont les proportions pourront être déterminées en adoptant une unité quelconque de longueur à laquelle rapporter les dimensions de chacune des parties de l'animal : les écoles d'agriculture et les ateliers des statuaires le réclament. Bourgelat, imitant ce que Michel-Ange a fait pour le modèle d'homme, avait pris la *longueur de tête* pour unité fondamentale de mesure; on la reprendra et on l'adaptera à un nouveau type idéal du cheval.

« Force, agilité, vigueur, dit le général Daumas, dans la confor-
« mation comme dans l'action, c'est l'apanage du cheval, du moment
« où il se trouve en deçà de l'Euphrate, et au delà de la Méditerranée
« et du Caucase, où il reste sur la terre de l'islamisme : c'est tou-
« jours le cheval nerveux, sobre, invincible à la privation et aux
« fatigues, vivant entre ciel et sable. Appelez-le maintenant *persan,*
« *numide, barbe, arabe de Syrie, nedji,* peu importe, toutes ces
« dénominations ne sont que des prénoms, si l'on peut parler ainsi :
« le nom de famille est : *cheval d'Orient.* »

« Abd-el-Kader raconte avoir vu, chez une tribu qui s'étend de Bagdad jusqu'à la Syrie, des chevaux hors de prix. Les seuls acheteurs sont de hauts ou très riches personnages; et encore demandent-ils à payer en trente ou cinquante échéances d'un an chacune, ou en une rente à perpétuité. Les chevaux de l'Yemen et d'Oman, à la pointe méridionale de l'Arabie, ne peuvent également être acquis que par les grands seigneurs et les pachas. Au rapport presque unanime des voyageurs, il faut placer au-dessus de toutes les races orientales le cheval *nedji,* qui se trouve dans le Nedjed-el-Ared, la partie de l'Arabie située entre le golfe Persique et le centre de l'Arabie. C'est là que la pureté du sang s'est le mieux conservée.

« Le cheval nedji, dit M. Hamon (*Recueil de Médecine vétérinaire*),
« vit très longtemps; il est jeune encore à vingt-cinq ans. Sa durée
« moyenne est de trente-cinq ans. Il est très sobre, peut marcher,
« courir deux ou trois jours de suite sans prendre d'aliments, pourvu
« qu'en partant on lui ait donné du lait de chamelle. Docile, obéis-
« sant à la voix de son maître, qu'il reconnaît parmi un tumulte de
« voix, jamais il n'est maltraité. Le Bédouin n'a pas besoin de se
« servir de la bride pour le conduire : la parole, un signe, le moindre
« attouchement suffit pour le diriger, l'arrêter court et le faire volter
« au milieu de la course la plus rapide. »

« Le mot *koheile,* qu'on pourrait traduire par *sérénissime,* est la dénomination la plus belle appliquée aux animaux de pur sang dont on fait remonter la généalogie à deux mille ans, et qui proviennent de l'une des cinq juments ayant appartenu à Mahomet : *koheile-agjus,*

koheile-gtulfu, koheile-massatiche, koheile-meneghi, koheile-seglavi.
D'après la tradition, elles sont la souche de la noblesse chevaline, et
chaque cheval que l'on prétend être noble doit prouver sa descendance. La filiation s'établit par les mères, probablement parce que
les preuves de la maternité sont plus faciles à constater. Toute mésal-
liance avec des animaux inférieurs ou inconnus est considérée dans
le Coran, le livre du Prophète, comme imputable à péché au maître
cupide ou négligent. L'acte de mariage pour les reproducteurs en
juments de premier sang est d'abord publiquement annoncé, afin
que des témoins puissent y assister. La même cérémonie accompagne
la naissance des poulains.

« A Bagdad, une lignée en très haute estime est celle des *saklaouïé*,
laquelle a deux branches, les *saklaouïé-djedran* et les *saklaouïé-abran*.

— Ceci rappelle les lignées et les branches des arbres généalogiques des noblesses humaines.

— Pour compléter la ressemblance, ces généalogies, bien authen-
tiques, sont consignées sur des registres officiels, *khudge*.

— Comme le *livre d'or* du patriciat de Venise.

— Permettez, dit le fermier. Je vais vous opposer *l'hygiène vétérinaire* de M. Magne, un excellent livre, mon manuel quotidien (jus-
tement j'ai sur moi le tome premier). Il nie l'existence d'un tel état
de chose : comment les Arabes prendraient-ils pour leurs chevaux
des précautions qu'ils négligent pour leurs enfants ? D'ailleurs dans
beaucoup de tribus il ne se trouve personne qui sache lire et écrire.
Puis vient cette citation, qu'il emprunte à un voyageur, M. de Herbert : « Les Bédouins ne conservent aucune note de la généalogie de
« leurs chevaux ; ils ne nomment que le père et la mère de leurs
« produits. Quand on leur en demande davantage, ils s'étonnent, vous
« regardent et se contredisent souvent en cherchant à vous faire la
« réponse qu'ils croient devoir vous engager le plus à payer cher
« l'animal que vous leur marchandez. »

— Pour réponse, écoutons Abd-el-Kader consulté par le général
Daumas : « Beaucoup d'Arabes ont des tables généalogiques dans
« lesquelles ils font constater et confirmer par des témoignages *fai-
« sant foi en justice* la naissance et la filiation du poulain : de façon
« que lorsqu'un propriétaire veut vendre un cheval, il n'a qu'à
« produire sa table généalogique pour prouver à l'acheteur qu'il ne
« le trompe pas. »

« Les Bédouins de M. Herbert n'avaient probablement à vendre que des animaux de provenance douteuse, des *kadischi*, et non des chevaux de premier sang.

« Un mien ami, qui gérait, il y a peu d'années, le consulat général de Bagdad, eut la bonne fortune, très rare, grâce aux bons offices du pacha gouverneur, de pouvoir acquérir un magnifique cheval du *Nedje*. Le noble animal avait ses titres aussi parfaitement en règle que peut les avoir un bon gentilhomme, avec mention de leur insertion dans un *khudge* officiel, le tout prouvant sans réplique qu'il était bien et dûment *koheile* sérénissime, ou *sakhlouïe-abran*. On

Marché aux chevaux à Bagdad.

l'appelait du nom d'Abran) prononcez Hébron en parlant du nez comme les Arabes), et de plus il avait sa légende.

— Une légende !

— Dans la noblesse humaine il suffit de prouver sa naissance, d'être *né* comme on dit. Dans la noblesse chevaline il faut prouver que les aïeux ont eu de brillantes qualités, ont passé par des épreuves de guerre ou de course, et il faut que le sujet présent prouve aussi son mérite. S'agit-il d'essayer un cheval noble, l'Arabe le monte au moment de la plus forte chaleur du jour ; il lui fait parcourir tout d'une haleine vingt-cinq à trente lieues sur le sol brûlant et pierreux du désert ; et lorsque la course est terminée, il l'oblige à entrer dans l'eau jusqu'au poitrail. Si le cheval mange d'un bon appétit après cette épreuve, son sang est reconnu généreux.

« Le grand marché des chevaux arabes est de nos jours à Bagdad et à Bassora. Ils y viennent de l'Arabie, de la Syrie, de la Turquie et de la Perse. De très beaux animaux sont produits dans tous ces pays de l'Orient, et aussi en Égypte et dans l'Afrique septentrionale, l'ancienne Numidie : et si les chevaux *barbes* (une des races de l'Algérie) sont inférieurs à ceux de la Syrie, Abd-el-Kader nous en a donné le motif.

« Il est vrai que si tous les chevaux de l'Algérie sont de souche « arabe, beaucoup sont déchus de leur noblesse, parce qu'on ne les « emploie que trop souvent au labourage, au dépiquage des grains, « à porter, à traîner des fardeaux et autres travaux semblables; parce « qu'on opère des croisements avec l'âne, et que rien de tout cela ne « se faisait chez les Arabes d'autrefois. Mon père, Dieu l'ait en sa « miséricorde! avait coutume de dire: Point de bénédiction pour « notre terre, depuis que nous avons fait de nos coursiers des bêtes « de somme et de labour. Dieu n'a-t-il pas fait le cheval pour la « course, le bœuf pour le labour, et le chameau pour le traînage « des fardeaux? »

« Les Arabes estiment les juments beaucoup plus que les chevaux, l'expérience leur ayant appris qu'elles résistent mieux que ceux-ci à la fatigue, à la faim, à la soif; elles sont aussi moins vicieuses, plus douces, et hennissent moins fréquemment. Ils les accoutument si bien à être ensemble, qu'elles demeurent quelquefois des jours entiers abandonnées à elles-mêmes sans se frapper les unes les autres et sans se faire aucun mal. Ils conservent leurs pouliches, et cherchent à vendre les poulains. Le jeune animal est élevé avec une douceur extrême. Il fait partie de la famille du maître; admis sous la tente, il reçoit pour nourriture du lait de chamelle, de l'orge et souvent de la chair cuite de mouton ou de jeune chameau.

« Dans le nord de l'Asie, l'ancienne Scythie, aujourd'hui grande et petite Tartarie, immense plateau où la température est rigoureuse, et qui a échappé à la culture, où l'homme vit à l'état pastoral et par troupes nomades, il a façonné pour son service, dès la plus haute antiquité, une race de chevaux de laquelle sont descendues les races du nord de l'Europe. Un voyageur, M. Lafond-Poulotti, a donné d'intéressants détails sur l'éducation par laquelle on conserve le sang du cheval tartare dans sa pureté.

« Ces chevaux sont de petite taille ou de taille ordinaire. Leur corps est très bien fait, leur ventre est levretté (rappelle celui du lévrier), ce qui les fait paraître hauts sur jambes; leur encolure, étroite et grêle, porte une longue crinière. Le garrot est haut et tranchant, le dos droit ou un peu voussé. La croupe est anguleuse, et la queue placée un peu bas. Le pied est petit, et l'ongle extrêmement dur. Tous ont la tête large, sèche. On leur fend les naseaux (pour supprimer ou atténuer le hennissement), et aussi les oreilles. La plupart sont marqués à la cuisse au chiffre de leur maître.

« Ils sont très maigres, mais fiers, ardents, infatigables, pleins de courage, sobres et capables de supporter la plus longue abstinence; sans leur laisser prendre rien que quelques poignées d'herbe, on leur fait faire d'une traite une soixantaine de lieues.

« Leur apprentissage est rude. Lorsque l'animal a atteint six ou sept ans, à la force de l'âge, le cavalier le soumet d'abord à une

Cheval tartare et son cavalier.

longue course. Le lendemain la course est plus forte, et une partie de la nourriture est retranchée; les jours suivants l'épreuve est encore plus pénible, et le cheval ne reçoit qu'une poignée d'herbe de huit en huit heures; de boisson, il en est privé pendant vingt-quatre heures. L'épreuve se continue jusqu'à ce qu'il soit parvenu à supporter des fatigues et des privations incroyables. S'il se montre incapable avant un temps voulu, il est tué sans pitié.

— Vos Tartares, mon fils, sont des gens terribles.

— Nos aïeux, qui ont subi leurs invasions à plusieurs reprises, l'ont dit avant vous, ma mère.

— Monsieur, je ne me rends pas bien compte de ce qu'on appelle le *sang*, le *pur sang*, dans le langage des vétérinaires.

— Nous allons le conclure de ce que nous avons dit. A quelque race qu'un cheval appartienne, qu'il soit français, oriental ou tartare, on exige qu'il soit noble dans sa race, et la noblesse chevaline se présume par l'acte de naissance, mais ne se prouve que par la faculté de supporter de rudes épreuves. Or cette faculté de quoi résulte-t-elle? en partie des formes extérieures, mais bien davantage encore d'un tempérament robuste, d'une constitution rare, quasi exceptionnelle. Le célèbre médecin Bordeu disait : « Le sang c'est de « la *chair coulante*. » On peut ajouter qu'il est aussi bien du nerf, du ligament et de l'os que de la chair, puisqu'il fournit tous les principes qui constituent, entretiennent et réparent les différents tissus de l'organisme. Le cheval de *sang*, à quelque race qu'il appartienne, est celui qui possède le sang capable de fournir et d'entretenir l'organisme le plus solide. Gardons-nous d'oublier qu'il doit posséder aussi le riche fluide nerveux qui excitera le mieux et mettra le mieux en jeu la force et la résistance des appareils de la locomobile.

« A force d'argent, de soins et de persévérance, on est parvenu en Angleterre à créer une noblesse chevaline, un sang qui se place immédiatement après le sang oriental et le sang tartare, sous des formes extérieures plus élégantes que chez le cheval tartare, et peut-être encore plus savamment calculées par le génie de l'homme que chez le cheval arabe, quoique moins gracieuses.

« D'après quelques écrivains, les essais dateraient du temps des croisades : simples essais, qui se sont aussi produits alors dans quelques contrées de la France, notamment dans le Limousin et la Bretagne. La première tentative sérieuse ne remonte qu'au règne d'Élisabeth. Le cheval persan fut introduit en 1558, dans le but d'améliorer par des croisements les races indigènes. Le succès fut médiocre jusque vers l'an 1660, époque où Charles II envoya le directeur de ses haras faire des recrues de reproducteurs mâles et femelles dans l'Arabie et dans l'Asie Mineure. Les juments importées reçurent le titre de *royal-mares* (juments royales), et leur descendance fut seule autorisée à se présenter sur l'hippodrome. Cette race pure a donné naissance aux coureurs qui se sont illustrés de 1750 à 1790, et parmi lesquels je citerai *Éclipse* et *Regulus*. A dater de 1794, les Anglais importèrent beaucoup moins de chevaux d'Orient pour l'entretenir, les éleveurs ayant reconnu qu'ils obtenaient une amélioration de formes plus marquée en se servant seulement des meilleurs reproducteurs pris chez elle-même. En consultant le *general stud-book*, grand livre des haras, le livre d'or où se conservent les généalogies des vainqueurs des courses de New-Market, on peut s'assurer que depuis une cinquantaine d'années environ, la race se maintient dans sa pureté sans importation aucune.

— Ainsi, Monsieur, ce sang anglais, c'est en réalité du sang oriental qu'on a réussi à acclimater sous le ciel d'Angleterre et qui y a fait souche.

— Oui, mais remarquons de plus que dans cette descendance on a modifié les formes avec un calcul profond : vous en jugerez par cette description exacte et chaleureuse que donne M. Lafond, professeur à l'école d'Alfort : « Le cheval pur sang anglais, *blood horse*,

Cheval anglais.

« a la taille d'un mètre cinquante centimètres environ ; sa poitrine
« est longue, haute et profonde ; son ventre est levretté ; sa tête est
« droite et dirigée un peu en avant : elle porte un crâne large, des
« yeux grands, ouverts et bien animés, des oreilles droites et un peu
« longues, mais bien placées ; ses lèvres sont minces et ses naseaux
« larges et bien ouverts ; son encolure, allongée et souvent droite,
« est garnie de crins soyeux ; sa croupe, longue et horizontale, est
« bien musclée ; sa queue, bien placée, est pourvue de crins très
« fins ; son garrot est remarquablement haut ; ses reins sont droits,
« et ses épaules longues et obliques : les avants-bras sont longs, les
« jarrets droits et bien nets ; son paturon est généralement court, et
« se termine par un sabot rond, à talons trop souvent rétrécis. En

« général les formes du cheval anglais de course sont sèches, les
« éminences osseuses bien prononcées, les muscles saillants et
« bien dessinées. Mais ce qui frappe surtout c'est la largeur de son
« crâne, l'ampleur de sa poitrine, les saillies osseuses où s'implan-
« tent les forces musculaires pour y prendre un point d'appui, la
« sécheresse, la netteté de ses articulations et l'éloignement des ten-
« dons des centres du mouvement. Dispositions admirables de la
« mécanique animale, d'où résultent une grande excitabilité ner-
« veuse, une puissance considérable dans l'acte de la locomotion et
« une très facile respiration : conditions vitales pour la grande éner-
« gie, l'haleine, les mouvements prompts, faciles. Cette conforma-
« tion donne lieu à des allures que l'on ne retrouve pas dans les
« chevaux de race commune. Le pas, le trot, le galop du cheval pur
« sang ressemblent au pas, au trot et au galop du cerf, du daim, du
« chevreuil, parce que réellement la forme de son corps, la longueur
« et le peu d'épaisseur de son encolure, l'horizontalité de son dos
« et de ses reins, la forme de sa croupe, la longueur et l'obliquité
« de ses épaules, ainsi que la forme de ses jarrets, rappellent la
« conformation de toutes les mêmes parties de ces beaux et sauvages
« ruminants. Ajoutons que ce cheval jouit d'une grande intelligence
« et d'une énergie musculaire prodigieuse. »

« Quant à son moral, il est gai de sa nature, mais d'une gaieté
qui n'est pas sans danger pour qui l'approche. Il est susceptible,
violent, prompt à s'effaroucher. Ces Achilles de leur espèce ont beaucoup des défauts de l'Achille d'Homère. Chez eux, dès la première
jeunesse, la sensibilité est stimulée par tous les moyens. Leur épiderme fin et presque dénudé de poils livre sans cesse passage à une
sueur abondante. On les masse et on les frotte avec un instrument
de bois; on leur donne une nourriture échauffante, on enflamme
leur sang. Aussi ont-ils une grande tendance à devenir *vicieux*. Toutes
les passions mauvaises de l'homme : jalousie, haine, soif de vengeance, se retrouvent chez eux. Un Anglais qui les a beaucoup étu-
diés, Holcroft, raconte avoir vu dans une course un cheval qui se
sentait sur le point d'être vaincu rassembler toutes ses forces, s'élancer d'un bond sur son rival et le mordre à la mâchoire inférieure
avec une telle violence qu'il fut longtemps impossible de lui faire
lâcher prise.

« Le cheval de sang anglais est noble présumé par son acte de

naissance inscrit au *general stud-book ;* il passe à la noblesse reconnue quand il a prouvé son mérite, quand il a subi glorieusement
l'épreuve de l'hippodrome ; autrement il tombe dans la classe vulgaire.

> Et la postérité d'Alfane et de Bayard
> Quand ce n'est qu'une rosse est vendue au hasard,

comme a dit notre Boileau. Cependant nous savons par quelles terribles fatigues prolongées on constate le sang arabe et le sang tartare ; celles de l'hippodrome restent loin de ces prouesses exigées
qui sont des tortures. Tant que le sang anglais n'aura point été
éprouvé à rudesse égale, on est autorisé à ne le placer qu'au troisième rang, bien qu'il ait pour enveloppe des formes améliorées.
L'homme anglais s'est montré mécanicien non moins admirable dans
la locomobile vivante moulée par ses soins, que dans les automates
à vapeur qu'il forge dans ses usines.

— Monsieur, je connais des éleveurs qui sont peu partisans des
courses.

— Dès les temps antiques, chez tous les grands peuples qui ont
eu besoin du cheval du guerre, les courses ont été encouragées par
les gouvernements comme un excellent moyen de former de bons
écuyers, de répandre dans la population le goût de l'équitation, d'encourager à la production chevaline. Les Grecs, les Romains, les
Orientaux étaient passionnés pour les spectacles de l'Hippodrome.

« Les Arabes, nous apprend l'émir Abd-el-Kader, ont conservé
le goût des courses, coutume qu'ils pratiquaient déjà du temps de
l'idolâtrie, avant Mahomet. La loi nouvelle en a consacré la légitimité en y imprimant le sceau religieux. Pour la longue course les
chevaux sont préparés par un *entraînement,* « un traitement calculé
« pour faire tomber la graisse par la transpiration, donner du ton
« aux muscles, et ne laisser subsister que les chairs les plus fermes. »
Ainsi préparé, le cheval est amené sur le *djalba,* terrain indiqué où
les spectateurs accourent en foule. L'émir cite un savant commentateur arabe, Bourbaki, lequel dit : « *Le prophète a fait courir ensemble*
« *les chevaux entraînés, il leur a fixé une distance de sept milles à*
« *parcourir,* tandis qu'il fixait pour les chevaux ordinaires une dis
« tance d'un mille seulement. » Les chevaux courent par groupes
de dix. Sur les dix il y a des prix pour sept, et ils sont admis à se

reposer sous la tente d'honneur, d'où les trois perdants sont repoussés ignominieusement.

« En Angleterre les courses ont commencé vers le milieu du xvie siècle. Elles se faisaient entre chevaux capables de porter un cavalier armé de toutes pièces ; très souvent on choisissait un chemin fort accidenté. Au commencement du xviie siècle, Jacques Ier s'occupa de les régulariser. On reconnut que les terrains légers que recouvre un gazon ras, un *turf*, étaient favorables par leur élasticité, et on leur accorda la préférence : de là le mot *turf* devenu synonyme du mot hippodrome. L'armure n'étant plus en usage, le poids du cavalier avait considérablement diminué. Cependant les chevaux admis eurent encore à porter un poids réglementaire de 65 à 75 kilogrammes, selon leur taille et à parcourir une distance d'au moins quatre milles (de six à sept kilomètres). Remarquons en outre que l'entraînement n'était encore que mal pratiqué dans le pays, que même on le négligeait entièrement pour plusieurs coureurs. Un tel régime produisit des animaux d'une noblesse réellement prouvée par le mérite, des chevaux de *sang* qui après des victoires nombreuses sur le turf vinrent habiter les haras. De leur croisement avec les races indigènes ne tardèrent pas à provenir une suite de métis excellents, qui eurent une partie des qualités de leurs pères. C'est ainsi que s'est formé le *hunter's saddle-horse,* le cheval de selle du chasseur, sur lequel l'Anglais franchit les haies, les fossés et les cours d'eau en poursuivant à travers champs le renard.

« L'usage des courses ainsi compris excita une vive émulation parmi les amateurs de chevaux. Jaloux d'envoyer des vainqueurs sur le turf, les souverains, les princes, les chefs de l'aristocratie, les hommes enrichis par le commerce et l'industrie ont fait d'énormes dépenses pour la production chevaline, et même ont directement appliqué leur intelligence à diriger l'élevage. En vue des courses, les Anglais se sont attachés pendant un siècle à produire des chevaux d'une vigueur extraordinaire, réunissant le *fond,* comme on dit, à la vitesse. A la course au terrain plat, ils ont ajouté la course des *haies,* où il y a de grands et nombreux obstacles à franchir, et enfin la *course au clocher* (*steeple-chase*), où l'on se dirige vers un but sur un terrain non préparé, mais accidenté par des obstacles plus terribles encore.

« Parmi les coureurs de ce bon sang, il faut citer le célèbre *Éclipse,* qui avait les proportions les plus régulières, des épaules amples, la poitrine profonde, des avant-bras musculeux et le plus vigoureux arrière-train. Dans sa longue et brillante carrière il ne subit jamais une défaite.

— Vous m'avez, Monsieur, réconcilié avec les courses.

— Moi, je les détesterai tant que je verrai les parieurs venir y jouer leur fortune.

— Les hommes ont tendance à abuser des meilleures choses, à gâter les meilleures institutions. De la fureur des paris est venu un

Courses en France.

grand mal. Les chevaux capables de pouvoir fournir la course de fond sont très rares; on voulut multiplier les occasions de paris en rendant le turf accessible à un plus grand nombre de coureurs, on se montra moins soucieux d'exiger d'eux le *fond;* la mode se contenta de rechercher surtout la vitesse. On diminua le poids du cavalier à porter et la distance à parcourir. On vit dès lors la victoire, pour un effort de quelques minutes, rester parfois à des chevaux de sang au corps très allongé, chez qui l'on a poussé à l'exagération la hauteur des jambes, la tendance des formes à rappeler le lévrier et la gazelle. Ces animaux manifestent parfois une grande énergie et beaucoup de vitesse, mais énergie sans durée, vitesse qui tomberait dans la course prolongée. Ils sont délicats, se nourrissent mal et manquent de fond. Au haras les reproducteurs ne donnent que des produits incapables de rendre de bons services; les juments n'élèvent que de chétifs poulains, parce qu'elles manquent de lait.

— Ne sont-ce pas là, dit le fermier, ce que nos vétérinaires appellent des haridelles, des chevaux *ficelles?*

— Permettez-moi, Messieurs, de vous égayer par la lecture d'un passage du livre de M. Toussenel. Il invoque le crayon du caricaturiste pour représenter « un cheval étique, à l'encolure concave, à la « tête de bique, à la croupe anguleuse, orné d'une queue de rat et « monté par un jockey hideux, lequel serait séparé de sa selle par « une distance respectable, et ferait une grimace affreuse pour « exprimer l'atrocité des réactions de sa monture.

« Cette merveille de perfection britannique, qui rappelle à tous ceux « qui ont bâillé sur la géométrie certains détails charmants du carré « de l'hypothénuse, a donc les réactions atroces, la bouche dure, le « pied perfide. Pour cette dernière raison, il est défendu de le faire « courir ailleurs que sur un terrain parfaitement uni, peu glissant « et soigneusement épierré. Ces bêtes-là courent trois ou quatre « fois par an, trois ou quatre minutes chaque fois. Elles ne sont « bonnes, du reste, ni pour la chasse, ni pour la guerre, ni pour la « promenade.

« Des montures de cette espèce réclamaient une race d'écuyers « spéciaux. A l'aide de procédés chimiques supérieurs, l'Anglais est « parvenu à créer le jockey, une race intermédiaire entre le lapon et « le jocko, qu'il a nommé ainsi de sa ressemblance avec ce dernier « quadrumane.

« Ceci est l'exposition la plus pure et la plus complète de l'art et de « l'idéal d'Outre-Manche. Un dernier trait pour peindre le caractère « anglais. Le cheval anglais spécule… C'est une machine à paris, rien « de plus. »

« C'est là une boutade spirituelle qui s'applique aux coureurs tels que la mode en a produit depuis une quarantaine d'années, et non au cheval réunissant le fond et la vitesse, comme le turf les a connus au siècle dernier. Le très grand mal existe, mais il est venu par abus, et après qu'un grand bien a été produit pour l'amélioration des races indigènes.

« La France a aujourd'hui ses nombreux hippodromes et ses courses largement encouragées par le gouvernement. Elle a, depuis l'année 1833, son *jockey-club* (club des jockeys), société de riches amateurs de chevaux, et son *stud-book,* livre du haras. Ne me sentant pas de force à émettre une opinion personnelle, je me contenterai de mentionner la question qui préoccupe les éleveurs après des essais tentés depuis quelque trente ans, sans ensemble, dans trois directions. Donnera-t-on, décidément, pour l'introduire dans nos races *indigènes*, la préférence au sang anglais ou au sang arabe; ou bien procédera-t-on en créant une noblesse nationale, un *sang français*, en perfectionnant telle ou telle race indigène par le choix persévérant de reproducteurs de plus en plus améliorés, pris uniquement chez elle-même?

« Par le premier procédé on introduit dans la contrée un sang qu'il ne sera peut-être pas facile d'acclimater sans perdre certaines qualités; dans le second système, la question d'acclimatation est résolue d'avance. C'est ainsi que le sang arabe, pour s'accoutumer au climat britannique et s'y transformer en sang anglais, a exigé des précautions hygiéniques sans nombre : nourriture abondante, chaudes couvertures, etc.; il a perdu la qualité d'être sobre et de résister aux privations, aux intempéries des saisons.

— Monsieur, nous avons dans la commune un homme qui a fait la campagne de Crimée. Il était dans les chasseurs d'Afrique : leurs chevaux étaient arabes, ils ont maigri, mais pas plus de mortalité qu'en Algérie même. Le reste de la cavalerie française a été rudement décimé; les chevaux d'Auvergne ont le moins mal résisté. Quant au sang anglais, dès les premiers froids, il n'en est pas resté un seul.

— Dans une précédente campagne que fit une armée russe aux monts Balkans, elle avait dans son état-major des officiers prussiens qui servaient en amateurs. Ils montaient des chevaux de demi-sang anglais qui leur avaient coûté des prix fous. A la première gelée à peine rude, tous ces amateurs se trouvèrent démontés.

« Dans l'état actuel des choses, nos chevaux de gros trait, boulonnais, percherons, comtois, bretons, sont les plus recommandables; les Anglais eux-mêmes nous envient le percheron, cheval de trait aux allures rapides, qui fait le service des diligences et des omnibus. On peut citer, comme le plus beau type de la race, les chevaux attelés aux omnibus qui transportent les facteurs de Paris, et dont voici le signalement, dressé avec amour par M. Magne. Corps cylindrique bien proportionné, taille d'un mètre cinquante-cinq à soixante centimètres; côte ronde; garrot épais et bien sorti; rein large et parfaitement soutenu. Charnue et peu inclinée, la croupe soutient une queue bien attachée; les hanches sont saillantes, espacées et bien sorties. Par sa longueur et son obliquité, l'épaule correspond à la belle conformation de la croupe. L'encolure forte, un peu rouée (en col de cygne), porte une tête un peu longue, bien expressive quoique le chanfrein soit un peu saillant, convexe au-dessus du front. Les membres sont bien plantés, bien musclés et peu chargés de crins. Le poil est généralement gris-pommelé, un peu gris de fer dans la jeunesse.

— En résumé, Monsieur, vous ne semblez pas trouver que la France soit dans une situation digne d'elle sous le rapport de la production des chevaux.

— Non vraiment, malgré les victoires que notre coureur *Gladiateur* a remportées récemment sur l'hippodrome anglais, et bien que notre climat soit cent fois supérieur à celui de l'Angleterre pour établir des haras de gros chevaux dans le nord, des haras de chevaux fins dans le midi. Notre infériorité jusqu'ici doit être imputée uniquement à notre faute, à notre coupable indifférence. Le cheval, le plus noble serviteur de l'homme...

— Dites, mon fils, après le chien, qui est son ami.

— C'est convenu; comment le traitons-nous? Abandonné à lui-même et dans l'état sauvage, il vivrait trente et même quarante ans; sous notre tutelle intelligente, nous lui faisons une vie moyenne de treize ans : un cheval qui accomplit son quatrième lustre est cité comme un Nestor de l'espèce. Cette loi de mortalité que nous lui imposons plus rude que ne l'a faite la nature, d'où provient-elle? De notre incurie, de notre avarice et de notre cruauté. Dans l'état de nature, le poulain tette une année entière; nous le sevrons à trois mois, souvent même beaucoup plus tôt. La prudence recommande, du moins, de remplacer le lait maternel par une provende succulente : de l'avoine, du froment, des fèves, des pois concassés; mais pour l'ordinaire, on juge que c'est assez pour lui de l'herbe d'un pâturage, assez souvent maigre et de qualité médiocre; et cependant, disent d'habiles vétérinaires, la bonne herbe elle-même est insuffisante pour créer une bonne constitution, une forte santé. Il y a cinquante ans, on se contentait de donner aux poulains un peu de son et la botte de fourrage; on craignait de les échauffer, de nuire à leurs yeux : on n'obtenait que des bêtes maigres, languissantes, non droites sur leurs membres, sans taille ni vigueur.

— Aujourd'hui, Monsieur, on commence à les mieux nourrir; beaucoup d'éleveurs comprennent qu'il y va de leur propre intérêt.

— Pas assez encore, malheureusement. Le poulain est, pour l'ordinaire, soumis trop jeune à un travail trop pénible. Nous n'attendons pas que ses articulations soient affermies, que ses os aient la consistance nécessaire pour résister à de grands efforts des muscles, que toutes les parties des vertèbres soient soudées entre elles. Le travail prématuré vicie les membres, porte atteinte aux

Courses de haies.

vertèbres du tronc, rend la croupe défectueuse, produit des exostoses.

— Comme dans l'humanité, dit la mère. Hélas! ne voyons-nous pas chez les enfants soumis trop tôt au travail des usines, une épine dorsale déviée, des genoux cagneux, des jambes contournées?

— C'est vrai, mais est-ce mieux? Pour en revenir au cheval; je suppose que son élevage ait été conduit sagement; je suppose, en outre, que dans son âge adulte nous l'ayons logé dans une écurie saine. Nous le nourrissons d'une main large et soigneuse, nous le pansons avec exactitude (*le pansage est la moitié de la nourriture*, a dit un célèbre agronome, Dombasle), nous lui épargnons les fatigues excessives, l'inclémence meurtrière des saisons, les traitements brutaux : doutez-vous que les chances de maladie ne diminuent pour lui considérablement? doutez-vous que sa vie moyenne ne puisse être dès lors calculée à vingt ans au lieu de treize?

— Je vous l'accorde, Monsieur.

— Il le faut bien; car c'est le chiffre admis en Allemagne, où l'on est plus pauvre que chez nous, et en Angleterre, où le climat est moins favorable. A partir du jour de cette réforme dans nos mœurs agricoles, chaque cheval français représentera un cheval présent sous le harnais, plus sept vingtièmes de cheval en réserve pour l'avenir. Or la France compte environ trois millions de chevaux, c'est comme si nous nous assurions par avance, et à échoir dans treize ans d'ici, la capture de trois autres millions de chevaux, qui auront sept années de service à nous fournir.

— Voilà, en effet, Monsieur, une belle proie.

— Et, ajoute la mère, sans qu'un propriétaire dépossédé ait à récriminer contre nous.

— Nous avons vu que pour peu que l'homme y apporte de persévérance, il peut diriger à son gré la fabrication de tout animal soumis à la domesticité. Qu'est-ce que le cheval? une locomobile vivante. Elle sera plus ou moins propre à tel ou tel service, selon que l'éleveur aura choisi et combiné plus ou moins habilement les formes de deux individus reproducteurs, en s'assurant d'abord l'infiltration d'un sang plus ou moins riche, plus ou moins pur. Je suppose que nous ayons réussi à créer sous notre climat un sang français dont nous disposions avec certitude. Je vous suppose experts à incarner le sang chevalin français dans des moules de conformation irréprochable. Qu'arrive-t-il? au lieu de jeter à regret un seul aliment, le foin, par faibles rations, à des rosses de taille exiguë, nous distribuons gaiement force avoine à de grands et robustes chevaux. Doutez-vous que nous n'obtenions en retour de ceux qui sont adultes le double de travail?

—Allons, allons, encore un magnifique bénéfice, et sans détriment pour notre prochain.

— Pour l'obtenir, ce bénéfice, nous aurons soin de renoncer à certaines mauvaises coutumes, et d'abord à nous servir de l'énorme charrette à deux roues des rouliers. Le limonier y partage sa force entre l'action de porter et celle de tirer. Au départ le fardeau est en équilibre, je vous l'accorde, mais à chaque pente de terrain les conditions changent. Le fardeau soulève douloureusement l'animal ou l'écrase. Qu'un brancard, qu'une roue, que l'essieu se rompe, sa vie est compromise.

— Votre accident d'aujourd'hui, dit la mère, pouvait avoir des suites graves, c'est une leçon.

— Que voulez-vous, dit le fermier, on se conforme à l'ancien usage. Pour ma part, je voudrais le voir cesser; un limonier coûte tellement cher! c'est un gros capital bien hasardé sur les chemins.

— Nous adoptons le chariot à quatre roues comme dans tout le nord de l'Europe; nous attelons le plus possible nos animaux de front, comme chez les peuples anciens, comme en Russie de nos jours.

— Mon fils, vous venez de parler d'âge, ce qui intéresse toujours une femme. A quoi reconnaît-on l'âge d'un cheval?

— A l'usure des dents, surtout des incisives. Buffon va nous servir de guide. Quinze jours après la naissance du poulain, les incisives de lait existent, rondes, courtes, peu solides, qui tomberont en différents temps, pour être remplacées par d'autres. A deux ans et demi, les quatre de devant du milieu tombent, deux en haut, deux en bas. Un an après, il en tombe quatre autres, une de chaque côté des premières remplaçantes. A quatre ans et demi environ, il en tombe quatre autres, toujours à côté des remplaçantes. Pour ces quatre dernières dents de lait, les remplaçantes sont beaucoup plus lentes à croître; on les appelle les *coins,* et c'est sur elles qu'on calcule l'âge de l'animal. Elles présentent une concavité dont le fond, coloré par le contact des aliments, porte une tache noire (les maquignons disent la *fève*). A quatre ans et demi ou cinq ans, ces dents ne débordent presque pas au-dessus de la gencive, et le creux est fort sensible. A six ans et demi, il commence à se remplir, la tache commence aussi à diminuer et à se rétrécir, toujours de plus en plus, jusqu'à sept et demi ou huit ans, où le creux est tout à fait rempli et la marque noire effacée : on dit que le cheval a *rasé*. Après huit ans, comme ces dents ne donnent plus connaissance de l'âge, on cherche à en juger par les dents laniaires ou *crochets,* qui sont à côté de celles dont nous venons de parler. Ces laniaires, non plus que les molaires, ne sont précédées par des dents de lait destinées à tomber. Les deux de la mâchoire inférieure poussent ordinairement les premières à trois ans et demi, et les deux de la mâchoire supérieure à quatre ans, et jusqu'à l'âge de six ans ces dents sont fort pointues.

A dix ans, celles d'en haut paraissent déjà émoussées, usées et longues, parce qu'elles sont déchaussées, la gencive se retirant avec l'âge; et plus elles le sont, plus le cheval est âgé. De dix jusqu'à treize ou quatorze ans, il y a peu d'indices de l'âge; mais alors quelques poils des sourcils commencent à devenir blancs. Cet indice est cependant aussi équivoque que celui qu'on tire des salières creuses, puisqu'on a remarqué que les chevaux engendrés d'un vieux père et d'une vieille mère ont des poils blancs aux sourcils dès l'âge de neuf ou dix ans.

— Pour compléter notre étude du cheval, dit la mère, parlons de son moral. Est-il susceptible d'affection ?

— Certainement. Le cheval d'Orient, que son maître admet sous sa tente au sein de sa famille, dans sa familiarité intime, paye de retour ces bons procédés. Vienne la guerre, il combat en frère d'armes. Il connaît et distingue l'ennemi à la voix, au moindre signe du maître. Il attaque violemment de la dent et des pieds. Il ramasse de sa bouche l'arme que le maître aura laissée tomber, et la relève à portée de sa main.

« Au vieux temps des Germains et à l'époque de la chevalerie, nos chevaux d'Europe n'étaient pas moins dévoués et vaillants. L'historien Guichardin raconte qu'à la bataille de Fornoue, le cheval du roi de France Charles VIII, « qui s'appeloit *Savoye,* et étoit « le plus beau cheval de son temps, le déchargea à ruades et per- « mades des ennemis qui le pressoient, et il étoit perdu sans cela. »

— Ma Mirza en ferait autant pour moi, si elle avait la force.

— Le cheval est très fier. Il aime la parure, le cérémonial, il semble tenir à l'étiquette. Plutarque raconte que Bucéphale, une fois caparaçonné, n'acceptait plus d'autre conversation que celle d'Alexandre. L'expression est de M. Toussenel.

« Le poète arabe El-Demiri rapporte que le calife Meronan avait un cheval qui ne permettait pas à son palefrenier d'entrer dans son écurie sans y être appelé. Un jour que le malheureux serviteur avait oublié la consigne, le cheval, indigné de son irrévérence, le saisit par le dos et le broya contre le marbre de sa mangeoire.

— Mirza, sur son coussin, gronde si une autre main que la mienne la dérange; mais elle a la dent moins prompte. Le chien n'est pas vaniteux, lui; il suit au cimetière la dépouille de son maître pauvre ou riche, et il se laisse mourir de faim sur la fosse.

— Le cheval ne se refuse pas à figurer au convoi de son maître riche sous un beau caparaçon de deuil, si l'on croit devoir l'y conduire. Quant à rester au cimetière, il n'en manifeste pas l'intention. Il rentre à l'écurie en philosophe et attaque son avoine et son foin avec un appétit que cette promenade a redoublé. Chez nos anciens aïeux les Gaulois il lui arrivait de mourir sur la fosse de son maître grand personnage ; mais dans ce cas c'était en qualité de victime immolée et sans qu'on eût consulté son bon vouloir.

« A la différence du chien léchant la main du maître capricieux qui l'a battu souvent à tort...

— Mon fils, battre est toujours un tort selon moi.

— Le cheval, conservant sa dignité, ressent vivement l'injustice et se venge des mauvais traitements.

— Que vous dites vrai, Monsieur ! Qu'un garçon d'écurie soit brutal méchamment, soyez sûr qu'il fera toujours une mauva.se fin. Combien on en compte qui ont péri par suite d'une morsure ou d'une ruade décochée en pleine poitrine !

— Et pour l'intelligence qu'en dirons-nous?

— L'écrivain grec Pausanias (je remonte un peu loin) se vante d'avoir connu un cheval qui se rendait parfaitement compte de son triomphe quand il avait gagné le prix de la course libre aux jeux olympiques. Il ne manquait pas alors de se diriger avec orgueil vers la tribune des juges pour réclamer sa couronne ; dans le cas d'insuccès, il opérait sa retraite modestement et l'oreille basse.

— Moi, Monsieur, j'ai à citer un fait plus moderne. Il y a une dizaine d'années, j'ai connu dans une contrée pauvre de la Savoie un médecin habitant une très petite ville qui avait dressé son cheval à lui servir de commissionnaire. Chaque matin, docteur et cheval, l'un portant l'autre, s'en allaient dans les campagnes voisines visiter les malades à la ronde, à de grandes distances, par des sentiers difficiles qui s'entre-croisaient, un labyrinthe montueux avec des ravins et des torrents à traverser. On rentrait au logis. Quelques heures après le cheval se mettait de nouveau en route, tout seul cette fois et portant sur le dos un panier où étaient rangés de petits paquets et des fioles étiquetés. Il recommençait la tournée des visites telle exactement qu'il l'avait faite le matin, allant de porte en porte et s'y arrêtant dans le même ordre parfait et sans en oublier une.

— Ceci, dit la mère, prouve plus en faveur de l'intelligence du cheval que toutes les prouesses qu'on parvient à faire exécuter aux chevaux savants dans les cirques.

— Nous ne tirons aucun usage du lait de la jument, peut-être parce que nous estimons son travail à trop grand prix pour la laisser reposer. Chez les Tartares il est mieux apprécié. On lit dans une chronique : « Le duc de Moscovie devait anciennement cette révé-« rence aux Tartares quand ils envoyaient vers lui des ambassa-« deurs, qu'il leur allait au-devant à pied et leur présentait un gobe-« let de lait de jument (breuvage qui leur est en délices); et si en « buvant quelque goutte en tombait sur le crin de leurs chevaux, « il était tenu de le lécher avec la langue. » Ce servage commença vers le milieu du xiiie siècle, et dura près de deux cent soixante ans.

— Les choses, dit la mère, ont bien changé. Aujourd'hui, à Moscou, le dernier plébéien jetterait au grand kan de Tartarie le gobelet de ce lait à la face, et ne songerait pas à en boire une goutte.

— Il me reste à aborder un point délicat : combattre le préjugé qui tient éloignée de l'étal des boucheries la viande de cheval.

— Je déclare, mon fils, que je partage le préjugé.

— Et moi, j'ai l'honneur de déclarer à ma mère qu'il me semble aussi peu fondé que celui qui empêche les musulmans de manger la viande du porc dans les mêmes contrées où, sous les empereurs romains, elle fut l'aliment ordinaire des populations : le porc forma pendant des siècles la ration du légionnaire d'Europe, d'Asie et d'Afrique. Ce bœuf qui figure sur nos tables, l'Hindou n'a-t-il pas un préjugé contre lui? La chair du mouton rencontre des opposants en certains pays; il n'y a pas longtemps qu'en France même on en rejetait une grande partie. « J'ai vu de mon temps, dit Bernard Pa-« lissy, qu'on n'eust voulu manger les pieds, la teste ni le ventre « d'un mouton. » On jetait aussi autrefois comme impropres à la nourriture de l'homme les pieds de veau, le foie du chapon, les abatis de l'oie. Le lapin à son tour est repoussé par les Italiens.

« Le cheval sauvage ou libre, dit Isidore Geoffroy Saint-Hilaire, « est chassé comme gibier dans toutes les parties du monde, en « Asie, en Afrique, en Amérique, autrefois (et peut-être encore au-« jourd'hui) en Europe. Il en est de même de tous les congénères du « cheval : le zèbre, l'hémione, l'âne, l'amar, passent dans les pays « qu'ils habitent, pour d'excellents gibiers, souvent pour les meil-« leurs de tous.

« Le cheval domestique lui-même est utilisé comme animal ali-
« mentaire en même temps qu'auxiliaire (parfois même seulement
« comme alimentaire), en Afrique, en Amérique, en Océanie, presque
« dans toute l'Asie et sur divers points de l'Europe. Sa chair est re-
« connue bonne chez les peuples les plus différents par leur genre
« de vie et des races les plus diverses : nègre, mongole, américaine,
« caucasique. Elle a été très estimée jusque dans le viiie siècle
« par les ancêtres de plusieurs grandes nations de l'Europe occiden-
« tale, chez lesquelles elle était d'usage général et qui n'y ont renoncé
« qu'à regret. »

« Des expériences nombreuses ont constaté aujourd'hui que la
viande de cheval provenant de *chevaux sains et reposés est saine et
savoureuse*, excellente comme rôti, moins agréable à manger en
bouilli par la raison que le bouillon qu'elle fournit est peut-être *le
meilleur* connu.

« Depuis un demi-siècle Copenhague a sa boucherie de cheval.
Vienne a les siennes depuis 1854, et à son exemple d'autres villes de
l'Allemagne grandes et petites. L'usage s'en est introduit en Belgique
et en Suisse.

« Isidore Geoffroy estime que la viande des chevaux qui meurent
naturellement ou qui sont abattus en France chaque année, équivaut
à un *quatorzième* de toutes les viandes réunies de boucherie et de
charcuterie. Quelle ressource !

— Monsieur, le cultivateur économe le fait manger à ses cochons,
à ses poules.

— Mauvais calcul. Le cochon, la poule, sont des appareils aptes à
transformer le végétal en chair, aliment plus riche. Votre cultivateur
économe prend dans ce cas une chair toute faite, l'aliment riche, et
le livre à ses appareils pour le décomposer et le recomposer de nouveau : besogne peu raisonnable et en pure perte.

— Monsieur, vous m'avez converti. Quand mon limonier sera
hors d'âge, ou si le malheur veut qu'il se casse un membre, enfin
dès qu'il cessera de me payer avec bénéfice satisfaisant sa place à la
mangeoire, j'agirai avec lui en bon prince. Je lui accorde quinze
bonnes journées de répit avant d'appeler le boucher (j'allais dire
l'équarrisseur); quinze jours à la ration de fèves et de son lui feront
le poil, lui donneront de la mine. Je le vends comme viande. Combien
la spéculation peut-elle me rapporter ?

— D'après Isidore Geoffroy, le rendement moyen des chevaux que l'on mange à Vienne serait de 225 kilog. viande nette.

— Mettons le kilogrammè de cheval à moitié du prix du bœuf (plus tard nous verrons à obtenir mieux, laissons la mode s'établir), mon limonier est gros; le rendement dépasse la moyenne. Allons, allons, j'aspire au jour où le boucher demandera la viande de cheval. Si l'affaire est bonne, j'allonge la quinzaine de répit jusqu'au mois, je pousse l'engraissement à proportion du rapport à retenir.

— Finissez, Messieurs, ces vilains calculs; je vous prendrais en haine.

— Eh! ma mère, pour le limonier cela vaudrait encore mieux que de voir sa vie se prolonger quelque temps de plus, et d'être vendu pour vingt-cinq ou trente francs à un pauvre diable qui le nourrira à peine et le rouera de coups pour arracher à ses membres épuisés, à son flanc poussif, à ce demi-cadavre endolori un misérable reste de travail. »

CHAPITRE III

Ane. — Mulet. — Bardeau. — Hémione. — Hémippe. — Daw. — Couagga.
— Zèbre.

« Messieurs, dit la mère, parlons ce soir de l'âne, et parlons-en
avec tout l'intérêt qu'il inspire.

— Si le cheval est le premier en date dans l'histoire des peuples
de l'Inde, il semble devoir céder le pas à l'âne dans celle du sud-
ouest de l'Asie et dans l'Égypte. L'image de celui-ci, revêtu d'une
sorte de bât, et chargé d'un fardeau, tient son rang dans les anti-
quités égyptiennes; et à partir de l'émigration d'Abraham et de la
terre de Chanaan, l'utile animal est mentionné presque à chaque page
de la Genèse; il n'est question du cheval qu'à l'époque de Joseph.

« L'âne se distingue du cheval par une queue n'ayant de crins
qu'à son extrémité; une ligne noire sur le dos et une ou deux bandes,
qui forment avec celle-ci une croix sur les épaules. Le pelage, tantôt court, tantôt long, soyeux ou laineux, passe par les nuances du
brun au roux, au gris-noir, gris-de-souris, gris-blanc et rouge-vi-
neux. La tête est grosse, allongée; le front, les tempes, sont saillants
et recouverts de poils longs et épais; les oreilles sont énormes; les
yeux sont petits et très distincts l'un de l'autre. Les naseaux étroits;
les lèvres peu épaisses, la supérieure pointue et presque pendante.
Les *châtaignes* (petites excroissances), aux membres, ne sont qu'à
l'état rudimentaire. Le pied est haut et étroit. La voix ou le *braire*
consiste en une succession de sons aigus alternant régulièrement avec
des sons très graves sur une même octave.

« L'âne existe à l'état sauvage dans les steppes de la Tartarie et dans les déserts qui avoisinent le lac Aral et le nord de la Perse. Les Tartares l'appellent *koulan* ou *choulan*. *L'onagre,* comme disent alors les naturalistes (c'est l'ancien nom grec), vit par grandes troupes, qui se portent du midi au nord et du nord au midi, selon la saison. Il a les oreilles plus courtes que dans la domestité, la tête légère, le chanfrein arqué, plus de taille, les jambes assez longues pour pouvoir se gratter l'oreille avec un pied de derrière. Il a le dessus de la tête, les côtés du cou, les flancs et la croupe de couleur isabelle, avec des bandes d'un blanc sale ; sa crinière est noire, il porte le long du dos une bande couleur de café, qui s'élargit par la croupe, mais qui n'est traversée par une autre bande sur les épaules que chez les mâles.

« Le voyageur Olearius raconte une chasse à laquelle le fit assister le roi de Perse ; on y tua à coups de fusil et de flèches trente-deux onagres, dont on envoya la viande à la cuisine de la cour. L'onagre court aussi vite qu'un bon cheval persan et soutient plus longtemps la fatigue ; sa sobriété en ferait un animal parfait, s'il n'était d'un naturel réputé en Perse indomptable et très dangereux à monter. On le prend à des pièges et à des lacs de corde ; et l'on accouple volontiers un jeune onagre avec une ânesse domestique. On obtient ainsi des sujets qui ont une grande valeur, mais qui conservent encore beaucoup de l'humeur paternelle. Du vieil usage de leur peindre la tête et le corps en rouge, est provenu un proverbe persan : *méchant comme un âne rouge,* qui s'est introduit dans notre pays.

« Un autre voyageur, Chardin, raconte avoir vu, en Perse, une race d'ânes d'Arabie, « qui sont de jolies bêtes et les premiers ânes « du monde. On les panse comme des chevaux, mais on ne leur « apprend autre chose qu'à aller l'amble ; et l'art de les y dresser « est de leur attacher les jambes, celles de devant et celles de « derrière du même côté, par deux cordes de coton qu'on suspend « par une autre corde passée dans la sangle à l'endroit de l'étrier. « On leur fend les naseaux afin de leur donner plus d'haleine, « et ils vont si vite, qu'il faut le plein galop d'un cheval pour les « suivre. »

« C'est, en effet, dans l'Arabie que l'âne a atteint sa perfection sous de bons soins de la part de l'homme. De même que nos anciens

preux avaient le cheval de promenade, le *genêt*, (une race espagnole),
à côté du grand *destrier* réservé aux batailles, les chefs militaires de
l'Orient font leurs tournées et leurs patrouilles montés sur des ânes
à la taille élevée, au poil doux et luisant, à l'œil plein de feu, aux
allures vives et pourtant assurées. Ils réservent les chevaux pour le
combat ou les jours de parade.

« On compte, dans la seule ville du Caire, jusqu'à quarante mille

Onagre (âne sauvage).

de ces serviteurs (moins beaux naturellement et moins bien tenus
que ceux des grands seigneurs ; ils sont même généralement petits).
Ils y servent pour le parcours de la ville, comme nos carrosses de
place en Europe. Dans tout pays de l'islamisme les femmes du plus
haut rang, revêtues de leur voile, estiment qu'un bel âne est une
monture fort agréable.

« Une dame française de mes amies qui habitait Bagdad il y a
quelques années, ayant consulté le pacha, gouverneur de la province,
celui-ci lui recommanda, comme du service le plus parfaitement
honorable, le plus *fashionable*, une ânesse blanche.

— Oh ! dit le fermier, en existe-t-il réellement ? Peut-être est-ce
un effet de l'âge.

— Point ; il existe une race asine blanche. Les Arabes disent race
d'ânesses blanches, parce qu'ils font plus de cas du sexe féminin que

du sexe masculin dans la généalogie des quadrupèdes. Cette race est, de temps immémorial, entretenue par une tribu du désert, entre Bassora et la mer Rouge, tribu dont l'histoire mérite que je me permette une petite digression, d'autant plus que je n'ai rien rencontré à ce sujet dans les livres.

« La tribu porte le nom de *Slewi. Slevui,* ou peut-être *Soueli* (la personne de qui je tiens ces détails ne sait au juste comment l'écrire) est une tribu qui ne ressemble en rien aux autres tribus arabes. Elle n'a point de chevaux, elle est pacifique et charitable envers tous. Aussi est-elle respectée de toutes les autres tribus du désert. Quand celles-ci se font la guerre, les Soueli ensevelissent les morts et soignent les blessés de tous les partis. Ils se sont aussi imposé le saint devoir de remettre dans son chemin le voyageur égaré, de lui indiquer les puits et les sources où il peut se désaltérer. Ils l'accompagnent parfois à de grandes distances, et celui-ci sera mieux protégé par un seul Soueli monté sur son ânesse blanche et vêtu de sa robe de peaux de gazelles, que par vingt cavaliers armés.

— Admirons, mon fils, la bonté divine, qui, à côté de l'Arabe brigand, odieux, place l'Arabe hospitalier, l'Arabe frère de charité. La monture blanche sied bien à ce digne homme, et j'aime cette robe de peaux de gazelles : ce fut le vêtement de saint Jean dans le désert.

— A certaines époques assez rares quelques membres se détachent de la tribu, qui va errante par le désert, et se rendent à Bagdad et à Bassora, pour vendre quelques magnifiques ânesses blanches, qui sont en très haute estime. Par suite de cette passion qu'ont les Orientaux pour les couleurs éclatantes, ils bariolent le beau poil de neige de teintes rouges ou de teintes bleues. Mon amie voulait les deux teintes à la fois; elle se faisait une joie d'arborer à l'étranger, sur le pelage de sa monture, les couleurs nationales de sa chère France. Le Soueli avec lequel elle eut occasion de causer, par l'intermédiaire d'un drogman, portait avec une dignité douce et bienveillante sa robe de peaux de gazelles tannées, qu'il serrait par une ceinture de même cuir. Les manches, longues, étaient faites de peaux entières de jeunes gazelles, ajustées de façon que le col de la bête formait le poignet de la manche. « Comme nous ne faisons de « mal à personne, disait-il, personne ne nous en fait. » Sur quoi

mon amie se prit à douter que ces braves gens pussent appartenir à
la race des fils d'Israël, *dont la main est contre tous, et la main de
tous contre eux :* ce qui est encore aussi vrai aujourd'hui que du
temps de Moïse. « Je crois plutôt, ajouta-t-elle après m'avoir raconté
« l'entrevue, qu'ils devraient leur origine à quelqu'une de ces
« familles patriarcales des premiers Hébreux où se perpétuait
« quelque vœu ou tradition personnelle, comme celle des Récha-

Pacha sur son âne.

« bites, qui observent encore la prescription de leur aïeul, depuis
« l'entrée des Israélites dans la terre promise. Peut-être leurs aïeux
« sont-ils restés dans le pays après la captivité de Babylone, et
« remontent-ils à quelque pieux associé de l'excellent Tobie? Je ne
« suis pas assez savante pour vous donner ceci pour autre chose que
« des conjectures sans aucune preuve à l'appui. »

— Merci, mon fils, pour votre histoire. Elle me rend plus précieux
encore le souvenir que Notre-Seigneur Jésus-Christ, faisant son
entrée à Jérusalem, daigna prendre pour monture une ânesse que
son ânon accompagnait.

— Et cela, Madame, afin de relever dans l'opinion la race de
l'humble animal.

— Il n'en était nul besoin. L'opinion du monde païen lui fut
toujours au plus haut point favorable. La mythologie grecque

n'a-t-elle pas fait de lui la monture du vieux Silène, le chef d'état-major du conquérant par excellence, Bacchus revenant triomphant des Indes? Et dans les Indes, voulez-vous savoir l'opinion que l'on entretenait, que l'on conserve encore? A l'île Maduré, en conformité avec le dogme brahmanique de la transmigration des âmes, on rend à l'âne une sorte de culte. C'est dans son corps que passe l'âme des nobles personnages, l'âme des grands poètes, l'âme des héros qui meurent pour la patrie. Osez maintenant plaisanter sur l'humble animal.

— Permettez-moi, Monsieur, de traiter cela de folies orientales.

— Pline, l'un des savants hommes qui vécurent dans la civilisation romaine, lui a donné ce témoignage de son estime toute particulière: *L'haleine de l'âne expulse tout venin.* Plus tard, au XIVe siècle (on touchait à l'époque de la Renaissance), les docteurs affirmaient que « si un homme piqué par le scorpion s'approche de l'oreille de « l'âne et se plaint de sa blessure, il est à l'instant guéri. »

— Je préférerais la consultation de quatre médecins, toute ruineuse qu'elle serait pour un simple fermier.

— Entrons dans le cercle du positivisme, qui calcule. Que dirons-nous de certains de nos ânes de France, de ceux de Gascogne, par exemple, dont la taille s'élève parfois à un mètre quarante centimètres? Pour le tirage léger, ils ne se laissent pas dépasser au trot par le cheval. M. Magne admire « la belle constitution, les membres « puissants de ceux qu'on emploie sur le port de Bordeaux pour le « déchargement et le transport des marchandises. Ils tirent autant « de poids qu'un fort limonier. » Et j'appuierai sur ceci : ils coûtent beaucoup moins à nourrir.

« Que dirons-nous de l'âne du Poitou, non moins grand, non moins robuste, qui fait la fortune de quelques éleveurs? Il donnerait de jolis bénéfices sur d'autres points de la France, si on avait le bon esprit de l'y appeler. Son accouplement avec la jument, spéculation excellente, produit le mulet, dont nous aurons à parler à son tour. Certes, ce ne sont pas là d'humbles animaux.

— Ce n'est pas moi, mon cher fils, qui attaquerai jamais l'âne, je garde trop de reconnaissance au lait d'ânesse, qui a remis deux fois ma poitrine souffrante; de plus, j'ai grand'peur du cheval. Cependant, si l'on compare...

— C'est bien là vraiment ce qui cause la défaveur où l'on persiste

à tenir l'âne. « On ne fait pas attention, a dit Buffon, qu'il serait par
« lui-même et pour nous le premier, le plus beau, le mieux fait, le
« plus distingué des animaux, si dans le monde il n'y avait pas de
« cheval. Il est le second au lieu d'être le premier, et par cela seul il
« semble n'être plus rien. C'est la comparaison qui le dégrade : on le
« regarde, on le juge, non pas en lui-même, mais relativement au
« cheval. On oublie qu'il est âne, qu'il a toutes les qualités de sa
« nature, tous les dons attachés à son espèce; et on ne pense qu'à la
« figure et aux qualités du cheval, qui lui manquent et qu'il ne doit
« pas avoir. »

« A ceci j'ajouterai ces paroles de Français de Nantes dans son
charmant livre : *Tableaux de la vie rurale*. « Une fatalité malheu-
« reuse semble s'appesantir sur l'âne, parce que dans l'échelle des
« quadrupèdes il est le second, et non le premier, et il participe
« au sort de ceux qui ne sont à la cour qu'en seconde ligne, et
« qui sont plus gênés et plus malheureux que ceux qui occupent les
« dernières places. Mais on se garde bien de maltraiter ces courtisans,
« parce qu'ils sont les seconds; tandis qu'on accable de coups les
« ânes, parce qu'ils ne sont pas les premiers. »

« Certes l'immense majorité de nos ânes en France est fort laide;
l'animal est chétif, rabougri, parfois rétif, entêté. La Fontaine a pu
dire avec raison : *Ce maudit animal, ce pelé, ce galeux*. Mais à qui la
faute? A son maître. On donne au cheval de l'éducation, on le soigne,
on l'instruit, on l'exerce, tandis que l'âne, abandonné à la grossièreté
du dernier des butors, ou à la malice des enfants, bien loin d'acquérir ne peut que perdre par son éducation, et, s'il n'avait pas un
grand fonds de bonnes qualités, il les perdrait en effet par la manière
dont on le traite. Il est le jouet, le plastron, le bardeau des rustres
qui le conduisent le bâton à la main, qui le frappent, le surchargent,
l'excèdent sans ménagement.

« Mal nourri, il ne peut, malgré tout son bon vouloir, fournir
qu'une faible dose de travail; surchargé, il se couche pour implorer
grâce; mais pour qu'il se décide à mordre ou à ruer, il faut qu'il soit
exaspéré longtemps par des cruautés stupides. Dans les établissements où on lui donne du grain, il rend autant de services et de meilleure volonté que le cheval. En raison de la taille et du volume c'est
de tous les animaux celui qui tire et qui porte le plus grand poids,
et au plus bas prix, grâce à sa sobriété. Il a la corne dure, et mieux

que le cheval il peut dans certains cas travailler sans être ferré, avantage énorme pour le maître pauvre.

« Qu'on le panse, il ne sera ni pelé, ni galeux. De tous les animaux couverts de poil, il est, au témoignage de Buffon, le moins sujet à la vermine; jamais il n'a de poux, ce qui vient apparemment de la dureté et de la sécheresse de sa peau.

« Je ne lui connaîtrais qu'un défaut. Il le tient de la nature; mais l'homme, qui a la prétention (souvent justifiée) de pétrir à son gré la matière animale, pourrait le corriger. Un garrot plus élevé, des épaules plus saillantes permettraient de le seller plus en avant, et feraient de lui une monture plus satisfaisante.

« Le jeune ânon est plein d'esprit, de gaieté, de gentillesse et même de grâce; à l'âge adulte placez-le à la tête d'un attelage de chevaux, il s'entendra à donner une bonne direction à l'attelage. Je ne conseille pas cependant cet emploi de sa force, c'est la dépenser mal : nous avons hier condamné les attelages en arbalètes. Je n'approuverai pas davantage la perte de temps de l'homme à faire de lui un savant, bien que nous ayons joui à Paris d'un âne qui résolvait des équations du quatrième degré. Le chemin du moulin lui conviendra toujours mieux que celui des académies.

« Quant aux affections de famille, il en est doué libéralement. On a vu des ânesses mourir de chagrin parce qu'on leur avait enlevé leur ânon; d'autres affronter les flammes d'un incendie pour aller se réunir à lui.

« Je n'oublierai jamais une bonne vieille ânesse, Pédrette, qu'après de longs services de commissionnaire pour le marché, on employait en 1846 à l'institut agronomique de Grignon, à la garde de jeunes poulains : un métier de bonne d'enfants. L'heure sonnée pour les juments de se rendre au travail des champs et de quitter leurs poulains, Pédrette accourait d'elle-même faire sa ronde aux portes des écuries, et rassemblait ce petit monde pour le conduire à la prairie. Elle les surveillait avec une bonté admirable, prévenait les querelles, reprenait les turbulents, secourait les faibles, nous lançait à nous autres curieux un regard qui nous traitait d'importuns, à notre approche rassemblait son troupeau chéri et s'interposait entre lui et ce qui semblait apporter un danger. Au soleil couchant, le garçon d'écurie tardait-il à se présenter, elle l'appelait par des *hi! han!* de reproche : « Dépêchez-vous donc, paresseux! »

« Chaque fois que nous revient le souvenir de Pédrette, je redis cette boutade de l'excellent et spirituel Français de Nantes, qui dans ma jeunesse m'honora de son amitié :

« Dieu a créé l'âne libre, sobre, patient, laborieux, fidèle; l'homme
« a fait les baudets rétifs, indociles, vindicatifs. Il leur a donné ses
« vices, et il ne leur a emprunté aucune de leurs vertus. »

Ane malmené par des paysans.

— Monsieur, vous avez tout à l'heure prononcé le mot de mulet et parlé d'une bonne spéculation.

— L'accouplement de l'âne avec la jument produit un hybride qu'on nomme *mulet,* qui tient de son père par les formes, et de sa mère par le volume du corps. Sa taille varie d'un mètre dix centimètres à un mètre cinquante-cinq centimètres. Celui qui est né et élevé dans le Midi a plus de taille et plus de corps que celui qui provient du Nord. L'accouplement du cheval avec l'ânesse produit un hybride métis qu'on nomme *bardot* ou *bardeau,* qui tient de sa mère pour la taille et en partie pour la conformation : il est moins robuste que le mulet. Ce n'est pas lui qu'on doit chercher à obtenir, bien que dans l'ancien royaume de Naples il soit pour le moins autant que le mulet d'un usage ordinaire.

« Le mulet a la tête plus grosse, plus courte que le cheval, les oreilles plus longues, la queue presque nue, les jambes sèches comme celles de l'âne, les sabots plus petits et plus étroits que ceux du cheval. Le pelage, dans les deux premières années, est long et fourré ; plus tard il est ras, bai, noir, gris ou isabelle, avec ou sans bande cruciale sur le dos. La voix est rauque, sourde, prolongée, sans être le braiement ou le hennissement ; elle ne se fait entendre que très rarement.

« Les Hébreux, les Grecs, les peuples latins ont apprécié les qualités du mulet. En France nos beaux ânes de Gascogne furent longtemps les seuls recherchés pour le produire. Vers la fin du XVIIᵉ siècle ils eurent des rivaux heureux dans une superbe race asine importée d'Espagne, où elle était venue d'Afrique, à la suite des conquérants maures. Le prince français Philippe V, monté sur le trône espagnol, s'empressa, en faveur de sa première patrie, de lever les prohibitions jalouses qui retenaient cette source de richesse en dehors du sol de la France, et des éleveurs bien inspirés fondèrent avec reconnaissance des haras dans le Poitou.

« De nos jours les vétérinaires se plaisent à distinguer le *grand baudet* ou âne de Gascogne, du *gros baudet* ou âne de Poitou. Ce dernier n'a rien perdu de sa brillante réputation. Vous payerez le plus commun 500 francs pour le moins. Il est tel vaillant héros d'un haras en renom qui trouve acheteur à 5 et 6,000 francs.

« J'ai admiré pendant deux ans à la ferme qui dépendait du plus magnifique établissement qu'ait possédé la France, l'institut agronomique de Versailles, le plus glorieux représentant de cette race asine. Le ministre l'avait payé 10,000 francs. (Vous me direz peut-être que les ministres, même d'une république, — c'était en 1849, — ont le privilège et la facilité de payer plus cher que personne.)

« Les journaux se sont fort égayés sur « l'âne de l'Institut ». Ils faisaient de lui un monstre de férocité qui chaque matin fracturait, dévorait os et chair d'un nouveau gardien. La vérité est que le noble animal était d'humeur aimable à son arrivée. Les visites des curieux qui affluaient sans discrétion aucune autour de la *box* d'honneur précédée d'un parc, où il était si digne de figurer, l'avaient à la longue un peu fatigué. Il se montrait plus ou moins affable selon les jours, les heures de repas ou de méditation ; parfois peut-être il avait le regard boudeur sous la bourre longue, hérissée, qui encadrait ses petits yeux gris, la tenuc austère sous l'enveloppe de son pelage qui rappelait celui de l'ours brun; mais jamais je n'ai ouï dire qu'il ait manqué de politesse envers qui que ce soit.

— Bien, dit la mère. J'entends ceci avec plaisir dans l'intérêt de ses confrères du Poitou, à qui messieurs les journalistes avaient fini par faire du tort avec leurs méchants propos.

— Le mulet est l'animal de bât par excellence. Son dos en voûte, peu large et solide, lui permet de porter de très lourds fardeaux. Des hommes qui font autorité estiment qu'à égalité de taille le mulet peut porter un fardeau d'un quart à un tiers plus fort que celui que porte le cheval. Ajoutons que sa peau, très dure, est moins sujette à s'entamer.

« Les gros mulets ramassés, près de terre, parfaitement membrés, ayant les jarrets larges, légèrement coudés et de bons pieds, issus du gros baudet de Poitou avec les juments grandes, bien corsées, de la Bretagne et de la Vendée, sont (au rapport de M. Lafond) généralement préférés, à cause de leur taille et de leur force, pour le roulage pénible, sur des chemins difficiles, et pour labourer des sols inégaux et tenaces. Les mulets élancés, moins étoffés et ayant des allures vives et légères, dont le paturon est un peu long, oblique, et le pied large en talon, devront être choisis pour la selle, la litière et le tirage léger. L'allure de la mule ainsi conformée est aussi douce qu'elle est sûre; elle trotte bien, et on peut la façonner aisément à marcher l'amble. C'étaient des « mules ambleuses », au rapport des chroniqueurs, que montaient avant l'invention des carrosses les ecclésiastiques et les magistrats. Le souverain pontife n'avait pas d'autre monture.

— Ceci, dit la mère, me rappelle une anecdote que j'ai entendu raconter au duc de Rovigo. Au sacre de l'empereur Napoléon Ier, le porte-croix du pape tenait sa place dans le cortège. La veille on avait pris le soin de faire une sorte de répétition avec de petites figurines de voitures et de chevaux préparées par le peintre Isabey, et que l'on avait disposées à leurs places respectives sur un billard. Les ordonnateurs de la solennité croyaient avoir tout prévu. Vaine prudence humaine! cette cour naissante n'était pas encore au fait des *us* de la vieille cour de Rome. A l'instant du départ des Tuileries on est arrêté par une difficulté : le porte-croix refuse formellemeut de monter sur une élégante et douce haquenée blanche qu'on lui pré-

sente. Il réclame impérieusement une mule. Son droit était formel :
le pape avait son carrosse; mais le porte-croix devait monter la mule
traditionnelle. Il persiste à soutenir son droit pour l'honneur de sa
fonction d'abord, et surtout pour le respect dû à Sa Sainteté, le chef
suprême de l'Église. Vingt palefreniers sont lancés dans toutes les
directions en quête de la monture indispensable. Trouver une mule
dans Paris à cette époque, et la trouver sur-le-champ! Il ne fallut
pas moins d'une grande heure pour sortir d'embarras. Telle fut
la cause ignorée du public du retard apporté dans la cérémonie,
retard qui donna lieu à des commentaires sans nombre.

— Ce sont encore aujourd'hui ces beaux mulets et ces superbes
mules que l'on voit attelés aux voitures publiques et notamment aux
diligences dans le midi de la France, en Sardaigne et surtout en
Espagne. Leur trot est sûr, uniforme et aussi vite que celui des chevaux. Ils se fatiguent moins que ceux-ci dans les pays de montagnes; ils s'essoufflent peu en grimpant les côtes escarpées, retiennent mieux à la descente et tournent plus aisément. Ils font
aussi de plus long relais sans repos et sans nourriture. Le mulet obéit
docilement à la voix du conducteur qui le traite avec douceur, et il
s'anime beaucoup au son des clochettes dont on garnit son collier.
Comme a dit le bon la Fontaine :

> Il marchait d'un pas relevé,
> Et faisait sonner sa sonnette.

En Espagne, on voit des attelages de mules somptueusement
harnachées à des équipages du plus grand luxe. Dans l'attelage,
chacune est indépendante; les traits de chacune aboutissent directement au véhicule. Le conducteur les interpelle amicalement chacune par son nom, invitant celle-ci à presser sa course, cette autre
à la ralentir, selon que l'exigent les incidents de la route.

« Ainsi que l'âne, le mulet n'exige pas une nourriture aussi choisie
que le cheval. « On ne se fait pas une idée, dit Gasparin, le célèbre
« agronome, de la sobriété à laquelle le mulet peut atteindre sans
« dépérir, lorsqu'il ne travaille pas. Dans bon nombre de fermes, on
« ne lui donne que de la paille pendant toute la morte-saison; aussi
« peut-on, sans exagération, porter à un tiers l'économie que procure
« le mulet sur sa nourriture, comparativement au cheval, tant pour
« la quantité que pour la qualité. »

— N'importe, dit la mère, je suis sûre qu'il rendra des services d'autant meilleurs qu'il sera mieux nourri et mieux soigné.

— Sa constitution robuste fait qu'il dure au travail quelques années de plus que le cheval, et aussi bien que l'âne ; il est peu exposé aux maladies. Les climats chauds lui conviennent admirablement ;

Attelage de mules en Espagne.

aussi est-il l'animal de prédilection dans les colonies des tropiques, en Espagne, en Sardaigne, en Sicile, à Malte, dans toute l'Italie, dans nos provinces méridionales : il est fâcheux que sa santé s'accommode mal des climats humides et froids. Un apôtre fervent de l'élevage du mulet, ou, comme on dit, de la *mulasserie,* donne à ce sujet des chiffres fort encourageants. « Il y a plus de profit à éle-
« ver des mulets que des chevaux. La mulasserie réussit presque
« toujours, ne coûte aucune peine et n'entraîne que fort peu de
« frais, tandis que les poulains, quoique bien soignés, sont souvent
« emportés par la gourme, ou n'ont qu'une jeunesse souffrante et
« maladive ; sur cent, à peine en échappe-t-il cinquante. Enfin, et

« ceci est capital, le mulet âgé de huit à dix mois au plus se vend
« aisément de 60 à 240 francs, tandis que difficilement on parvient
« à vendre, au bout d'un an, le poulain la somme de 40 à 80 francs;
« encore faut-il qu'il ait de la taille et des formes assez belles : est-il
« défectueux ou malingre, il reste invendu. Il n'en est point ainsi
« du mulet et surtout de la mule, qui rencontrent toujours des ache-
« teurs. »

— Voilà, Monsieur, de quoi justifier le mot que j'entendais dire
à un mulassier : que son âne lui produisait des mules *jolies comme
des napoléons*. Décidément l'âne mérite beaucoup de considération.
Quel malheur qu'il ait transmis à son produit ses défauts de caractère !

— Rappelez-vous ce que mon fils disait tout à l'heure : si l'âne
a des défauts, il ne les doit qu'à l'homme. Il en est ainsi pour le mulet. Voulez-vous un animal doux, traitez-le avec douceur. Songez
bien que vous avez dans le mulet un animal fort intelligent et capable
d'apprécier votre caractère. En doutez-vous? écoutez ce que je lis
dans le Plutarque d'Amyot; il cite le fait d'après le philosophe Thalès.

« Un mulet passant au travers d'une rivière chargé de sel, et de
« fortune y ayant bronché, si que les sacs qu'il portait en furent
« tout mouillés, s'étant aperçu que le sel fondu par ce moyen lui
« avait rendu sa charge plus légère, ne faillait jamais, aussitôt qu'il
« rencontrait quelque ruisseau, de se plonger dedans avec sa charge,
« jusqu'à ce que son maître, découvrant sa malice, ordonna qu'on
« le chargeât de laine, à quoi se trouvant mécompté, il cessa de plus
« user de cette finesse. »

— Outre les espèces *cheval* et *âne* dont nous avons parlé, il en
existe d'autres que les naturalistes reconnaissent appartenir au même
genre. Ce sont, en Asie : l'*hémione* et l'*hémippe;* en Afrique : le *daw*,
le *couagga*, le *zèbre*.

« L'*hémione* (ou *dziggetaï*) ressemble au cheval par les parties
antérieures du corps, et à l'âne par les parties postérieures. Il en
diffère par les narines, dont les deux ouvertures simulent deux
croissants ayant leur convexité tournée en dehors. Son pelage est
isabelle avec une bande noirâtre le long du dos, et blanc vers le
ventre. La crinière est noire; les oreilles sont moins longues que chez
l'âne. On le trouve en grand nombre dans le pays de Cutch, au nord
de Guzarate.

« L'*hémippe* habite le grand désert de Syrie entre Palmyre et Bagdad. Les oreilles sont plus petites que chez l'hémione. Le pelage est d'un fauve gris ou d'une nuance isabelle grisâtre, avec le ventre presque blanc.

« Le *daw* habite le Cap. Oreilles moins longues que chez l'âne; pelage isabelle blanchissant sous le ventre; bandes noires transversales alternativement plus larges et plus étroites sur la tête, le cou et le corps; celles des fesses et des cuisses se portent obliquement en avant.

Daw ou Couagga.

« Le *couagga* habite les plateaux de la Cafrerie. Il a les oreilles assez courtes, la queue, la bande dorsale et les bandes transversales de l'âne; son poil sur le cou et les épaules est brun, rayé d'un gris blanc tirant sur le roussâtre.

« Le *zèbre* habite l'Afrique australe depuis le Congo jusqu'à l'Abyssinie. Son riche pelage blanc, glacé de jaunâtre et rayé de bandes d'un brun presque noir, lui avait valu des Romains le nom de *cheval-tigre*. Il a plus de taille que l'âne et les oreilles plus courtes, mais des formes assez semblables.

« Isidore Geoffroy, qui avait à sa disposition le Muséum d'histoire naturelle et le jardin zoologique de Paris, a soutenu dans beaucoup d'écrits et prouvé par des expériences la possibilité d'*acclimater*, d'*apprivoiser*, de *dompter*, de *dresser* les espèces sauvages. (Si les Persans semblent avoir échoué jusqu'ici pour l'*âne sauvage*, et les

Tartares pour le *tarpan*, cheval à l'état primitif, c'est qu'ils ne trouvent pas un intérêt suffisant pour s'y appliquer avec assez de soin, pendant un temps assez long.)

« Il cite quatre zèbres attelés, en 1676, au carrosse du roi de Portugal ; tout récemment, un zèbre que la femme d'un gouverneur du Cap avait monté et que l'on continuait de montrer au Muséum ; un daw dressé et attelé dans le même établissement ; les récits de nombreux voyageurs qui ont vu ces animaux rendant les mêmes services chez différentes peuplades.

« Grâce à son intelligente persévérance, l'hémione, introduit en France en 1835 et 1838 par Dussumier, qui avait vu à Bombay des Anglais réussir à le dresser à la selle et au trait, l'hémione s'est reproduite très bien sous le climat de France, au Muséum d'abord, et bientôt après chez différents propriétaires riches de notre pays, dans les jardins zoologiques de Lyon et de Marseille.

« J'ai vu, en 1850, à l'Institut agronomique de Versailles, un couple charmant d'hémiones aussi doux et aussi obéissants qu'une paire de chevaux attelés. Ils faisaient le trajet de Versailles à Paris en une heure vingt minutes. C'était aussi une monture excellente et fort agréable pour une femme.

« Isidore Geoffroy recommandait surtout les hybrides que l'on obtiendrait par des croisements bien dirigés des espèces entre elles. Le croisement de l'hémione avec l'ânesse a déjà donné des mulets vigoureux et très rapides. A l'une des dernières expositions agricoles, un riche propriétaire, M. Gérard, envoya quatre de ces charmants mulets, habitués à être attelés ensemble ou séparément.

« Voilà donc, ajoute le savant dans la quatrième édition de son
« livre, publiée en 1861, des mulets d'un genre nouveau ; mulets
« de luxe pouvons-nous les appeler aujourd'hui, mais sans doute
« destinés à se répandre de plus en plus, et à justifier ce que je
« croyais pouvoir dire dès 1847 : l'hémione nous sera un jour dou-
« blement utile, et par les races perfectionnées que l'on obtiendra
« en le cultivant, et par le produit de ses croisements avec les autres
« espèces du genre solipède. »

— Monsieur, que veut dire au juste ce mot ?

— *Solipède*, dont le pied n'a qu'un seul sabot. La composition du mot n'est peut-être pas très heureuse ; mais il est adopté dans les classifications faites par les savants. »

CHAPITRE IV

Bœuf. — Zébu. — Bœuf calédonien. — Aurochs. — Buffle. — Arni. — Buffle du Cap.
— Buffle musqué — Yack.

« En notre qualité de cultivateurs, commençons par remarquer quelles différences existent entre la conformation du bœuf et celle du cheval : c'est pour nous un point de haute importance. Nous prenons le mot bœuf dans un sens étendu pour l'espèce en général. La *vache* est la femelle, le *taureau* est l'animal réservé pour reproduire l'espèce ; les jeunes sont le *veau* et la *vèle ;* bientôt celle-ci est la *génisse.*

« Dans le bœuf le bout du nez forme un large *mufle,* dans lequel sont percés les naseaux ; la peau y est plus fine qu'ailleurs et moins délicate que la membrane muqueuse qui tapisse l'intérieur de la bouche. C'est signe de santé s'il est couvert d'une rosée limpide ; à l'approche d'une maladie grave, il devient sec et rugueux. Selon les individus et surtout suivant les races, il est rose, ou noir, ou gris, ou marbré de ces deux couleurs. Le bœuf, pouvant respirer en partie par la bouche, a des naseaux plus petits et moins mobiles ; son oreille est large et pendante ; les ganaches sont moins écartées, ce qui donne à la tête la forme courte et carrée. Voyez dans les tableaux des grands peintres la tête bovine que l'on place à côté d'un de nos évangélistes.

« Selon M. Toussenel, « Dieu a écrit lui-même la bonté, la placidité,
« l'innocence dans l'œil des ruminants. »

— Moi, femme, je me souviens que la reine de l'Olympe grec, la belle Junon, se trouvait flattée d'être appelée la déesse aux yeux de bœuf (*boôpis*).

— Les lèvres sont peu fendues et peu mobiles; la supérieure se confond avec le mufle. C'est surtout de sa langue, plus longue et plus rude que celle du cheval, que le bœuf se sert pour saisir l'herbe; elle est couverte à sa partie supérieure de papilles dures très développées, dont la pointe, dirigée en arrière, favorise la préhension de l'aliment aussi bien que les sillons du palais, qui sont très prononcés et dentelés dans la même direction. Les dents sont au nombre de trente-deux, dont vingt-quatre molaires, comme celles du cheval, réparties sur les deux mâchoires, et huit incisives, qui appartiennent à la mâchoire inférieure; la mâchoire supérieure en est dégarnie. La bête bovine ne coupe point l'herbe; elle la saisit avec la langue, la serre et la rompt. Il lui faut donc une herbe assez longue, et comme elle n'en prend que la partie supérieure, elle laisse largement à vivre au cheval, et au mouton qu'on y met après le cheval, parce qu'il coupe l'herbe encore plus bas. L'encolure du bœuf, dépourvue de crinière, présente à son bord un repli de la peau jusque sous le poitrail; c'est le *fanon*. Le garrot bas et large, les reins plus longs que chez le cheval, expliquent le peu d'aptitude du bœuf pour porter un lourd fardeau. La manière dont la dernière vertèbre s'attache à la base de la colonne vertébrale, donne à la croupe une certaine vacillation pendant la marche, qui permet des mouvements plus étendus que ceux du cheval. La hanche est très saillante; les côtes sont au nombre de treize paires, très évasées; les mamelles de la vache forment une masse volumineuse qu'on appelle *pis;* chacune a deux *trayons,* suivis en arrière d'un troisième, qui n'est qu'à l'état rudimentaire; l'épaule est longue et saillante, surtout à sa partie inférieure; la fesse est longue et développée; le jarret très large, pour supporter le poids de tout le corps quand l'animal vient à s'enlever. Cette masse énorme du *corps* fait que l'animal ne rue jamais des deux pieds à la fois comme le cheval : il ne rue même pas, il lance un seul pied de côté et en avant. Le boulet est épais et moins distinct que chez le cheval, à cause de la longueur du paturon. Chacun des membres se termine par deux doigts et par deux sabots qui se regardent par une face aplatie, de telle sorte qu'ils ont l'air d'un sabot unique qui aurait été fendu : de là le nom de *pied fourchu.*

« A l'intérieur, la différence la plus utile à connaître est celle de

l'estomac. Les animaux ruminants , dit Milne-Edwards, ont quatre
estomacs. Le premier, qui est le plus vaste de tous, se nomme *panse*
ou herbier. Sa surface interne est garnie de papilles; il occupe une
grande partie de l'abdomen, particulièrement du côté gauche. Le
deuxième, appelé le *bonnet,* est petit et se trouve à droite de l'œsophage
(le tube qui du fond de la bouche amène l'aliment), et en avant de la
panse, dont il semble, au premier coup d'œil, n'être qu'un appendice.

Bœufs et vaches.

A l'intérieur la membrane muqueuse qui le tapisse forme une multitude de replis disposés de façon à constituer des sortes de mailles.
Le troisième estomac, qui est moins petit que le bonnet, est placé à
droite de la panse, et a reçu le nom de *feuillet,* à cause des larges
replis longitudinaux qui en garnissent l'intérieur et qui ressemblent
aux feuillets d'un livre. Enfin le quatrième estomac, qui est intermédiaire pour le volume entre la panse et le feuillet, se trouve à
droite de cette dernière poche. Sa surface intérieure, irrégulièrement
plissée, est continuellement humectée par un liquide acide qui est
le suc gastrique; et c'est à cause de la propriété que ce suc possède
de faire cailler le lait qu'on donne à l'organe qui le renferme le nom
de *caillette.*

« Les trois premiers estomacs communiquent directement avec
l'œsophage. Ce conduit s'ouvre d'abord presque également dans la

panse et le *bonnet ;* ce n'est qu'après avoir été renvoyés par la bouche et mâchés une seconde fois, ou, comme on dit, *ruminés,* qu'ils pénètrent dans le *feuillet* et de là dans le quatrième estomac, la *caillette,* siège de la véritable digestion.

« De nombreuses expériences faites par un savant habile, M. Flourens, résulte l'explication suivante. (Je vous demande pardon, ma mère, d'entrer dans ces détails; mais Monsieur, qui entretient du bétail, y trouvera intérêt.)

— Et moi aussi, mon fils, je vous assure.

— « Lorsque l'animal avale des aliments grossiers et d'un certain
« volume, comme ceux dont il se nourrit habituellement, ces sub-
« stances, arrivées à un point où le tube de l'œsophage se transforme
« en gouttière, écartent mécaniquement les bords de la gouttière et
« tombent dans les deux premiers estomacs placés au-dessous. Mais
« lorsque l'animal avale des boissons ou des aliments demi-fluides,
« leur présence dans ce demi-canal ne détermine pas l'écartement
« des bords; cette portion terminale de l'œsophage conserve la forme
« d'un tube et conduit les aliments en totalité ou en majeure partie
« dans le feuillet où elle se termine. C'est donc l'état d'ouverture ou
« d'occlusion de cette portion de l'œsophage qui détermine l'entrée
« des aliments dans les deux premiers estomacs ou leur passage
« dans le feuillet, et c'est l'aliment lui-même qui décide de cet état,
« selon qu'il est assez volumineux ou non pour dilater l'œsophage,
« naturellement affaissé, ou pour couler dans la rigole toujours
« ouverte par laquelle ce conduit mène dans le feuillet. Or les ali-
« ments, lors de leur première déglutition, ne sont qu'imparfaite-
« ment divisés et consistent en fragments grossiers et assez volumi-
« neux, tandis qu'après avoir été ruminés, ils sont transformés en
« une pâte molle et demi-fluide, et cette circonstance suffit par con-
« séquent pour déterminer leur chute dans la panse ou leur passage
« dans le feuillet. Quant à la *régurgitation* régulière, qui ramène
« vers la bouche, pour être ruminés, les aliments tombés dans la
« panse et le bonnet, elle est produite par la contraction de ces deux
« organes, suivie d'une contraction du demi-canal, moyennant
« laquelle une portion de cette masse est formée en pelote et chassée
« en remontant le long de l'œsophage. »

« Les animaux ne se mettent pas à ruminer aussitôt qu'ils ont fini leur repas; ils restent un instant au repos et semblent éprouver un malaise; la mâchoire inférieure exécute un mouvement circulaire, par lequel chaque pelote à ruminer est promenée entre deux molaire d'en haut et d'en bas, comme entre les deux meules d'un moulin. Le vétérinaire Brugnone a calculé le nombre de ces mouvements par pelote, de trente à trente-trois pour les substances ordinaires, et de quarante-cinq à cinquante-cinq pour les substances dures et sèches. L'animal en bonne santé et libre a l'habitude de se coucher pour la rumination. Cependant elle peut s'opérer pendant un travail,

Attelage de bœufs traînant un chariot.

pourvu que ce travail n'exige pas des efforts trop violents. L'approche d'un orage, un mouvement de frayeur, un sentiment de douleur suffisent pour interrompre cet acte, qui est souvent assez longtemps à reprendre son cours.

« Chez le bœuf l'intestin est plus étroit que chez le cheval; il équivaut en longueur à trente-deux ou trente-trois fois la hauteur du corps; tandis que chez le cheval il n'équivaut qu'à dix-huit ou dix-neuf fois cette hauteur.

« Comme le cheval, le bœuf boit en humant; la forme de son larynx est plus simple, et sa voix n'est qu'un *mugissement* plus ou moins grave, sans éclat. « Cependant elle comprend encore, re- « marque Buffon, une succession de notes sur deux ou trois octaves, « et paraît se produire dans l'aspiration seulement, si l'on en juge

« par l'aspect du flanc, dont le creux disparaît tant que dure le mu-
« gissement. »

« En climat tempéré, la chair de l'animal est plus tendre, plus
succulente. En climat chaud, la peau, quoique moins épaisse, est
d'un tissu plus serré. En climat humide, les os sont gros, poreux,
ont moins de consistance. Les bêtes des montagnes ont le col ramassé; la peau inférieure du cou, repliée sur elle-même lorsque la
bête pâture, forme un fanon fortement prononcé. Les bêtes des
plaines sont plus allongées, plus minces; leurs jambes sont plus
longues; le cou s'étend pour atteindre l'herbe, et il est dénué de fanon. Dans les contrées où les bruyères, les carex (herbe grossière et
dure), les joncs forment le fond des herbages, les bœufs sont de
petite stature; quand les bonnes graminées abondent, la taille s'a-
grandit; l'augmentation est plus sensible encore si l'on ajoute une
nourriture autre que l'herbe. Dans les plaines les plus riches, où la
culture permet de donner les aliments les plus variés, la taille atteint son maximum. Dans les pays chauds, le tempérament est plus
énergique, l'intelligence plus développée. Les circonstances de localité exercent une influence telle, que certains chétifs pacages de
l'Écosse ont des bœufs de la taille d'une brebis. Nous avons, dans
certains lieux de la Bretagne, des bœufs de la grosseur d'une forte
chèvre.

« Voulez-vous un bon travail, demandez au bœuf d'être bien
ouvert du poitrail et des hanches ; ses jambes, de hauteur médiocre,
doivent être nerveuses sans être trop grosses. Il doit avoir des jarrets
larges, la tête de moyenne grandeur, la côte arrondie, un ventre qui
ne soit ni gros ni pendant, un garrot et des reins larges, un dos rec-
tiligne du garrot à la croupe, des hanches peu saillantes, la queue
bien attachée, et s'élevant un peu au-dessus de la croupe, la cuisse
arrondie, les cornes bien contournées, grosses, courtes, luisantes,
les pieds solides, peu de fanon (on s'accorde à le regarder comme
indice défavorable). L'animal doit être de taille et de force appro-
priées au sol qu'il est destiné à cultiver. Il doit être docile, agile et
peu délicat sur la nourriture.

— Manger peu, travailler beaucoup, Messieurs, c'est votre refrain
ordinaire.

— La première qualité d'un cultivateur, comme de tout industriel,
c'est de savoir compter. Le bœuf, dit M. Moll, peut donner travail

vers la fin de la troisième année; mais ce n'est qu'au bout de la quatrième qu'on peut l'utiliser complètement. Il continue à faire un bon service jusque dans sa neuvième et dixième année; plus tard il devient paresseux. En commençant seulement à cinq ou six ans, les animaux prennent plus de taille et durent un peu plus; mais ils ont coûté bien davantage. D'ailleurs il n'y a pas de profit à les conserver au delà de leur dixième année, parce qu'ils perdent de plus en plus d'aptitude pour l'engraissement.

— Moi, Monsieur, je suis l'usage général. Je fais travailler le bœuf aussitôt que ses cornes sont assez longues pour le joug, c'est-à-dire vers l'âge de deux ans. Pour le dresser, je le prends avec un de ses camarades d'enfance, et je les attelle au chariot entre deux paires de vieux bœufs. Les trois paires sont ainsi à la file l'une de l'autre; la jeune paire, qui tient le milieu, est forcée de suivre le mouvement des deux autres; ou bien encore je me contente d'atteler devant eux un vieux cheval docile.

— M. Villeroy, qui emploie le harnais au lieu du joug, recommande une manière qui permet de dresser un animal séparément et sans aucun danger. Il le harnache et l'attache à la crèche à l'aide d'une chaîne à poids qui coule dans un anneau. Cependant au harnais correspond une corde qui coule au-dessus d'une sorte de potence et au bout de laquelle on attache un poids d'un quintal ou plus, selon la force de l'animal. Lorsqu'on remplit la crèche de fourrage, le bœuf s'avance pour manger, et est obligé de tirer après lui le poids suspendu à la corde. Le repas terminé, veut-il se coucher pour ruminer, il ne le peut qu'en rebroussant chemin jusqu'à ce que le quintal pose à terre. Au repas suivant il doit recommencer à tirer. Au bout de trois jours, il s'est tellement accoutumé à tirer, qu'on peut l'atteler au chariot ou à la charrue. Il va fort bien.

« Dans beaucoup de pays, le bœuf de travail est nourri au pâturage. On est obligé de tenir des bœufs de rechange. Ceux qui ont travaillé dans la matinée sont remplacés, dans l'après-midi, par d'autres qui avaient pâturé jusque-là, de sorte que pour une charrue il faut double attelage, l'un cherchant sa nourriture pendant que l'autre travaille.

— Mais cela, Monsieur, ne peut être avantageux que là où la main d'œuvre est chère et bien rare, tandis que le bétail et les terres sont à bas prix.

— Du reste on ne fait guère plus de besogne avec quatre bœufs nourris au pâturage qu'avec deux bœufs nourris à l'étable. Le pansage n'est pas moins utile pour le bœuf que pour le cheval. Dans les fermes vraiment bien tenues, à Grignon notamment, on veille à ce qu'il soit étrillé régulièrement; dans la saison chaude on le fait baigner si on le peut, le meilleur moment est avant le repas du soir.

« Une question de grand intérêt est la comparaison entre le travail du bœuf et celui du cheval. Matthieu de Dombasle a dit qu'en Lorraine le bœuf donnait les quatre cinquièmes du travail du cheval; plus tard il a dit qu'il fallait, pour ce résultat, exiger d'eux neuf heures de travail en deux attelées, et les comparer à des chevaux de taille analogue. John Saint-Clair dit qu'en Angleterre le bœuf fait les trois quarts du travail d'un cheval. Notre illustre Gasparin a trouvé que dans le midi de la France une paire de chevaux labouraient trente-trois ares de terrain tandis que les bœufs n'en labouraient que vingt-cinq, c'est-à-dire les trois quarts et non les quatre cinquièmes. Il ajoute : « Quoique le bœuf emploie un temps assez « long à ruminer, il peut travailler en un jour plus que le cheval : « neuf à dix heures lors des travaux de défoncement, et dix à douze « en automne lors des travaux plus légers de semailles. »

« On reproche au bœuf d'être lent. Il herse mal. On ne peut l'employer pour des transports éloignés; il est sujet aux maladies inflammatoires par les grandes chaleurs; il est parfois alors foudroyé par l'apoplexie, résultat du desséchement des aliments dans le feuillet. Ses onglons ne résistent pas à un sol pierreux ou que la gelée a rendu dur ou raboteux. Il est difficile de ferrer les bœufs de manière à ce que les fers tiennent longtemps, les pinces seules (le devant des ergots) offrant assez de corne pour recevoir les clous. Fussent-ils bien et solidement ferrés, ils ne pourraient marcher sur la glace ni sur la neige battue des chemins, chaque fer n'offrant qu'une surface unie à laquelle il n'y a pas moyen d'adapter des crampons.

« Thaer, le fondateur de l'enseignement agricole moderne, pense qu'il faut, dans le climat de la Prusse où il cultivait, faire la déduction d'un sixième des journées de cheval pour avoir le nombre de celles du bœuf : ainsi le cheval y faisant trois cents journées, le bœuf n'en fait que deux cent cinquante. M. Crud compte en Suisse deux cent soixante journées pour le cheval, et deux cent vingt pour le bœuf. Il y a des pays où le nombre des journées possibles est égal pour l'un et l'autre. M. Villeroy admet que les chevaux travaillent huit mois à vingt jours et quatre mois à quinze jours, ensemble deux cent vingt jours; et que les bœufs travaillent seulement cent quatre-vingts jours.

Une étable.

— Monsieur, permettez-moi une observation qui a sa valeur. Le bœuf est sobre et se contente d'aliments peu délicats. Nourri au vert seulement, on le voit maintenir ses forces là où le cheval les perd. Dans le temps des plus grands travaux, le bœuf passera la nuit sur des pâtures peu susceptibles d'être fauchées, et reprendra sa tâche le lendemain. Les roseaux, la paille, le foin le plus grossier peuvent entrer dans son régime...

— A la condition, dit la mère, de ne pas le consulter.

7

— Il ne rebute rien dans les fourrages, Madame, là où le cheval fait toujours beaucoup de déchet. Si celui-ci fait plus d'ouvrage, il coûte bien plus d'achat et d'entretien. Le bœuf a une valeur qu'il ne perd pas lors même qu'il est mis hors d'état de travailler, pourvu qu'il puisse encore être engraissé. Qu'un accident, que la fracture d'un membre, que la météorisation...

— Qu'est-ce cela, Monsieur?

— C'est, Madame, le résultat d'une indigestion d'herbe couverte de rosée, et que le soleil vient d'échauffer sans avoir eu le temps de la sécher.

— En un tel cas, ma mère, les gaz se dégagent de l'herbe humide et chaude, ingérée dans la panse; elle acquiert un tel volume que l'animal étouffe, si on ne lui fait à l'instant même une incision à travers cuir et chair qui permette d'introduire la main et de retirer l'aliment dont la décomposition commence.

— Et la bête n'en meurt pas?

— Elle en guérira, Madame, si l'opération a été bien faite. Mais je reprends. Qu'un accident me force à tuer mon bœuf, je ne perds pas tout; sa chair a une valeur. (Je n'ai pas à attendre que l'opinion publique réhabilite cette viande à la boucherie.) Si mon bœuf a quelque vice, j'ai la certitude de toujours le revendre au boucher, et cela sans duper personne. Mais que faire d'un cheval ombrageux, ou méchant, ou rétif, ou qui porte le germe de quelque maladie? Quant à la production du fumier (demandez à M. votre fils si c'est là une chose indifférente), les déjections plus liquides du bœuf convertissent une plus grande quantité de litière en fumier; et pour la qualité on admet généralement que si le fumier des chevaux convient mieux aux terres fortes, celui des bœufs va mieux aux terres légères.

— Je pense que la question peut se résumer ainsi: Avez-vous à utiliser des pâtures, des foins grossiers, des pailles et des débris de végétaux, le prix de la nourriture du bœuf s'abaisse, et son travail revient à un prix inférieur à celui du cheval. Ainsi nous dirons: En pays de montagnes où se trouvent des plantes herbeuses qu'on ne peut faucher, travail de bœuf, d'autant plus que là son tirage régulier et son pas lent deviennent des qualités. La culture en grand de l'orge et de l'avoine vous est-elle interdite, et devez-vous compter comme aliments les feuilles et les racines des arbres, travail de bœuf. Êtes-vous en pays d'élevage où abondent de jeunes bœufs que l'on dresse avant de les vendre, ou vos faibles moyens pécuniaires vous interdisent-ils l'achat d'un cheptel coûteux, travail de bœuf. Si la douceur des hivers et la sécheresse du climat ne mettent aucune différence entre le nombre annuel des journées de travail, le bœuf peut maintenir la rivalité avec le cheval. Mais dès qu'il y a différence d'un sixième, la rivalité cesse, d'autant plus que dans ce sixième de jours d'inaction, il faudrait porter au compte des bœufs au moins la moitié de la main d'œuvre des bouviers eux-mêmes, dont vous ne tireriez ces jours-là que peu de service. « Il est un cas à excepter « cependant, dit M. de Gasparin, c'est celui où le travail serait rude « et continu, celui où l'on aurait une grande étendue de terres te- « naces à cultiver chaque année. Ici la lenteur du pas du bœuf « est compensée par l'énergie soutenue dont il est capable davan- « tage. »

— Permettez-moi une question d'ignorante et de poltronne. Je vois chaque jour des bœufs au joug, je ne les ai jamais approchés pour bien voir ce que c'est que le joug.

— C'est, Madame, une pièce de bois à double échancrure qui s'adapte à la tête de deux bœufs, de manière à porter sur la base des cornes. Il pose sur un coussinet ou sur un tampon de paille destiné à défendre le front de la pression immédiate du bois. On attache le joug au front de chaque bœuf au moyen de fortes courroies qui s'entortillent autour des cornes et qui servent aussi à fixer le timon entre les têtes des deux animaux.

— Dans quelques pays on fait porter le joug sur le cou; mais ce mode a l'inconvénient de former des durillons sur cette partie si délicate. En Saxe et en Bavière le bœuf tire aussi par la tête, mais par le moyen d'une planchette concave qui porte sur le front de chaque bœuf et qui est indépendante de celle de son voisin, ce qui permet de le faire tirer accouplé, ou seul ou une file. En Savoie on se sert de deux jougs pour chaque bœuf : l'un semblable au joug ordinaire et placé à la base des cornes; l'autre plus léger, appuyé sur la partie inférieure du cou, est destiné à supporter le poids du timon, dont la tête se trouve ainsi déchargée. Olivier de Serres a été le plus ancien avocat de cette méthode.

« On reproche au joug d'occasionner une très grande déperdition de force. Un écrivain latin, Columelle, le proscrivait déjà de son temps. « Car, disait-il, le bœuf est en état de faire de plus puissants

« efforts avec le cou et la poitrine qu'avec le front. » Les bœufs tirent obliquement, les deux têtes rapprochées et les deux trains postérieurs écartés : première cause de déperdition de la force. Sur un train transversal à la pente, les animaux seront à des niveaux différents, le joug sera incliné et la tête des bœufs aussi inclinée, le cou tordu, douleur pour l'animal et déperdition de force. La tête chez les animaux est un balancier qui tend à rétablir l'équilibre rompu par la marche ; avantage perdu pour le bœuf accouplé à un autre par un joug inflexible qui retient sa tête toujours dans la même situation sans qu'il puisse en la relevant soulager ses membres antérieurs, ce qui lui ôte encore de la force et rend son allure lente. L'animal dont la tête est ainsi abaissée près de la terre aspire la poussière et souffre de la chaleur rayonnante. La perte d'une corne constitue le bœuf invalide et l'envoie à la boucherie. Habitué à prendre la droite ou la gauche du joug, il ne peut être déplacé sans un nouvel et lent apprentissage. Le collier et le harnais comme au cheval, voilà ce que je souhaite pour le bœuf.

— Ce qui continuera longtemps, Monsieur, à maintenir le joug en usage, c'est que l'animal a plus de facilité pour retenir la charge dans les descentes ; — c'est qu'avec le joug le valet de ferme rétablit l'égalité de tirage entre deux bœufs de force inégale, en rapprochant du timon la tête du plus fort ; — c'est que le joug rend le bœuf parfaitement docile et nécessite une attention moins soutenue de la part du valet de ferme pour obtenir un tirage régulier ; — c'est que cet homme, une fois accoutumé à l'allure si lente du bœuf sous le joug, répugne à l'idée de suivre l'allure plus vive du bœuf au collier. — Enfin une autre raison puissante, c'est que le joug se fabrique aisément dans la ferme, où on l'obtient à peu de frais, tandis que le harnais complet est plus coûteux et force de s'adresser au bourrelier.

— Hélas ! oui, le grand principe : *le temps est de l'argent, la force est de l'argent,* qui devrait dominer toute industrie quelconque, n'est pas toujours bien compris de tous nos cultivateurs et surtout des aides qu'ils doivent employer. Perdons du temps, perdons de la force, qu'est-ce là ? Dans les instituts agronomiques d'Allemagne, on met les bœufs au joug pour certains travaux ; par exemple, pour des charrois en chemins accidentés ; on les met au collier pour le labour ; à Grignon, je ne les ai jamais vu mettre qu'au collier.

— Ne pensez-vous pas, Monsieur, que si l'on gagnait ce premier point, le collier substitué au joug, on serait mieux en état d'apprécier le véritable rapport entre le travail à obtenir du cheval, et celui du bœuf devenu moins lent ?

— Certainement. En attendant, les Anglais ont pris sur nous les devants. Ils ont abordé la question d'une manière plus radicale : diviser les fonctions, réserver celle du travail au cheval, consacrer le bœuf spécialement à fabriquer de la viande.

« A la boucherie, telle bête donnera moitié de son poids en viande

Bœuf de Hereford.

nette, comme on dit, tandis que telle autre donnera davantage, jusqu'aux deux tiers, peut-être. En outre cette viande nette se divisera en différentes qualités, ou, comme ont dit les ordonnances, en *catégories.* Il a fallu dépenser tout autant de fourrage pour fabriquer dans un animal un poids donné de viande, soit que ce poids se compose de 25 pour cent de basse viande, de 25 pour cent de viande de seconde qualité et de 50 pour cent de première qualité, soit qu'il se compose, au contraire, de 50 pour cent de basse viande et de 25 pour cent de chacune des deux autres qualités. Cependant, dans le premier cas, le consommateur payera volontiers 475 francs l'animal qu'il payerait seulement 400 francs dans le second, et qui aurait coûté tout autant à produire et à nourrir. La différence de 75 francs constitue donc un bénéfice net et certain d'environ 19 pour cent au profit du fabricant de l'animal donnant le plus de viande de première qualité.

« C'est dans cette pensée d'un bénéfice certain pour l'avenir que l'Anglais Bakewell, il y a déjà près d'un siècle, en travaillant sur certaine race bovine du comté de Hereford, en opérant des accouplements habiles, d'abord dans la consanguinité, en soumettant, dit-on, les muscles de certaines parties du corps à des frictions énergiques et à des lotions répétées, parvint le premier à fabriquer ce qu'on appelle aujourd'hui la bête bovine d'engraissement. Il obtint des animaux chez lesquels les parties qui donnent la viande de basse qualité, par exemple les régions du cou, sont réduites aux dimensions les moindres possibles, tandis qu'il y a développement exagéré des parties qui donnent la viande de première qualité, par exemple, en style de boucherie, l'*aloyau* et la *culotte*.

« Cinquante ans après lui, Collings, opérant sur la race de Hereford, se posa un problème de plus. Il visa à obtenir la précocité, c'est-à-dire le développement le plus rapide possible de toute la taille. Il créa la sous-race Durham, dans laquelle bon nombre d'individus sont engraissés dès l'âge de vingt-quatre mois dans la plus grande perfection, et amenés à un poids que n'atteint au même âge aucun bétail dans tout autre pays.

« Dans son *Histoire des animaux domestiques de l'Angleterre,* David Low donne les caractères suivants, comme indicatifs de l'aptitude à l'engraissement précoce et de la conformation la plus convenable pour la boucherie.

« 1º La tête doit être fine, un peu longue et conique vers le mufle, qui doit lui-même être mince; — 2º les cornes doivent être fines, pointues et placées sur le sommet de la tête; les oreilles doivent être minces, les yeux saillants et vifs; — 3º le cou ne doit point être grossier; il doit être grand à son union avec l'épaule et la poitrine, et conique vers la tête; — 4º la poitrine doit être ample et se bien projeter en avant des membres antérieurs; — 5º l'épaule doit être large et se fondre doucement avec le cou et derrière avec l'échine; — 6º le dos et les cuisses doivent être droits, amples et plats; — 7º le tronc derrière les épaules doit être grand et les côtes bien arquées; — 8º les os de la hanche doivent être écartés l'un de l'autre, presque de niveau avec les os du dos; des os de la hanche à la croupe le quartier doit être long, large et droit; — 9º la queue doit commencer au delà du dos, être large au sommet et fine vers l'extrémité; — 10º les jambes doivent être courtes, charnues jusque vers le jarret ou le genou, plates et minces au-dessous; les sabots doivent être étroits, les cornes courtes ; — 11° la peau doit être souple au toucher ; la panse ne doit pas être pendante, et les flancs doivent être bien arrondis.

— J'ai eu, mon fils, quelque peine à vous suivre dans ces détails ; mais j'ai vu de ces bœufs primés par le ministre de l'agriculture comme les plus parfaits de *conformation* et de *graisse* d'après le rapport du jury aux expositions. C'est fort laid : un corps énorme et parfaitement cylindrique ; un tonneau posé sur de courtes et fluettes jambes qui semblent à peine pouvoir le porter ; un cou tellement court que le pauvre animal ne pourrait saisir l'herbe sur le sol, et ne peut se nourrir qu'à la crèche. Je ne sais qu'un gré à MM. les fabricants, c'est d'avoir rendu les cornes très courtes, et parfois de les avoir supprimées. J'aime à voir le bœuf désarmé.

— Eh ! Madame, il s'agit bien d'armes ici. Les cornes coûtent du soin à produire, et ne rapportent à peu près rien. Supprimons-les. Un coup de tête de bœuf désarmé contondrait, briserait, au lieu de perforer : voilà toute la différence.

— M. Villeroy a publié quelques observations fort judicieuses en les appuyant de chiffres fort éloquents. « Dans l'état de perfection où « est arrivée l'agriculture anglaise, la précocité d'une race bovine « est un avantage immense. Les travaux sont exécutés par des che- « vaux ; et les bœufs, formés plus tôt, livrent à la consommation une « quantité de viande plus considérable, en même temps qu'avec la « même quantité de fourrage le cultivateur, produisant plus de bœufs, « obtient un produit en argent beaucoup plus grand. Un exemple « rendra ceci sensible.

« Un fermier élève des bœufs uniquement destinés à l'engraisse- « ment, et son fourrage lui permet d'en nourrir vingt-cinq de tout « âge. S'ils ne sont gras qu'à *cinq ans,* il en élève cinq par an, total « vingt-cinq, et il en livre chaque année cinq à la boucherie. S'ils « sont gras à *quatre ans,* il en élève six par an, total vingt-quatre, « et il en élève chaque année six. S'ils sont gras à *trois ans,* il en « élève huit par an, et il en livre chaque année huit à la boucherie. « Ainsi, par le seul fait de la précocité d'une race, on peut, avec la « même quantité de fourrage, fournir à la consommation un plus « grand nombre de bœufs dans la proportion de huit à cinq ; tandis « que si les bœufs travaillaient jusqu'à l'âge de six, sept, même dix « ans avant d'être engraissés, on comprendra qu'un pays peut nourrir

« un très grand nombre de bœufs qui ne fournissent que très peu
« de viande à la consommation. »

« Nos éleveurs cherchent activement aujourd'hui à réaliser le type
du bœuf de boucherie, à créer la *chair précoce* française, soit en
important sur notre sol une race anglaise et l'y acclimatant dans sa
pureté, soit en opérant des croisements de cette race avec les nôtres,
soit en travaillant sur telle et telle de nos races par la *sélection*
absolue, c'est-à-dire par un choix de reproducteurs pris uniquement
en elle-même.

« Nos bœufs de chair précoce forment aujourd'hui une aristocratie
qui a, comme en Angleterre, son livre d'or, le *herd's-book* (*livre du
troupeau*). A la différence du cheval, qui doit faire ses preuves de
noblesse de son vivant, le bœuf n'est tenu de faire les siennes qu'après
sa mort; c'est à l'abattoir seulement que ses titres (qui jusque-là
sont présumés d'après son acte de naissance, et de savants *manie-
ments* exercés sur sa personne par un jury de connaisseurs),
acquièrent leur consécration réelle par le *rendement,* c'est-à-dire le
poids du service alimentaire rendu à l'humanité, service qui s'inscrit
au livre d'or à la suite du glorieux nom : viande et suif tant pour
cent, le chiffre doit aller au plus haut possible, avec le poids bien
distinct des catégories de viande; abats et intestins, etc., tant pour
cent, le chiffre doit tomber au plus bas possible.

— Pauvre bœuf, devenu noble! je l'aimais mieux compagnon de
travail de l'homme des champs. Voulez-vous mon opinion, Messieurs?
vous le rabaissez au rôle de la poularde sur une grande échelle. Et
puis voici un animal que la nature a créé pour vivre vingt ans au
moins. Sur ce chiffre vous lui en supprimiez déjà la moitié, à dix
ans au plus tard le boucher s'emparait de lui; aujourd'hui vous visez
à ne lui laisser que...

— Désormais le bœuf ne doit pas voir plus de deux neiges : il doit
lui être interdit de présenter son mufle au banquet d'une troisième
fenaison printannière; tel est le but à atteindre. Hélas! les Anglais
l'ont touché avant nous. Et de quoi le bœuf se plaindrait-il? nous
lui faisons la véritable vie de l'épicurien, courte et bonne. Nous lui
laissons peu de jours; mais ces jours sont filés d'une herbe appétis-
sante, d'une fine fleur de farine de froment, et d'une exquise graine
de lin.

— Fort bien; mais cependant vous condamnez l'heureux épicurien à ce que vous appelez la *stabulation*. Pour lui, plus de grand air, plus de soleil, plus d'ébats joyeux. Il vit dans une étable sombre, étroite, respirant l'affeuse odeur de ses excréments. J'ai ouï parler d'un système de stabulation où l'animal, bœuf ou vache, est attaché nuit et jour sur un plancher percé de trous au-dessus d'une fosse

Paysanne qui trait sa vache.

qui reçoit ses déjections et qui n'est vidée qu'à de longs intervalles.

— Que voulez-vous, Madame, le fumier est chose si précieuse!

— Ma mère a raison. Beaucoup de bouveries et de vacheries sont trop étroites, l'air ne s'y renouvelle pas, on ne respecte pas les lois d'une bonne aération. Chaque être vivant dans un espace a besoin, selon son volume, d'y trouver à respirer par heure un certain chiffre de mètres cubes d'air.

— Laissons là vos chiffres de chimistes. Je m'en tiens au bon sens féminin. Toute boucherie, vacherie, ou même écurie, du moment qu'elle sent mauvais, est malsaine. Il est cruel d'y tenir emprisonnée une malheureuse bête.

— Vous vous emportez, ma mère, contre l'abus déplorable qu'on fait trop souvent du système de stabulation mal compris. Dans les étables bien tenues, les bêtes sont par deux ou trois en liberté, sans licol, dans des stalles de quatre mètres sur six. Les stalles sont séparées par des barres à un mètre cinq de hauteur qui permettent à l'air de circuler et aux animaux de se voir sans se tourmenter. En avant de chaque stalle une cour à fumier d'un espace double, séparée de sa voisine par des fils de fer, forme un promenoir pour les animaux qui sortent et rentrent à volonté. Dans toute la largeur de l'étable règne, en arrière des auges, un couloir de service qui permet de faire la distribution sans déranger les animaux, et surtout de la faire avec une grande promptitude, ce qui permet d'en soigner très bien un grand nombre. Aux deux extrémités du bâtiment, on a ménagé des chambres à fourrage, où se font les mélanges des aliments et la préparation des repas. Les soins d'un homme suffisent pour vingt-quatre bêtes. De la sorte, dès l'âge le plus tendre, les bêtes à chair précoce sont maintenues dans un état satisfaisant sans passer par ces intermittences de maigreur qui se représentent chaque hiver pour les bêtes de travail et même pour celles qui ont simplement à endurer le froid de l'hiver à l'air libre. J'ajouterai spécialement pour vous, monsieur le cultivateur, que chez un propriétaire de mes amis, dans une localité où l'on ne dispose que de fourrages artificiels, chaque bête donne un mètre cube de fumier par mois et par tête.

— N'importe, je ne suis pas encore convertie au système.

— La stabulation pratiquée ainsi est celle qui utilise le mieux les fourrages. Elle fournit chaque année bon nombre de sujets qui obtiennent des prix au concours. Je dois dire, et ceci va vous charmer, ma mère, que les primes sont obtenues en aussi grand nombre par des sujets élevés dans de riches herbages; mais tout le monde n'est pas propriétaire d'une riche prairie. Et même encore dans ce cas, l'économie recommande le pâturage au *piquet*; on obvie ainsi à l'inconvénient de faire perdre plus de fourrage, par les pieds et par la fiente, que l'animal n'en consomme. On perd sur la quantité de fumier, il est vrai; mais on peut imiter l'exemple de M. de

Kergorlay : placer dans le pâturage un grand banneau dans lequel les gardiens déposent les fientes, qu'ils recueillent avec soin.

« L'idée de former une race bovine qui serait *laitière* par excellence a préoccupé quelque temps les esprits tant en Angleterre qu'en France. On semble aujourd'hui l'avoir abandonnée. David Low et Royer sont d'opinion bien arrêtée : « que les qualités lactifères sont « fout à fait individuelles, et plus ou moins activées seulement par « le régime des animaux. » Leur conviction est qu'avec des soins spéciaux, persévérants et bien entendus, on pourrait dans toutes les races, à peu près sans exception, réunir l'aptitude à donner beaucoup de lait à leurs autres qualités.

— Monsieur, pour reconnaître une vache bonne laitière, ce qui est bien difficile, voilà mes idées :

« La couleur de la peau (non celle de la robe) est à considérer. Une peau de couleur trop pâle, surtout aux environs du pis, est l'indice fâcheux d'un tempérament lymphatique. Une vache mal conformée pour l'engraissement peut être cependant bonne laitière : la maigreur s'allie souvent à cette qualité. On recherche une peau mince et souple, le poil fin et soyeux; la dureté du poil est mauvais signe pour toute chose. On dit bête *dure,* et bête *tendre.* La charpente osseuse doit être légère. J'estime la largeur et la profondeur des reins, je tiens moins à un grand développement de la poitrine.

— Certains auteurs vous diront que vous avez tort. De vastes poumons annoncent une bonne respiration, condition première de tout animal pour son existence.

— Je veux un pis de consistance moyenne, porté en avant; se réduisant de volume après la traite, bien conformé, c'est-à-dire ayant les quatre trayons égaux, avec deux petits trayons à l'état rudimentaire, et non pas un seul. Mais ce que je demande avant tout, c'est que les *veines lactées,* les veines qui serpentent sur le ventre à partir du pis, soient grosses, bien apparentes, plus ou moins tortueuses. Je demande que les trous par lesquels elles pénètrent dans le corps soient bien évasés; ces trous-là, Monsieur, je les appelle *portes du lait.*

— Le nom n'est peut-être pas très juste; car les vétérinaires vous diront que c'est le passage par où le sang qui a traversé les mamelles retourne au cœur, après avoir été privé des principes susceptibles de fournir le lait. Mais n'importe, ils fournissent de bonnes indications ; car ils font connaître le volume des veines auxquelles ils livrent passage, la quantité de sang qui traverse ordinairement les mamelles, et par conséquent l'activité de la sécrétion du lait.

— L'indice des veines mammaires n'a de valeur réelle que sur l'animal adulte, et après que la lactation s'est établie. J'ai ouï parler du système d'un simple cultivateur, M. Guénon, qui prétend reconnaître sur l'animal tout jeune, sur la génisse au moment de sa naissance, jusqu'à quel degré elle aura l'aptitude un jour de donner du lait. Ce serait bien précieux, on saurait dès l'instant même quelles génisses d'élite on doit conserver pour la spéculation du foin à transformer en lait ; quant aux autres, au lieu de leur donner du foin en pure perte, ou les livrerait au boucher.

— Le système, sans tenir ce qu'il a promis, a certainement du bon et du très bon. M. Guénon, le premier, a porté une attention toute particulière sur une nappe de poils très doux et très fins qui vont à contresens du reste du pelage, et qui existent sous la queue de la bête en remontant du pis jusqu'en haut. Il appelle cette nappe l'*écusson;* d'après l'étendue et la forme de l'écusson, il reconnaît l'aptitude présente et même future de l'enfant génisse à donner du lait. Il a établi huit classes d'écussons, chaque classe se subdivisant en huit ordres, selon que le caractère de la classe se présente plus ou moins parfait. Des contremarques, formées d'épis de poils assez grossiers qui se dirigent non plus de bas en haut, mais transversalement, sont un signe fâcheux, et elles ôtent la valeur à l'écusson; de là encore des subdivisions dans les subdivisions. Il reconnaît à première vue la quantité de lait, le chiffre des litres que donne habituellement la vache, à lui non connue, que vous lui présentez. Il s'offre à prédire avec la même précision la quantité que ne manquera pas de donner un jour l'enfant génisse que vous soumettez à son étude. Cette quantité de lait se calcule en raison combinée de la taille de la bête, de la classe, de l'ordre et de la subdivision de l'écusson, et dans la pratique ses indications se sont très souvent vérifiées.

— Voilà, Monsieur, qui tient du prodige.

— Comme les animaux mâles portent également de ces écussons, l'éleveur se trouverait à même de juger de quel taureau il doit espérer des enfants génisses de classe et d'ordre supérieur. Ceci pourrait être moins certain. Après plusieurs commissions nommées pour prononcer sur le système, on s'est accordé à mesurer tout simplement le rendement de lait sur l'*étendue* de l'écusson, sans reconnaître de la valeur à la forme et aux classes, ordres et subdivisions, etc. On n'a point tenu compte de l'écusson des taureaux.

« Plus tard on a constaté, ce que M. Guénon ignorait, que les qualités laitières de la vache dépendent non du volume du pis, qui n'est pour le lait qu'un simple réservoir, mais uniquement du volume des glandes lactifères qui le sécrètent et le transmettent au pis. Or les écussons ne sont autre chose qne la marque de l'espace occupé

Zébu.

sous la peau par ces glandes. M. Guénon, doué d'une sagacité extrême, dans sa série d'observations innombrables a eu le mérite d'éveiller l'attention publique sur une question capitale. Il a été récompensé par une pension, votée par l'Assemblée législative à titre de récompense nationale.

« Outre son lait, la vache peut donner une certaine dose de travail. On estime que sa force est à celle du bœuf de la même race comme deux est à trois; c'est à peu près le rapport de leur poids. Ses allures sont un peu plus vives, et son intelligence bien supérieure. Je me rappelle une jolie vache de la ferme de Grignon, du nom de Betty, je crois, qui faisait partie du bétail spécial mis à la disposition des élèves pour cultiver leur champ. Elle obéissait à la parole presque aussi bien qu'un chien de berger.

— Monsieur, le travail de la vache ne s'introduira pas dans ma ferme. Je comprends qu'un petit propriétaire, qui conduira sa vache lui-même, et la ménagera mieux que ne ferait un mercenaire, en exige quelques services; mais il faut admettre que dans la localité le lait ait très peu de valeur. La vache qui travaille quatre à cinq heures donnera un quart de moins de lait; moins encore en proportion du temps pris par le travail. Et puis, croyez-en un vieux praticien comme moi, votre Betty était un animal exceptionnel que vos jeunes gens intelligents s'étaient complu à dresser à force de bons soins, d'aimables prévenances. Dans l'usage ordinaire, les vaches ne se gouvernent pas comme les bœufs : vieilles, elles sont trop pesantes; jeunes, elles sont presque toujours indociles.

— Notre bœuf domestique est-il d'origine européenne? On le croyait généralement; mais Isidore Geoffroy est venu démontrer fort savamment qu'il faut le restituer à l'Asie. « Si nous ouvrons, dit-il, la « Genèse et les livres religieux de l'Inde, le *Zend-Avesta,* les *Vedas,* « les *Kings,* nous voyons le bœuf, aussi loin qu'il nous soit donné de « remonter, soumis déjà au pouvoir de l'homme. Nous le trouvons, par « exemple, traînant le char des Indiens et leur servant de « coursier »; « nourri en grands troupeaux avec un soin religieux par les an- « ciens Perses; attelé, il y a plus de quarante siècles par les Chinois « pour les travaux de l'agriculture, et même pour le service des « armées. »

« Ces livres parlent-ils du bœuf proprement dit, ou du *zébu,* le bœuf à bosse, qui est une espèce différente, comme on ne l'a constaté qu'assez récemment? De certains monuments assyriens, découverts il y a peu d'années, il résulte que les deux espèces ont été soumises à l'homme, dans la haute Asie, dès l'antiquité la plus reculée. Un cylindre assyrien (sorte de cachet en relief) porte la figure du zébu; d'autres sculptures assyriennes représentent, au contraire, le taureau et la vache ordinaires. En Égypte, dans les peintures qui ornent un tombeau, figure le zébu, tandis qu'on trouve sur un autre tombeau la vache ordinaire allaitant son veau.

« Notre bœuf se trouve aujourd'hui dans toute l'Europe, dans la plus grande partie de l'Afrique et de l'Asie, et il s'est prodigieusement multiplié dans l'Amérique depuis que les Européens l'y ont transporté.

« Les Anglais attribuent l'origine de leurs races bovines au bœuf *calédonien,* dont les derniers troupeaux se conservent dans le Derbyshire et dans le Northumberland; on l'y laisse vivre encore à l'état primitif, comme objet curieux. Il est entièrement blanc, sauf les extrémités des oreilles et des cornes, qui sont noires; il se tient dans une forêt assez vaste où il est difficile de l'apercevoir et dangereux de l'approcher. Le troupeau aperçoit-il un homme, il s'arrête; puis à un signal du chef tous partent au galop et se mettent à décrire des cercles d'un très grand rayon, sans perdre de vue l'objet qui cause leur frayeur.

« Dans les immenses *pampas* de l'Amérique septentrionale, d'in-

Aurochs.

nombrables troupeaux errent à l'état libre, se gouvernant par des chefs. Lorsque quelque grand carnassier vient à rôder autour du troupeau, on forme le cercle, les vaches et les autres animaux se réfugient au centre, les mâles présentent sur toute la circonférence extérieure leurs têtes armées de cornes puissantes. Si un bœuf tombe au pouvoir de l'ennemi, c'est qu'il se sera accidentellement écarté du troupeau.

— Mais, Monsieur, c'est tout juste la manœuvre que font nos tirailleurs attaqués par des cavaliers : former le cercle en croisant la baïonnette, et se replier dès qu'on le peut sur la réserve.

— Après trois siècles de liberté, ils ont conservé les caractères qui révèlent l'origine espagnole. On leur donne la chasse pour obtenir la peau et les cornes; le pays n'est pas assez peuplé pour tirer parti de toute cette viande, que d'ordinaire on abandonne sur le sol.

— Que de bien perdu ! dit le fermier, tandis qu'ici la viande est si rare.

— On a essayé à plusieurs reprises de la transporter sur les marchés européens. Pour cela on la coupe par bandes qu'on fait sécher au soleil, et qu'on roule ensuite en une masse.

— Un de mes amis, dit la mère, m'en a montré un échantillon, qu'il se proposait de présenter à l'Académie des sciences. Cela n'était pas très appétissant.

— Pour vous, Madame; mais pour ceux de nos paysans qui ne mangent pas de viande deux fois dans l'année,... ce serait différent.

— Vous avez raison. J'ajouterai donc que mon ami affirmait que cette masse, trempée pendant un certain temps dans l'eau reprenait sa saveur de viande. On pourrait essayer.

— J'aimerais mieux, et vous aussi, ma mère, je le suppose, voir la viande fraîche se fabriquer en quantité suffisante à la porte du consommateur; elle serait plus saine; mais cette chair lointaine réclamerait simplement une préparation meilleure. Il faudrait que des capitalistes créassent l'industrie de la *saler* sur les lieux, par les procédés qu'on emploie en Europe; elle deviendrait alors transportable. La police des ports européens a plusieurs fois dû prendre des mesures pour faire jeter à l'eau des cargaisons de cette viande boucanée, comme aussi de la viande de bison, préparée en une poudre qu'on appelle *pemmican,* et qui s'est expédiée parfois de l'Amérique du Nord.

« Le *zébu,* qu'Isidore Geoffroy a le premier distingué de l'espèce bœuf, porte sur le garrot une bosse ou loupe graisseuse, dont le poids, chez les grands individus, va parfois jusqu'à vingt-cinq livres. Son poil est généralement gris en dessus, et blanc en dessous; sa chair est légèrement musquée. Il existe des variétés à cornes, et d'autres qui en sont dépourvues. Il est très commun dans l'Inde, à Madagascar et dans l'Afrique orientale; souvent sa taille ne dépasse pas celle du cochon. A Surate, on en voit qui ont deux loupes.

« L'*aurochs,* une espèce sauvage, ne se retrouve plus guère que dans la grande forêt de Bialowitza, en Pologne. On a observé quelques individus dans la chaîne du Caucase. Cuvier a combattu l'opinion qui prétendait voir en lui la souche de notre bœuf ordinaire. Il oppose au front de celui-ci le front de l'aurochs, qui est bombé et qui s'élargit vers le haut; ses cornes, attachées deux pouces plus avant que la ligne de l'occiput (partie antérieure du crâne), et les côtes, qui sont au nombre de quatorze paires au lieu de treize. On a dit à tort que l'aurochs prenait bosse; c'est simplement le garrot, qui devient un peu plus saillant chez les vieux mâles. L'aurochs est le plus grand des quadrupèdes, après l'éléphant et le rhinocéros; parfois le mâle mesure, dit-on, jusqu'à trois mètres vingt-cinq centimètres de long, sur un mètre quatre-vingt-quinze centimètres de hauteur au garrot. C'est aujourd'hui un magnifique gibier dont la chasse est réservée au souverain de la Russie ou aux princes de son sang.

Buffles du Cap.

— Permettez-moi, Messieurs, de vous citer ce que je me rappelle d'avoir lu dans la chronique du moine de Saint-Gall sur les faits et gestes de Charlemagne. L'aurochs habitait alors les forêts de l'ouest de la Germanie, et venait jusqu'aux environs d'Aix-la-Chapelle, où le grand empereur avait son palais principal.

« Charlemagne, impatient d'un oisif repos, va dans la forêt chasser
« le buffle et l'aurochs et emmène avec lui les ambassadeurs per-
« sans; mais ceux-ci, saisis de frayeur à la vue de ces immenses
« animaux, prennent la fuite. Le héros Charles, qui ne connaît pas
« la crainte et monte un cheval plein de vitesse, joint une de ces
« bêtes sauvages, un aurochs, tire son épée et s'efforce de lui abattre
« la tête. Le coup manqué, le féroce animal brise la chaussure du
« roi avec les bandelettes qui l'attachent, froisse, mais seulement
« de l'extrémité de ses cornes, la partie antérieure de la jambe de
« ce prince, de manière à le faire boiter un peu, et, rendu furieux
« par sa propre blessure, s'enfuit dans un fourré très épais de
« bois et de rochers. Cependant Isambart, à cheval, avait pour-

« suivi l'animal. N'osant s'approcher de trop près, il lui lança
« son javelot, l'atteignit au cœur entre la jointure de l'épaule et la
« gorge.

« Le monarque, rentré dans son palais, fit appeler la reine, et
« lui montrant ses bottes déchirées : « Que mérite, dit-il, celui
« qui m'a délivré de l'ennemi de qui j'ai reçu cette blessure ? —
« Toute sorte de bienfaits, » répondit la reine. Isambart était dans
« la disgrâce; cet événement lui valut de recouvrer les biens qu'on
« lui avait enlevés, et la reine lui prodigua de grands présents. »

— Le *buffle,* dont il est question aussi dans cette anecdote, a la
tête plus grosse que celle du bœuf et le front plus bombé, le mufle
plus large et plus plat, les cornes courbées en demi-cercle, de manière que leurs pointes se dirigent en arrière et un peu vers le haut,
et elles ont en avant, sur toute leur longueur, une arête bien marquée. Il n'a point de fanon; les poils sont raides, larges sur le corps,
qui est de couleur d'un noir brun et parfois d'ardoise et assez
épais sur le front, où ils forment une sorte de touffe. Les genoux
sont d'ordinaire assez velus, et le bas des jambes même est quelquefois garni de poils longs et frisés. La taille est plus grande que celle
du bœuf, le corps est massif, les membres gros et courts, la queue
plus longue.

« Sa patrie originaire paraît être dans les contrées chaudes et
humides de l'Inde; de là il s'est répandu en Perse, en Arabie, en
Égypte et sur la côte est d'Afrique jusque vers le cap de Bonne-Espérance, où il forme le bétail ordinaire des Hottentots. Il a été introduit
vers le viie siècle en Grèce et en Italie, où les premiers parurent
en 596, sous Agilulfe, roi des Lombards. Nous le trouvons, sous
Charlemagne, dans les forêts des bords du Rhin, peut-être introduit
par ce prince, qui aimait le gibier d'une chasse dangereuse. C'est
qu'en effet il n'a rien de la timidité naturelle à la plupart des herbivores. Est-il attaqué par un grand carnassier, il marche à la rencontre de l'ennemi et, au moment de l'atteindre, se pose sur les
genoux, si bien que celui-ci, qui ne peut maîtriser son propre élan,
se heurte aux cornes terribles et se les enfonce dans la poitrine. On
cite dans l'Inde plusieurs exemples de troupeaux de buffles qui,
voyant leur pâtre attaqué par un tigre, ont bravement combattu et
l'ont sauvé.

— C'est là un beau dévouement.

— Madame, il reste à savoir si le héros cédait à son affection pour le pâtre, ou au soin de sauver sa propre vie.

— En domesticité, il s'attache à son maître s'il en est bien traité. Il se montre assez docile, quoiqu'il soit d'humeur fort capricieuse.

— Monsieur, c'est assez le caractère de notre bœuf. Quelque douce que vous semble la bête bovine, ne vous y fiez jamais complètement.

— J'en puis citer un exemple à l'établissement de Grignon. Un jour, dans la cour fermière, m'a-t-on raconté, il y a de cela plus de trente ans, le directeur reprochait aux élèves d'avoir trop méfiance d'un beau taureau qu'il affectionnait tout particulièrement et qu'il caressait d'habitude comme il eût caressé un chien. A l'appui de la réprimande, et pour prêcher mieux que par des paroles, il gratte tendrement le front de l'animal. Cinq minutes après qu'il lui a tourné le dos, ne voilà-t-il pas que le jovial taureau, saisi d'un caprice, se rapproche de son maître, le soulève sur ses cornes, qui heureusement ne pénètrent pas dans la chair protégée par d'épais vêtements, et lance de côté le fardeau. Le fumier abondait sur la place où la victime de cette aimable plaisanterie vint retomber; elle en fut quitte pour quelques contusions.

« Par prudence, on conduit le buffle à l'aide d'un anneau passé dans les naseaux, qui se rattache aux cornes par une courroie. Il laboure aussi bien et plus longtemps que le bœuf; il traîne aussi de lourdes charges, à condition qu'il ne soit pas pressé, car il ne hâte jamais le pas. Au besoin, vous en faites une bête de somme; mais alors veillez à ce que le fardeau à lui confié soit bien enveloppé, car à la première rivière, à la première mare qu'il rencontre, rien ne l'empêchera d'aller s'y plonger. Il aime l'eau de passion; un bain de douze heures ne lui semble pas trop prolongé.

— Vous rappelez-vous, mon fils, dans votre voyage d'Italie, avec quelle admiration nous contemplions ces beaux buffles de la campagne romaine, ces couples sous le joug qui se reposent si majestueusement dans l'antique forum ?

— Et ces troupeaux sauvages qu'en traversant les marais Pontins, l'on voit de loin paître ou se vautrer dans les flaques d'eau, sous la garde de leur pâtre, qui est à cheval et armé d'une pique! Que de fois le pinceau des peintres les a reproduits !

« L'*arni* est une variété du buffle qui habite les bords des grands fleuves de l'Indoustan. Ses cornes sont disposées en croissant. Dans quelques localités, la couleur du pelage a changé. On cite une variété entièrement blanche, à l'exception du mufle et du contour des lèvres, où la couleur noir de l'animal primitif s'est conservée.

— Mais, dit la mère, voilà qui ressemble assez au bœuf calédonien dont vous nous parliez tout à l'heure.

— Certainement. Je voudrais voir quelque savant naturaliste étudier et comparer les deux animaux et nous édifier sur la croyance qu'on peut avoir dans cette prétention des Anglais à posséder sur un petit coin de leur île les derniers troupeaux du bœuf primitif. L'arni est réduit à l'état domestique dans l'Inde d'au delà du Gange, la presqu'île de Malacca, dans le Tonquin, la Chine et l'archipel Indien. L'arni, à l'état sauvage, descend ou remonte les grands fleuves à la nage lorsqu'il veut changer de pâturages; l'arni géant habite le haut Indoustan. Ses cornes atteignent, dit-on, jusqu'à un mètre quatre-vingt-dix centimètres de longueur en suivant leur courbure.

« Le *buffle du Cap* se distingue par ses cornes noires et énormes dont les bases aplaties couvrent comme un casque tout le sommet de la tête, ne laissant entre elles qu'un petit canal qui s'élargit en avant. Son pelage est brun-noirâtre. Il vit en grandes troupes dans la partie ouest de l'Afrique, depuis le cap de Bonne-Espérance jusque vers la Guinée. Il abonda jadis dans toutes les vallées des fleuves de l'Afrique centrale. Son humeur farouche va, dit-on, jusqu'à la férocité. Dérangé dans sa retraite, il combat les hommes et les chevaux, les perce de ses cornes et s'acharne à les broyer sous ses pieds.

— Eh ! Monsieur, n'est-ce pas ce que fait encore notre taureau lorsqu'on l'a amené de son pâturage pour figurer dans une arène où on le harcèle ?

— L'Afrique centrale a son buffle, dit *buffle brachycère,* que l'on a étudié depuis peu. Il a la forme et la taille de nos bœufs de Bretagne, et les mœurs fort douces; le pelage est roux-brunâtre au cou et sur les flancs; les cornes, courtes, plates, sont placées très près des yeux.

— L'Amérique du Nord a aussi son buffle *musqué,* et de plus son *bison.* Ce dernier est plus petit que l'aurochs, mais plus grand que les plus grands bœufs de la Hollande. Ses jambes et sa queue sont courtes; le garrot, énorme, présente une bosse musculeuse et graisseuse assez forte; c'est la meilleure partie à manger; ses cornes sont rondes, courtes et écartées à leur base ; sa peau est épaisse et très spongieuse ; il a la tête, le cou et les épaules couverts d'une laine crépue, épaisse et d'un brun noir, qui en hiver devient très longue, tandis que le reste du corps ne présente qu'un poil ras et noir. Il habite à l'état sauvage, et par grandes bandes, toutes les parties tempérées de l'Amérique septentrionale.

Le buffle *musqué* est confiné au nord des contrées qu'habite le

Bisons.

bison : son domaine commence à la hauteur de la baie d'Hudson. Sa queue est courte comme celle de l'ours ; ses cornes se touchent par la base, descendent de chaque côté jusqu'au - dessous de l'œil et se redressent jusqu'à la pointe seulement ; sa chair est imprégnée d'une forte odeur de musc qui la rend fort désagréable à manger.

« Maintenant revenons sur l'ancien continent, dans la Tartarie et le Thibet. J'ai réservé, pour le dernier à examiner, comme le plus intéressant pour nos petits cultivateurs dans les contrées montagneuses, l'*yack,* ou *bœuf grognant,* car sa voix semble un grognement. Il se distingue par une queue garnie de longs poils, comme celle du cheval. Les Persans et les Turcs ont fait de ces queues les insignes des dignités militaires. On en porte deux ou trois devant les pachas de telle ou telle classe; les Chinois en ornent leurs bonnets d'été.

« En Europe on ne le connaissait, il y a au plus une vingtaine d'années, que par les récits et des dessins publiés par des voyageurs. On ne l'avait jamais vu en personne en France; son squelette, sa dépouille même manquaient encore à nos musées. Lord Derby, le premier, posséda un yack vivant dans sa magnifique ménagerie, à sa résidence de Knowsley. Cependant M. de Montigny, notre consul général en Chine, reçoit à Changhaï, sa résidence, un missionnaire français, M. Huc, qui arrive du Thibet (M. Huc a publié un récit fort intéressant de ses voyages). Il donne au consul des renseignements sur le bœuf grognant des Tartares, qui est à la fois pour ces peuples ce que sont pour nous le mouton, qui donne la chair et le vêtement; la vache, qui donne la chair et le lait; le cheval, ou plutôt, en raison de l'extrême sûreté de son pied, le mulet, qui tire, et qui porte, et que l'on monte. Notre généreux et dévoué consul confie à des agents babiles le soin de se procurer d'abord une paire, puis douze individus. On leur fait traverser l'énorme distance qui sépare le Thibet de Changhaï. Les yacks n'étaient pas moins inconnus dans cette Chine dont ils traversent toute la largeur que dans notre Occident. « Ce sont des bœufs européens, des *bœufs barbares,* » disaient les Chinois, qui venaient en foule au consulat voir ces étranges bœufs à poils de chèvre et à queue de cheval.

« M. de Montigny, qui ne doit retourner en France que dans quelques mois, garde tout ce temps le troupeau à Changhaï, parce qu'il veut présider lui-même à la traversée. Il s'embarque avec eux par la route du Cap; des avaries survenues au navire le retiennent cinq mois aux îles Açores. Enfin, plus d'un an après leur départ du Thibet, les pauvres animaux sont installés à Paris, le 1er avril 1854, dans les parcs de la ménagerie du Muséum. On avait perdu, aux Açores, un taureau; mais une naissance avait compensé cette perte. Le troupeau, en partant de Chine, comptait douze têtes, le consul a la satisfaction d'avoir amené douze têtes à Paris. Quatre gardiens chinois qui les ont accompagnées ne sont pas moins fêtés que le précieux bétail par la population parisienne. On s'empresse d'accourir à ce nouveau spectacle.

« Un de nos peintres les plus célèbres, Mlle Rosa Bonheur, est invitée à venir *portraire* les nouveaux arrivants. Elle s'en acquitte avec son talent ordinaire, et fait don à la Société d'acclimatation d'un magnifique dessin qui figure aujourd'hui dans la salle des séances. L'un de ses frères, M. Isidore Bonheur, a modelé fort habilement l'un des taureaux.

« Voici les détails donnés par Isidore Geoffroy, qui a dirigé l'acclimatation. « Le troupeau se compose de cinq individus mâles et

L'Yack.

« sept femelles. Une de celles-ci était une hybride née du croise-
« ment, soit d'un taureau ordinaire, soit d'un zébu avec une vache
« yack. Quatre de ces individus, trois de race pure et la femelle
« métis, sont armés de cornes peu différentes de celles de plusieurs
« de nos races bovines, mais implantées plus haut et plus en arrière.
« Ces quatre individus sont blancs. Parmi les huit dépourvus de
« cornes, quatre sont blancs et quatre noirs. Tous sont de petite
« taille, surtout les vaches, dont les dimensions se rapprochent de
« celles de notre petite race bretonne. Leur tête et leurs membres
« sont plus courts, leur corps proportionnellement un peu plus long
« que chez la vache ordinaire. Leur croupe est arrondie et rappelle
« un peu celle du cheval. Leur queue est fournie de crins très longs
« et beaucoup plus abondants, mais moins résistants que ceux du
« cheval, à la queue duquel celle de l'yack a toujours été comparée.
« Les poils de la queue, si longs qu'ils fussent, l'étaient cependant
« moins lors de l'arrivée du troupeau qu'on ne les voit dans les

« figures d'yack antérieurement publiées. Il en était de même des
« poils du corps, à l'exception de ceux très longs qui tombent des
« flancs, de la partie inférieure du ventre, et du col et du haut
« des membres. En général les poils de l'yack sont droits, ou peu
« contournés, sans souplesse, un peu brillants et comparables à
« ceux des chiens à longs poils droits. Quant aux jeunes animaux,
« ils étaient couverts de poils frisés et laineux à tel point que
« beaucoup de personnes les prenaient pour des moutons. »

« Le troupeau parut, dans les premiers temps, souffrir beaucoup
de la chaleur; on était aux premiers jours du printemps. Dès que le
thermomètre montait à douze ou quinze degrés centigrades, les animaux étaient haletants et ne se déplaçaient guère que pour chercher,
à défaut de l'ombrage des arbres, encore dépourvus de feuilles, celle
de leur cabane. On s'empressa, par prudence, d'en répartir un certain nombre dans diverses localités plus froides et montagneuses, en
Auvergne, dans le Puy-de-Dôme et le Cantal, dans les Alpes du Dauphiné, notamment à la Grande-Chartreuse et près de Grenoble dans
les basses Alpes, etc.

« Ceux qu'on garda au Muséum n'en ont pas moins supporté
vaillamment, grâce aux soins éclairés du directeur, les chaleurs
des étés parisiens. Au commencement de 1857, M. de Quatrefages
était déjà fondé à dire : « Au jardin des Plantes, de même qu'à
« Changhaï, ces enfants du Thibet se trouvent comme chez eux. »

« Le changement le plus notable qui s'est opéré dans ces animaux,
qu'on peut désormais dire *acclimatés* en France, est celui-ci : « Au
« Thibet, pendant l'hiver, l'yack porte, sous ses longs poils, comme
« les chèvres du même pays, un duvet laineux d'une grande finesse.
« On peut voir, dans les collections de la Société d'acclimatation,
« des échantillons de ce *cachemire d'yack,* donnés à elle, par M. de
« Montigny, lors de l'arrivée du troupeau. Ce duvet a rapidement
« diminué d'hiver en hiver, depuis que les animaux ont quitté leur
« patrie; il n'en reste plus aujourd'hui (Isidore Geoffroy écrivait ceci
« en 1861), que des vestiges. »

« L'yack a également bien réussi dans divers riches établissements
situés hors Paris. Il est désormais acquis pour la France. Il est acclimaté. Reste à le faire adopter par les cultivateurs pauvres, à qui on
l'a destiné. Cette adoption est-elle probable et d'un grand avantage?
L'avenir le dira. »

CHAPITRE V

Chameau. — Dromadaire. — Éléphant.

« Je dirai adieu à notre bœuf et autres espèces qui appartiennent au même genre, le genre bœuf comme disent les naturalistes, en citant ces paroles d'un écrivain moderne : « Ce fut un grand événe-
« ment dans la société primitive que la conquête du taureau, et dont
« on parla bien longtemps. Le chien fut pour beaucoup dans cette
« victoire importante de l'homme sur la brute; l'histoire ne l'a pas
« dit assez... Du jour où le taureau docile accepta le servage, la
« société transita de sauvagerie en état confortable, pas immense!
« et la reconnaissance du monde, dont la nourriture fut moins pré-
« caire, éleva des autels aux dompteurs du taureau, aux inventeurs
« de la charrue. L'Égypte bâtit des temples au bœuf Apis comme
« au chien Anubis. La Grèce, sage imitatrice de l'Égypte, admit
« Bacchus et Triptolème au rang des dieux, et fit une place bril-
« lante au chien et au taureau parmi les constellations de son ciel. »
— Mon fils, je voudrais vous entendre parler du chameau, dont Buffon regardait l'acclimatation comme possible et utile en France.
« — En réunissant sous un seul point de vue, a-t-il dit, toutes
« les qualités de cet animal et tous les avantages que l'on en tire, on
« ne pourra s'empêcher de le reconnaître pour la plus utile et la plus
« précieuse de toutes les créatures subordonnées à l'homme; l'or et
« la soie ne sont pas les vraies richesses de l'Orient; *c'est le chameau*
« *qui est le trésor de l'Asie.* »

« Le pied du chameau, quoiqu'à deux doigts, n'est pas un pied *fourchu* proprement dit, comme celui du bœuf; les doigts, réunis en dessous par une semelle cornée qui garnit la plante postérieure, sont séparés au bout, et chacun a un onglon assez court et crochu. Ce pied résiste à la marche en pays plat et sec; un sol humide ou pierreux ne lui convient pas. Le chameau a trente-quatre dents, savoir : deux incisives supérieures et six inférieures; deux laniaires courtes à chaque mâchoire, douze molaires en haut, et six en bas. Sa lèvre supérieure est fendue comme celle des lièvres, point de mufle qui sécrète une rosée comme chez le bœuf; pour narines deux fentes longues et étroites qui peuvent à volonté se fermer complètement et ne point admettre la poussière des sables. La conque de l'oreille est peu développée. La pupille est allongée horizontalement. Sur le dos deux bosses ou loupes graisseuses forment une réserve de graisse qui s'épuise et laisse la peau flasque à la suite de longs jeûnes, mais qui, rentrant dans la circulation générale, permet à l'animal de les supporter. Outre les quatre estomacs des ruminants, les parois de la panse sont pourvues d'un appareil spécial de grands amas de cellules cubiques disposées d'une manière assez régulière. C'est un réservoir contenant une certaine quantité de liquide. On suppose généralement que c'est l'eau que l'animal a absorbée comme boisson; mais il y a lieu de croire que c'est un liquide sécrété par l'appareil lui - même. Portant dans son intérieur une provision de graisse et une provision de liquide, c'est de tous les animaux celui qui peut résister le plus longtemps à une privation d'aliments de dix et même douze jours. Le cou est très long et courbé en S. La taille moyenne est de deux mètres à deux mètres vingt centimètres de hauteur prise au garrot.

« L'ouïe, la vue, l'odorat sont d'une grande délicatesse : dans le désert, le chameau sent un filet d'eau, un puits à plusieurs kilomètres de distance. Il a beaucoup de mémoire, et pour l'intelligence se place à un rang bien supérieur à celui des autres ruminants. Bête de somme, on lui apprend à se coucher pour être chargé et déchargé plus commodément. On l'habitue au trait; il devient un excellent coursier. On en voit porter jusqu'à six cents kilogrammes. On estime que l'animal de force ordinaire porte de quatre à cinq cents kilogrammes. En caravane la charge n'est généralement que de trois cents, et la journée de marche ne dépasse pas cinquante kilomètres.

Sobriété poussée à l'excès, force grande et docilité, comme tout cela justifie bien son surnom de *vaisseau du désert !*

« Outre son travail il fournit sa chair, qui, sans être excellente, est mangeable, surtout celle des jeunes. Le lait de la chamelle est bon et très abondant si on la nourrit bien. Le poil est de deux qualités : l'une grossière dont les peuples nomades font l'étoffe de leurs tentes, l'autre plus fine et dont nos industriels français se sont servis

Chameau de Bactriane.

récemment pour des essais de tissus légers et aussi de draps remarquables par leur imperméabilité. La couleur du pelage est d'un brun marron foncé, presque crépu sur les bosses, ras et lisse sur le reste du corps ; au-dessous du cou, il forme de longues mèches qui pendent comme autant de fanons.

« Tel est le chameau *bactrien,* de l'ancienne Bactriane, aujourd'hui le Turkestan, la patrie, selon Aristote et Pline, où l'on prétend le retrouver encore à l'état primitif et sauvage, ainsi que dans le Thibet. Quelques savants, dans ces rares chameaux qui errent loin de la demeure de l'homme, ne consentent à voir que la descendance d'animaux qui ont passé par la domestication, et à qui certaines peuplades tartares ont donné la liberté en vertu d'idées religieuses qui leur imposent ce devoir dans les circonstances solennelles.

— Cet usage, Monsieur, donnerait à réfléchir sur ce qu'on dit du *tarpan* ou cheval primitif sauvage. Le cas est peut-être le même que pour le chameau.

— C'est une question à soumettre à plus érudit que moi. La domestication du chameau est sans date connue. Il est aujourd'hui répandu presque dans toute l'Asie, à partir de l'Arabie et de l'Asie Mineure jusqu'au lac Baïkal, supportant également au midi des chaleurs torrides, et au nord des froids très rigoureux.

« Une seconde espèce, dont le principal caractère distinctif est de n'avoir qu'une seule bosse, est le *dromadaire*.

« Isidore Geoffroy, qui a étudié à fond les origines, refuse de lui reconnaître, comme on l'a voulu récemment, l'Afrique pour patrie. « Il est, dit-il, du sud-ouest de l'Asie, particulièrement de l'Arabie, « où on ne le trouve plus, il est vrai, dans l'état de nature, mais où « son existence est indubitablement très ancienne. » Aristote et Pline l'appellent le *chameau des Arabes*. Il a les formes moins massives que le chameau bactrien, et il en existe des races qui diffèrent de taille et de nature de pelage; les unes sont presque nues, d'autres entièrement couvertes de poils longs et soyeux. La couleur varie du brun très foncé jusqu'au blanc. Le dromadaire de course, que les Arabes et les Égyptiens appellent *mehari*, et les gens du Maroc *hïerie*, est d'une rapidité extrême, et pour une traite de quelques jours supérieur au meilleur cheval. Le général français Carbuccia, dans un rapport assez récent à l'Académie des sciences, dit que le mehari marche d'un trot allongé qu'il peut maintenir douze heures. Il parcourt de la sorte quarante et même soixante lieues par jour, et cela pendant plusieurs jours de suite.

« Bien que son aspect n'ait rien de belliqueux, le dromadaire a figuré très honorablement dans les guerres de l'antiquité, et même aussi le chameau bactrien, mais ce dernier dans la Bactriane seulement. Sémiramis partant pour son expédition de l'Inde, nous apprend Ctésias, comptait dans son armée cent mille dromadaires que montaient des guerriers armés d'épées de quatre coudées de longueur. Cyrus en avait aussi à la bataille de Thymbrée, chacun monté par deux Arabes dos à dos; ils lui furent utiles pour effrayer la cavalerie de Crésus, qui cependant en avait aussi dans son armée, s'il nous faut en croire Frontin. Xerxès marchant contre la Grèce en avait un grand nombre que montaient des lanciers. Antiochus en emmena

quelques-uns à la bataille de Magnésie : c'est la première fois que le
dromadaire figure dans l'histoire des guerres des Romains. Ils en
rencontrèrent ensuite dans les armées de Mithridate, et plus tard, du
temps de Caracalla et de Macrin, dans celles des Parthes ; mais cette
fois le dromadaire portait l'homme revêtu d'une armure complète.
Au vie siècle il figure dans deux batailles en Afrique, racontées par

Dromadaires.

Procope : l'une qui eut lieu aux environs de Tripoli, l'autre près de
Mamma, où les Maures déployèrent au front de leur armée jusqu'à
douze rangs de dromadaires.

« Les Persans l'emploient aujourd'hui à porter de petites pièces
d'artillerie qu'ils appellent *sambouraks*. Un animal porte la pièce,
qui est à pivot mobile, et deux hommes ; un second porte aussi
deux hommes et le caisson. On en a vu beaucoup dans leurs dernières guerres contre les Russes. Dans la campagne d'Égypte, le
général Bonaparte, par un arrêté du 9 janvier 1799, ordonna la for-
mation d'un *régiment de dromadaires*. Chaque animal portait des
vivres et de l'eau pour cinq à six jours ; il était monté par deux
hommes placés dos à dos et armés d'un fusil de dragon avec baïonnette et d'un sabre de hussard. Les officiers étaient armés de pisto-

lets et munis d'une boussole pour se diriger dans le désert. L'uniforme de grande tenue consistait en pantalon rouge, dolman bleu de ciel, bottes à la hussarde, turban blanc surmonté d'un haut panache jaune, et une ample dalmatique écarlate, sans collet et sans manches, fixée sur la poitrine par deux rangs de brandebourgs.

« Aujourd'hui que l'on s'occupe chaleureusement d'acclimatation, un érudit, M. Dareste, dans un rapport à l'Académie des sciences, rappelle avec bonheur que du ve au vi^e siècle les barbares ont introduit plusieurs fois le chameau bactrien en Europe. De la partie orientale ils se sont même répandus jusque dans notre occident. Ils paraissent ne pas avoir été rares en France à l'époque mérovingienne; on les employait comme bêtes de somme. Entre autres exemples, la reine Brunehaut, après avoir été soumise à divers tourments, dit la chronique de Frédégaire, fut, par ordre de Clotaire II, promenée sur un *chameau* dans les rangs de l'armée avant d'être attachée à la queue du cheval qui devait la mettre en lambeaux.

« Outre les classiques dromadaires qui depuis un demi-siècle travaillent comme moteurs d'un manège, nous voyons depuis peu, dans le midi de la France, quelques propriétaires de salines substituer le dromadaire pour le transport du sel et des fardeaux de tous genres. Dans la province d'Huelva, en Espagne, son usage est maintenant général (il avait été commun dans toute la Péninsule, du temps des Maures). Il y laboure les terres, traîne les voitures et donne le mouvement à des moulins à huile. Voilà plus d'un siècle qu'aux environs de Pise, dans le domaine de l'État *San-Rossore,* il transporte le bois d'une forêt. Lors de notre expédition française en Morée pour la délivrance de la Grèce, quelques chameaux enlevés à l'armée turque sont restés dans le pays, et la race s'y entretient. Si nous passons en Amérique, nous voyons que le dromadaire, qu'on avait essayé d'introduire dans le xvie siècle au Pérou, dès 1701 en Virginie, et plus tard sur d'autres points de l'Amérique du Nord, à Venezuela et à la Jamaïque, existe présentement en Bolivie, à Cuba, aux États-Unis, au Brésil. Les États-Unis possèdent en outre le chameau à deux bosses.

— Monsieur, l'homme des temps anciens n'avait-il pas un serviteur plus robuste que les deux chameaux, bien autrement terrible à la guerre?

— Vous indiquez l'éléphant. Il continue à rendre de grands services dans l'Inde et dans certaines contrées de l'Afrique. Il existe deux espèces : l'une d'Asie, et l'autre d'Afrique. Elles ont en commun la trompe (nous y reviendrons), les pieds divisés en cinq doigts engagés dans la peau, et dont les ongles seulement sont apparents (quatre se comptent aux pieds de derrière de l'asiatique ; chez l'africain on n'en voit que trois). Deux *défenses* à la mâchoire supérieure (qui sont les incisives prolongées tellement en se recourbant en haut, qu'elles ne servent point à inciser les aliments). Elles ne sont remplacées qu'une fois. Point de dent lanières. Les molaires sont au nombre de deux ou quatre, tant en haut qu'en bas. Selon l'époque à laquelle on les examine, Coste prétend qu'elles se remplacent jusqu'à huit fois, se poussant d'arrière en avant, et non, comme celles de la plupart des animaux, de dessous en dessus. Les yeux, très petits et vifs, sont pourvus de trois paupières. Chez l'asiatique les oreilles sont courtes et collées contre la tête ; elles sont longues et pendantes chez l'africain. La peau est épaisse, calleuse, de couleur grisâtre, presque sans poil, sauf autour des yeux, sur la tête et au bout de la queue. Dans le royaume de Siam, l'homme honore d'une vénération superstitieuse l'éléphant blanc. La taille ordinaire de l'indien est de deux mètres à deux mètres quarante centimètres pour les femelles, et de deux mètres cinquante centimètres à trois mètres vingt centimètres pour les mâles. L'africain est plus petit. Un fort éléphant peut porter jusqu'à un millier de kilogrammes tout en faisant soixante-dix à quatre-vingt-dix kilomètres par jour. Quoique ses allures soient lourdes, sa marche devient rapide comparativement à celle d'animaux plus petits. Ainsi un cheval pourrait à peine le devancer. Pour le conduire, le *cornac* ou gardien s'assied sur son cou, et d'un bâton armé d'un crochet il touche l'oreille du côté où il veut le faire tourner.

« Revenons à la trompe, ce singulier organe. Elle consiste en un tube qui se continue avec les fosses nasales, et contient deux tuyaux (soit narines) revêtus d'une muqueuse toujours humide. Elle est formée dans sa plus grande longueur de faisceaux de muscles qui permettent à l'animal de l'allonger, la raccourcir, et la courber dans toutes les directions. Sa partie supérieure est pourvue d'une valvule (sorte de soupape) cartilagineuse et élastique, que l'animal ouvre et ferme à volonté, tandis que l'extrémité inférieure offre un appendice qui semble un doigt mobile dans tous les sens et qui peut saisir les objets les plus menus.

« Assez longue pour atteindre la terre ou les branches d'arbres, ce que l'animal ne pourrait faire avec sa bouche (ayant le cou trop court), elle cueille l'herbe et les feuilles, elle pompe l'eau et les lance dans la bouche. La trompe frappe comme massue. La trompe enlace un ennemi, le presse, l'étouffe, le brise, le jette en l'air, ou bien à terre pour que les pieds l'écrasent. La trompe, a dit Buffon, est un bras et une main.

— Le redoutable animal! dit la mère. Heureusement Dieu l'a créé le plus intelligent, et l'intelligence conduit à la bonté.

— Frédéric Cuvier le premier a renversé cette réputation usurpée. « Le trait caractéristique de son esprit, dit-il, est la prudence. Il « n'apprend rien qu'on ne puisse apprendre à un cheval. Si on a cru « apercevoir le contraire, c'est qu'on n'a point fait attention à la « différence des organes, qui le rend, pour certaines choses, supé- « rieur à ce dernier. Ce qui a sans doute donné lieu au préjugé « populaire en faveur des facultés intellectuelles de l'éléphant, c'est « la singulière gravité de sa physionomie et la saillie considérable « de son front; mais cette saillie est presque entièrement due au « développement des sinus frontaux. Le cerveau de l'éléphant est « plus petit que celui du cheval proportionnellement aux tailles « respectives de ces deux animaux. Au reste, il est d'un caractère « assez doux et docile, et s'attache à son gardien. »

— Mon fils, songez donc qu'il a pour lui des certificats signés par des écrivains honorables de l'antiquité.

— Dion Cassius, Pline, Suétone et Marc-Aurèle lui ont donné un diplôme de danseur de corde. Sous l'empereur Galba, « un éléphant « marcha sur une corde tendue et chargé d'un chevalier romain jus- « qu'au sommet du théâtre. » Le mérite ici n'est ni dans l'animal, ni surtout dans le personnage qui se met en scène avec lui; il est, selon moi, dans l'habileté du cordier qui a tissé la corde assez forte, et dans l'*impresario* qui a dirigé les préparatifs.

— Et l'éléphant, qui dans le calme de la nuit renonçait au sommeil et s'isolait de ses compagnons pour répéter le pas de ballet qu'on lui avait enseigné dans le jour! L'écolier studieux avait honte de sa maladressse et travaillait à se mettre en état d'éviter de nouvelles réprimandes.

— Chère mère, les deux frères Cuvier, Frédéric et le grand Georges, songez donc! deux princes de la science, prétendent que

Pline raconte un fait plus que douteux, qu'il n'a point vu de ses propres yeux. Quelque impresario, désireux de mettre en renommée son premier sujet de la danse éléphantine, aura imaginé ce *puff* drôlatique, sans se douter qu'il passerait à la postérité.

« Croyez-moi. J'ai de la bienveillance pour l'éléphant, et si j'amoindris sa capacité d'animal d'esprit, je vais relever son honneur de soldat. Après les princes de la science sont venus des écrivains qui

Éléphant labourant.

ont aussi jeté leur pierre à cette renommée mise à bas. « Il est cer-
« tain, a-t-on dit, que le courage de l'éléphant n'est nullement en
« rapport avec sa force prodigieuse, et ne peut se comparer à celui
« du cheval. Il suffira d'une preuve, c'est que jamais on n'a pu l'ac-
« coutumer à entendre la détonation d'une arme à feu sans prendre
« la fuite, et que depuis qu'on se sert de ces armes dans les ba-
« tailles, on a été obligé de renoncer à l'employer, si ce n'est pour
« porter les bagages. »

« Rien de plus inexact. Je serais tenté de dire : Ces écrivains peuvent-ils faire aussi cyniquement litière de la gloire de leur prochain! Mais chaque jour Calcutta et Bombay envoient à la chasse au tigre d'oisifs et hardis *gentlemen*, qui souvent sont arrivés de Londres

9

dans l'unique dessein de se livrer à ce périlleux délassement. Quel compagnon associent-ils de préférence à leur expédition ? L'éléphant, qui les reçoit sur son dos et marche bravement à l'ennemi ; l'éléphant, qui trépigne d'aise aux coups de carabine, et, si la balle s'égare ou est impuissante, enroule le tigre de sa terrible trompe et sauve la vie de son maladroit frère d'armes.

« Dans la guerre contre les cipayes révoltés, il a traîné des bagages, parce qu'il se prête, en bon camarade, à toute besogne, et que c'est à lui que l'on confie le plus lourd fardeau et aussi le plus précieux. Mais il traînait avec plus de complaisance, il traînait avec ivresse canons et caissons là où tonnait le feu le plus épouvantable. N'ayez peur que les officiers anglais songent à se séparer de lui, qui a pris si souvent sa part du danger sans réclamer jamais insignes ou pensions : l'Anglais s'entend trop bien à la spéculation.

« Je reconnais toutefois que, par suite de certaines causes indépendantes de lui, croyez-le bien, il n'est plus ce qu'il fut autrefois dans le système militaire, le nerf de la guerre, ainsi que le raconte le général Armandi dans son livre si plein d'intérêt : *Histoire militaire des éléphants.* « D'après un dictionnaire scientifique indien, « nous dit-il, la section élémentaire des anciennes armées indiennes « était ainsi composée : un éléphant, un char de guerre, trois cava- « liers, cinq fantassins. Chaque éléphant devait être monté par « quatre hommes, et chaque char par deux, en sorte que cette es- « pèce d'escouade comprenait quatorze hommes, cinq chevaux et « un éléphant. Les mêmes bases sont établies dans le *Mahabharat,* « recueil d'anciens poèmes, où on lit qu'une grande armée, ou, « comme nous dirions aujourd'hui, une armée modèle, devait se « composer de cent neuf mille trois cent cinquante fantassins, « soixante-cinq mille six cent dix cavaliers, vingt et un mille « huit cent soixante-dix chars et vingt et un mille huit cent « soixante-dix éléphants, proportion identique avec la précédente, « et qui est contemporaine des plus anciennes traditions militaires « de l'Inde. »

« Parmi les sultans mogols des XVIe et XVIIe siècles, il y en eut qui entretinrent de six mille à douze mille éléphants ; et l'on en comptait ordinairement de cinq mille à six mille dans les cours de Siam et de Pegu. Tippo-Saïb possédait encore sept cents éléphants en 1784, malgré les pertes causées par la guerre qu'il venait de soutenir contre les Anglais.

« L'éléphant a associé sa gloire à celle d'Annibal, en franchissant les Alpes. Si Carthage n'eût pas été condamnée d'avance par les destins, c'est par sa trompe uniquement qu'elle eût pu être sauvée. Plus tard, l'éléphant fut appelé à jouer un rôle dans la diplomatie. En l'année 802 ou 803, lorsqu'un éléphant favori du calife Aaroun s'en vint de Bagdad présenter des lettres de créance à l'empereur Charlemagne, en son palais d'Aix-la-Chapelle, il excita à juste titre l'admiration du puissant monarque et de toute sa cour. Le glorieux animal qui servit d'intermédiaire entre le héros de l'islamisme et le héros de la chrétienté, avait reçu de son maître le glorieux nom d'Aboul-Abbas, c'est-à-dire le propre nom du premier calife de la dynastie des Abbassides. Il vécut de huit à neuf ans en Allemagne, choyé comme s'il eût été le calife en personne. Sa mort, qui eut lieu à Lippenheim, fut le signal d'un deuil public, et enregistrée officiellement dans les annales de l'Empire.

« Quelques siècles après, en 1514, le pape Léon X reçut la visite d'un éléphant du nom d'Hamon, celui-ci un *bébé* de quatre ans, d'une taille magnifique pour son âge. Il se présentait à Sa Sainteté de la part d'Emmanuel, roi de Portugal, qui l'avait fait venir exprès de l'Inde ; il excita l'enthousiasme des Romains et alluma la verve des poètes, qui le chantèrent en latin et en italien. Il est de mode aujourd'hui de fouiller les archives de Venise pour y retrouver les rapports secrets de ses ambassadeurs sur la chronique des cours étrangères où ils ont vécu en observateurs. Ils ont donné le récit de la mort d'Hamon, leur collègue à la cour pontificale.

« Vous saviez que le pape possédait un grand animal que l'on « nommait éléphant, dont il faisait grand cas. L'animal tombe ma- « lade, les médecins sont appelés. Ils examinent l'urine et admi- « nistrent un purgatif qui coûte cent pièces d'or... et cependant, en « définitive, l'éléphant trépasse. Grande désolation chez les poètes « et dans le monde brillant de Rome. Et, en effet, c'était un animal « prodigieux, ayant un nez d'une longueur interminable. Lorsqu'il « parut pour la première fois devant le pape, il fit des génu- « flexions et cria trois fois d'une voix formidable : *Bar! bar! bar!* » Ici le rapporteur est en défaut, il a visé évidemment à l'effet. Le cri de l'éléphant, et surtout d'un jeune de quatre ans, n'est qu'un maigre fausset : c'est le seul défaut que je connaisse à ce noble animal.

« Aujourd'hui vous pouvez le voir chez les planteurs de l'Inde et de la colonie du Cap cultiver avec eux la canne à sucre. Devenu le soldat laboureur et diplomate, il revêt un harnais qui s'attache à ses puissantes défenses (on cite telle de ces dents du plus précieux ivoire qui pèse jusqu'à soixante-quatorze kilog.) La charrue qu'il remorque ouvre non point un sillon, mais la tranchée que réclame cette culture.

« Il résulte d'un rapport au parlement anglais que de 1788 à 1798, en dix ans de temps, on avait importé dans la Grande-Bretagne plus de trente mille défenses d'éléphant. Ajoutons à ce nombre toutes celles qui, pendant le même laps de temps, auront été portées sur les autres marchés du globe, « et nous resterons peut-être « en deçà de la vérité, dit Armandi, en calculant qu'il y a eu par « année une consommation moyenne de trois à quatre mille élé-« phants. » Aussi l'espèce tend-elle considérablement à diminuer.

— Ne peut-on, Monsieur, remédier à cela en organisant une reproduction abondante ?

— Une opinion générale s'est établie chez les naturalistes, que l'éléphant ne se reproduit pas en captivité. Cependant on a eu des naissances au Muséum de Paris. Les peuples habitants de sa patrie conservent l'antique usage d'aller le chercher dans les forêts, où ils le laissent grandir à l'état sauvage et arriver à l'âge adulte. La chasse en est facile, on l'attire dans une enceinte, comme nous avons vu les gauchos attirer l'*alzado* dans le *coral*. Là deux éléphants apprivoisés l'entourent, et, sous la direction de leurs cornacs, se chargent de son éducation en le corrigeant à coups de trompe; six mois au plus suffisent pour le ranger au devoir. Ce mode de recrutement est plus économique que l'élevage chez un maître, qui serait long et coûteux, vu que l'éléphant qui, au service de l'homme, vit cent trente ans (et tout fait présumer qu'il vivrait jusqu'à deux cents), n'atteint son développement qu'à l'âge de quinze et vingt ans. Quand les forêts viendront à se trop dépeupler, l'esprit persévérant des Anglais avisera, n'en doutez point, à une reproduction méthodique. M. Coste, qui a dirigé longtemps les éléphants de la compagnie anglaise dans l'Inde, lesquels relèvent aujourd'hui du gouvernement, a réussi très bien à les faire produire. L'éléphant est appelé à passer, quand les conditions du pays changeront et quand le calcul économique le voudra, à l'état de bétail.

« Nous avons achevé la revue des serviteurs les plus éminents de l'homme : ceux qu'Isidore Geoffroy qualifie à juste titre d'*auxiliaires;* ceux dont la force vient à son secours et lui épargne la plus rude part de la besogne ; ceux qui engagent leur personne à côté de la sienne dans la paix et aussi dans la guerre : nous passerons demain à d'autres serviteurs d'un ordre plus modeste. »

CHAPITRE VI

LA BERGERIE

Mouflon. — Argali. — Mouton. — Mérinos. — Races anglaises. — Ægagre.
Chèvre commune. — Chèvre du Thibet. — Chèvre d'Angora.

« Le genre *mouton* et le genre *chèvre*, qui font partie de l'ordre des animaux *ruminants*, diffèrent peu l'un de l'autre. Leur croisement produit même des hybrides féconds, si bien qu'on n'a pu, jusqu'à présent, trouver entre eux un caractère différentiel précis et constant. Cuvier se borne à assigner au genre mouton des cornes dirigées en arrière, plus ou moins contournées en spirale, ridées en travers; le chanfrein généralement arqué, le menton dépourvu de barbe, les membres grêles; la femelle est appelée *brebis;* le *bélier* est l'animal réservé pour reproducteur ; les autres sont *moutons;* les petits se nomment *agnelles* ou *agneaux* pour la première année, et *antennois* au-dessus d'un an.

La domesticité de ces deux genres remonte, en Orient, à la plus haute antiquité. La Genèse, dès ses premières pages, parle du mouton; bientôt après, de la chèvre. Tous deux sont mentionnés dans les livres religieux de l'Inde et représentés par les monuments d'Égypte. Le mouton est de plus cité dans un ancien livre chinois. « En sorte, conclut Isidore Geoffroy, que dès les temps les plus « anciens auxquels il soit possible de remonter, la chèvre se trouve « répandue de l'Égypte à l'Inde, et le mouton dans tout l'Orient, la « Chine comprise. » Il rappelle que de nos jours une race de chèvre « égyptienne présente et même exagère parfois les caractères du genre mouton, et que d'autres races ont des oreilles pendantes. Il ne trouve pas une seule raison zoologigue suffisante pour voir la souche de notre mouton dans le *mouflon* de Corse, plutôt que dans les autres espèces sauvages : le *mouflon* d'Afrique, ou *l'argali* d'Asie. Quant au *mouflon* des montagnes Rocheuses, on suppose qu'il a pu émigrer sur les glaces de Sibérie, dans les contrées boréales du nouveau continent.

« Le mouton a trente-deux dents, savoir : huit incisives à la mâchoire inférieure, point à la supérieure, et à chacune des deux douze molaires. Le museau se termine par des narines de forme allongée; point de mufle. Pour saisir les aliments secs, le mouton se sert de sa langue moins que le bœuf, mais de sa lèvre supérieure comme le cheval. Au pâturage il pince l'herbe entre le bourrelet charnu de la mâchoire supérieure et les incisives placées à l'inférieure, et la coupe très près de la racine, tellement qu'il ne reste plus rien pour un animal qui viendrait après lui. L'oreille est pendante; le palais est souvent marbré de gris ou de noir.

— Monsieur, j'ai remarqué qu'un bélier tout blanc, mais qui avait la marbrure au palais ou à la langue, donnait souvent des agneaux à pelage tacheté.

— La queue, dans certaines races d'Orient et du nord de l'Afrique, se charge de loupes graisseuses d'un volume souvent très considérable; elle peut peser jusqu'à quinze et vingt kilogrammes.

— Il me souvient, dit la mère, d'avoir lu dans des voyageurs qu'on attachait derrière l'animal un petit chariot qui servait à la supporter.

— Les mamelles, plus volumineuses que celles de la jument, portent chacune un seul mamelon; le genou, sec et porté en arrière, donne au membre antérieur une apparence brisée; le pied est fourchu comme celui du bœuf; la couronne, la partie du paturon au bord du sabot, présente au-dessus du sillon qui sépare les deux onglons une petite fossette ou rentrée de la peau, par laquelle suinte un liquide, une sorte de sueur. Le mouton peut vivre de douze à quinze ans.

— Je me garderais bien, Monsieur, de le laisser parvenir à cette vieillesse.

— Aucun savant ne vous le conseillera. La fourrure du mouton se compose d'un peu de poil ou *jarre,* mais essentiellement de laine. Dans certaines contrées le jarre devient quelquefois assez long pour

couvrir entièrement la laine; et lorsque, dans la première partie de
l'été, cette laine tombe, la couverture de jarre reste pour protéger
l'animal. Dans d'autres, le jarre, moins abondant, est mélangé avec
la laine, dont il diminue la valeur commerciale, car il est impropre
à la filature et au tissage. Pendant longtemps la laine a été considérée comme le produit principal à obtenir du mouton; les idées ont
changé aujourd'hui.

« Avant la révolution qui s'opère en ce moment dans nos berge-

Chèvres et moutons.

ries, on avait essayé l'introduction de diverses races appartenant
aux régions les plus lointaines et aux climats les plus divers : la race
indienne, importée par les Hollandais et existante encore en France
sous le nom de moutons flandrins (cet animal a la taille haute, la
laine fine et longue; il n'a pas de cornes, et les brebis donnent plus
d'agneaux que dans les autres races); la race candiote, établie en
Bohême, portant une laine ondulée, les cornes droites tournées en
spirale et percées d'une gouttière; la race africaine, sans cornes, à
front busqué, à taille saillante par derrière, portant un fanon comme
le cerf (elle a donné plus de poil que de laine).

« Cependant la véritable introduction à opérer était indiquée par
la supériorité de la laine de notre race roussillonnaise. Le Roussillon avait appartenu à l'Espagne et avait eu sa part dans les améliorations des troupeaux espagnols, dues aux soins de don Pedro IV,

vers le milieu du xive siècle, et du cardinal Ximenès dans le siècle
suivant. L'Espagne avait fourni aux Romains, pour leurs étoffes de
luxe, les belles laines de l'Andalousie; du temps des Maures, l'Andalousie avait fabriqué elle-même, avec la tonte de ses troupeaux,
les plus belles étoffes connues; enfin, durant les trois derniers
siècles, après que l'industrie manufacturière eut péri en Espagne,
on continua à vanter dans l'Europe entière la laine de ses troupeaux
trans-les-monts. Une association, la *merta*, avait obtenu du gouvernement des privilèges considérables, et se consacrait à la multiplication d'immenses troupeaux *mérinos* (le mot espagnol *merino* signifie
errant), qui, partant du sud-ouest, se dirigeaient les uns à l'est et
les autres au nord, au grand profit des actionnaires de la *merta*,
exploitateurs du monopole d'utiliser ainsi des pâturages en des localités d'un accès difficile, et que le faucheur ne pourrait atteindre.

— J'ai lu, dit la mère, que nous avons aussi en France un exemple
de troupeaux errants, qui passent l'hiver dans un pâturage de contrées chaudes, et vont l'été consommer l'herbe de quelques hautes
et lointaines montagnes.

— Nos départements des hautes et basses Alpes nourrissent, du
printemps à l'automne, quatre cent mille moutons, qui pendant
l'hiver végètent dans les plaines de la Crau et de la Camargue.
Divisés en troupeaux d'environ deux mille bêtes, et en tête les béliers,
qui portent une clochette, ils font environ trois à quatre lieues par
jour; encore leur marche est-elle interrompue par une station. Mais
le mouton *errant* de France n'a pas acquis la renommée du *merino*
espagnol, renommée qui était universelle. Quelle laine égalerait en
finesse celle du *merino* du royaume de Léon? On crut longtemps la
rivalité impossible.

« Vers l'an 1666, Colbert essaya d'introduire sur notre sol le précieux pèlerin; la science de l'élevage était peu avancée, elle échoua.
Un siècle après, en 1766, Trudaine s'adressa au naturaliste Daubenton, qui obtint un succès officiel à la bergerie de Montbard, en
Bourgogne. « Dans ce canton un peu montueux, dit-il dans son livre
« *Instructions pour les bergers,* j'eus des béliers et des brebis du
« Roussillon, de Flandre, d'Angleterre, du Maroc, du Thibet et
« d'Espagne, et aussi de la race d'Auxois, qui est le pays où la
« bergerie est située. J'ai allié sept races entre elles, pour obtenir
« d'autres races métisses, et pour connaître à quel degré elles influe-

« raient les unes sur les autres relativement à l'amélioration des
« laines. Par ces expériences, suivies avec les plus grandes pré-
« cautions, pour qu'il n'y ait point d'équivoque, j'ai amené toutes
« les races de ma bergerie au degré de finesse de la laine d'Es-
« pagne, sans tirer de nouveaux béliers de ce pays, ni du Rous-
« sillon. Je ne construisis point d'étables; je tins tous ces animaux
« en plein air, nuit et jour, pendant toute l'année, sans aucun abri. »

« Je dois ne pas passer sous silence l'essai moins connu d'un

Mouflon.

magistrat agronome, Latour d'Aigues, qui, quelque dix ans auparavant, en 1757, après un essai peu heureux du croisement d'un
bélier d'Afrique avec nos races indigènes, avait eu l'habileté de se
procurer des béliers d'Espagne (l'exportation était sévèrement pro-
hibée), et s'était formé un troupeau de finesse remarquable.

« Dans le cours de ses expériences, Daubenton avait reçu, en 1776,
un troupeau de deux cents brebis et béliers de race pure de Léon
et de Ségovie, que le roi Louis XVI avait obtenu du roi d'Espagne.
En 1786, par un traité avec l'Espagne, il s'en procura un autre de
trois cent soixante-sept têtes, de premier choix. C'est la souche
du troupeau de Rambouillet. En témoignage de ses dispositions
bienveillantes pour l'agriculture, il fit graver sur la porte d'entrée
de l'établissement l'inscription latine qui s'y lit encore aujourd'hui.

Curat oves oviumque pastores.
Il veille sur les brebis et aussi sur les bergers.

« En 1799, la République française, par un article du traité de Bâle, exigea de l'Espagne cinq mille cinq cents brebis et béliers choisis dans les plus beaux troupeaux. Elle s'en servit pour former six établissements modèles à l'instar de celui de Rambouillet. Napoléon continua à en introduire encore bien davantage, et Rambouillet eut alors jusqu'à soixante succursales où l'on pouvait *gratis* se procurer des béliers espagnols. Comme importation des plus remarquables, alors que par la guerre les portes de l'Espagne nous furent ouvertes, on a cité celles opérées par le duc de Montebello, par le général Solignac : un troupeau qui fit l'ornement de la Malmaison, séjour favori de l'impératrice Joséphine, et dont une portion fut remise, en 1815, à M. de Vitrolles, et enfin une petite traite choisie par M. Ponce de Niort, laquelle, acquise par M. Girod et conduite à Naz, y est devenue la souche du troupeau français le plus remarquable par la finesse de sa laine.

« Ce fut pour nos cultivateurs, dit Français de Nantes, la source
« de bénéfices prodigieux. Le poids des toisons des bêtes espagnoles
« étant double de celle des bêtes communes, et la valeur de la laine
« étant aussi double, il en résultait que le revenu d'une seule bête
« exotique équivalait à celui de quatre bêtes indigènes, les frais de
« nourriture et de garde demeurant les mêmes. »

« La race mérine a pour signalement : taille moyenne, corps ramassé, tête grosse, chanfrein arqué, cornes en rouleau, jambes courtes, garrot saillant, dos ensellé, laine fine, frisée, courte, élastique, fortement chargée de suint, peau fine, rose, ample et formant dans beaucoup d'individus des fanons au cou, sur les épaules et sur les cuisses.

« Nos mérinos de race pure acclimatée de Naz et de Rambouillet viennent immédiatement après les meilleurs d'Espagne; à côté des nôtres se placent ceux d'une sous-race espagnole, qui s'est formée dans quelques grands établissements de la Prusse et de l'Autriche; mais la plus belle laine entre toutes les laines est en ce moment celle fournie dans le royaume de Saxe par la race dite *électorale*, parce qu'elle y fut importée, en 1765, par le souverain, qui n'avait alors que le titre d'électeur. Il est remarquable qu'aujourd'hui les troupeaux d'Espagne ont besoin, pour maintenir leur vieille réputation, de recourir de temps en temps à l'importation de béliers de choix achetés à la Saxe. Nous remarquerons qu'à l'étranger le mérino ne s'est bien entretenu et conservé qu'avec de bons abris et le système de demi-stabulation, et non en plein air en toute saison, comme Daubenton l'avait entrepris.

« De leur côté, cependant, que faisaient les Anglais, ces hardis novateurs en toute industrie? Dans les premières années du siècle, Georges IV avait appelé le mérino dans ses domaines; l'aristocratie avait imité l'exemple. Une société puissante s'était formée sous la présidence de J. Banks; elle comptait des comices provinciaux

Mouton mérinos.

presque autant que l'Angleterre de districts. Vains efforts. Les animaux réclamaient des soins trop coûteux pour lutter contre les temps pluvieux et les longs hivers. La Providence vint en aide aux Anglais d'une autre manière.

« En 1799, des baleiniers anglais pêchant dans les mers du Sud capturèrent un navire espagnol qui conduisait au Pérou trente bêtes mérinos de pure race, et choisis parmi les plus beaux troupeaux d'Espagne. Ce précieux butin fut débarqué sur le sol de l'Australie, et a formé un noyau sur lequel sont venues se greffer successivement les races les plus renommées de l'Europe : le mérino électoral, le mérino de Naz, de Rambouillet, etc. Chaque année les navires anglais importent quelques béliers achetés sur les marchés d'Europe aux prix les plus élevés, plusieurs milliers de francs pour une tête. On a agi de même pour les colonies d'Afrique.

« Dès lors l'Angleterre eut ses fabriques de laine extra-fine au dehors, laine qui approcha beaucoup de la laine électorale, et demanda de la chair avant tout à ses races indigènes. Elle s'appliqua à produire la viande de mouton de première catégorie et précoce. L'éleveur Bakewell s'était engagé dans cette voie depuis l'an 1755. Il opéra sur une race du comté de Leicester, et produisit la sous-race *Dishley*, du nom de sa ferme. Ses imitateurs produisirent la sous-race *New-Kent*, dans une race du comté de Kent, puis la race *Cotswold*. On donna de la taille à la race *Cheviot*, une petite race des montagnes, et aussi à la race *South-down*. Or il arriva que, tout en prenant des formes plus avantageuses pour la boucherie, la laine de ces races, qui recevaient des soins particuliers, s'affina quelque peu. Les industriels imaginèrent de l'employer; elle était longue et ne pouvait se traiter par les machines inventées pour traiter la laine courte du mérino pur et de ses métis. On modifia les usines et l'on traita la laine longue par un peignage à la mécanique, de manière à obtenir des tissus autres que le drap. Tout en progressant vers la boucherie et la chair précoce, on s'appliqua davantage à affiner et allonger la laine, et l'on obtint un mouton, le *New-Leicester*, qui pèse jusqu'à cent kilogrammes, et est revêtu d'une fine toison de laine longue qui descend du ventre jusque près des sabots et lui forme un magnifique caparaçon.

« Nous marchons aujourd'hui sur la trace anglaise, et nos éleveurs présentent aux expositions, dans quelques-unes de nos races perfectionnées ou résultats de croisement avec les races étrangères, des moutons de boucherie du même poids que les leurs; seulement la laine longue n'est pas encore celle du New-Leicester.

— Monsieur, je vous entendrais avec plaisir donner quelques détails sur la laine.

— Le brin de laine prend naissance sous la peau dans une capsule ou un bulbe rempli d'une humeur visqueuse et formé de deux membranes. La racine du brin se dirige vers l'ouverture de la peau qui doit donner passage, et se sépare alors de la membrane extérieure du bulbe. Le brin, arrivé à l'épiderme, le soulève sans le percer et s'en fait une gaine, qui s'unit étroitement à l'enveloppe que lui avait fournie la membrane intérieure.

« Ce brin est un filet de substance solide, sorte de mucus durci auquel s'unit une matière huileuse ou savonneuse. La partie solide n'est soluble ni dans l'eau froide, ni dans l'eau la plus chaude. Il existe de la matière dans l'intérieur et à l'extérieur du brin. A l'intérieur c'est la *moelle* ou *sève*, à l'extérieur c'est le *suint* et le *surge*. (Ce sont les noms dans l'usage ordinaire, un physiologiste en emploierait d'autres.)

— Pour nous autres gens de campagne, le *suint* c'est la quantité de matière huileuse qui cède à un lavage à froid ; nous disons le *surge* pour exprimer ce qui cède à l'action du lavage à chaud avec savon.

— On peut attribuer à la *sève* intérieure ce qui continue à se

Tonte des moutons.

représenter de nouveau, au bout d'un peu de temps, de substance grasse, même après plusieurs opérations. C'est sans doute à cela que sont dues la douceur et le moelleux des étoffes ; le brin desséché parfaitement ne conserverait nulle souplesse, car sa substance solide est la même que celle de la corne.

« Le brin de laine, vu dans un puissant microscope, ressemble en quelque sorte à une couleuvre dont les écailles auraient leur bord un peu recourbé en dehors, de manière à présenter sur les deux côtés une arête dentelée dont les dents seraient fortement inclinées. Les dents diffèrent en grosseur et en proéminence selon l'espèce de laine. Un certain nombre de dés à coudre emboîtés les uns dans les autres, et dont les bords feraient saillie, formeraient un cylindre assez semblable au brin de la laine du mérino. Dans certaines laines on retrouve une apparence assez analogue à celle des écailles imbriquées de la pomme de pin.

« Monge fut le premier à attribuer la propriété de se prêter au feutrage (propriété que la laine possède presque exclusivement à un degré aussi développé) à la présence de ces espèces de petites dents de scie qui facilitent l'accrochage et l'enchevêtrement des brins les uns avec les autres d'une manière intime. Le foulage complet sur tous les sens dépend des ondulations ou frisures du brin, qui peuvent se comparer pour la forme, et jusqu'à un certain point pour les fonctions, aux hélices des ressorts métalliques.

« Sans la réunion de ces deux qualités : 1º élasticité due à la forme en hélice; 2º présence de petites aspérités circulaires à la surface du brin, qualités auxquelles il en faut joindre une troisième, celle de pouvoir se ramollir et être comprimée sous certaines conditions, comme les substances cornées en général, le foulage ne pourrait s'opérer régulièrement.

« D'après ceci, on distingue, pour la fabrication des tissus, les laines en deux grandes classes : laines frisées, ou, comme on dit, *laines courtes*, qui conviennent au travail par la carde et à l'opération du foulage et feutrage nécessaire pour le drap; *laines longues*, convenables par leur longueur au travail par le peigne, qui se chargera de les rendre parfaitement droites et propres à la fabrication des tissus non feutrés.

« On range dans la première classe les laines plus ou moins ondulées ou frisées, des plus fines aux communes, et dont la longueur de brin ne dépasse pas douze centimètres. Dans la seconde classe entrent les laines dont le brin va au delà : il va parfois jusqu'à trente centimètres. Le poids de la toison fournie par un animal varie d'un kilogramme et demi jusqu'à huit kilogrammes. La finesse du brin de laine présente des différences telles qu'une surface d'un millimètre de diamètre peut contenir de trente-sept à cinquante brins.

« Inutile de vous rappeler que la laine varie de qualité dans les différentes parties d'une toison.

— Là-dessus, Monsieur, je connais mon affaire.

— Moi, dit la mère, je l'ignore.

— Voici, Madame : 1º aux parties latérales des épaules et des hanches, *mère laine;* 2º vient ensuite celle sur le dos, du garrot aux reins; 3º des reins à la croupe, plus fine mais plus courte; 4º de la croupe à la queue, plus longue et moins fine; 5º sur le garrot, laine grossière, dure, tortillée, se met à part; 6º sur le haut du cou,

laine moins belle que sur les côtés; 7o au toupet, laine grossière ;
8o sur les côtés du cou, laine fine et longue, ne le cède guère qu'aux
meilleures parties; 9o au delà de la hanche jusqu'à la fesse, laine
grossière et jarreuse ; 10o du genou à l'épaule antérieure, laine assez
belle, fine, frisée; 11o en arrière, du jarret à la cuisse, laine la plus

Enfant allaité par une chèvre.

grossière; 12o le ventre et l'entrecuisses, laine très fine, mais
embrouillée et souillée.

— Pourquoi, dit la mère, est-il assez rare qu'on utilise le lait des
brebis ?

— C'est, Madame, que dans les grandes fermes les bras manque-
raient pour traire les brebis d'un grand troupeau. La production du lait
peut être avantageuse là où manque le lait de vache et dans les localités
où la terre a peu de valeur et n'entretient que des races communes.

— Cela se voit dans les environs de Lyon, dans quelques cantons de l'Aveyron et aussi de la Charente-Inférieure et d'autres. A Roquefort, le lait de brebis s'utilise avec celui de la chèvre pour la fabrication de fromages renommés. On estime qu'une brebis donne du lait pendant environ six mois à raison de trois décilitres à un décilitre et demi en deux traites.

« Le célèbre ministre italien Cavour était un agronome distingué. Il a donné dans sa jeunesse un mémoire curieux sur le produit en lait que l'on tire des brebis en Piémont, dans les plaines qui entourent Turin. Une foule de bergers-fromagers qui ne possèdent pas une parcelle de terrain élèvent néanmoins et maintiennent de nombreux troupeaux, en payant à beaux deniers comptant l'abondante nourriture qu'été et hiver ils achètent pour leurs bêtes. J'ai là, sous la main, les conclusions de ce mémoire : « La race mérine est « bonne laitière ; convenablement nourrie, elle fournit un lait très « riche, propre à faire d'excellents fromages. L'établissement d'une « fromagerie pour un troupeau nombreux, de mille têtes par exemple, « n'exige qu'une faible avance de fonds et presque pas de frais de « premier établissement. Dans les localités où l'on trouve à vendre « les jeunes agneaux, le meilleur moyen de tirer parti d'un troupeau « de mérinos, c'est de n'élever que la quantité d'agneaux exactement « nécessaire pour la tenir en bon état, de vendre tous les autres à « vingt jours ou un mois au plus, et de fabriquer de gros fromages « avec le lait des brebis. A deux mois au plus, on sèvre sans inconvé- « nient les agneaux conservés, ce qui permet de traire les mères « pendant plusieurs mois. »

« En Angleterre, excepté dans quelques exploitations où on leur accorde un mauvais hangar, les moutons ne sont abrités, même en hiver, que par des plantations d'arbres assez souvent disposés en croix, de manière que les animaux puissent mettre toujours un rempart entre eux et la bise ou la pluie, dans quelque direction qu'elles viennent. On leur fait consommer sur place non seulement le fourrage, mais les récoltes de racines, ce qui économise énormément de main-d'œuvre et dispense de magasins. Mais, en Angleterre, la température n'est pas sujette à de brusques et fréquentes variations, et elle descend en hiver beaucoup moins bas qu'en France.

— Monsieur, il est de fait que sauf la saison de parquer, les bergeries sont chez nous nécessaires.

« Oui, l'expérience de Daubenton n'a duré que peu de temps, et ne prouve rien. Il est même assez curieux de voir la bergerie indispensable même pour les animaux que nous importons de l'autre côté du détroit, et qui cependant étaient élevés à s'en passer. A Grignon, on essaya de n'accorder au mouton Dishley, lors de son premier débarquement, qu'un simple hangar; il fallut bien vite lui ouvrir la bergerie; j'ajouterai qu'on peut la citer comme modèle.

« Les fonctions de berger exigent un homme intelligent, observateur même, actif, laborieux, probe, d'un naturel doux et patient, robuste et d'une santé à toute épreuve, et surtout ayant le goût de sa profession, aimant ses animaux. Tant vaut le berger, tant vaut le troupeau.

— A ce compte, mon fils, rien d'étonnant que les poètes nous montrent des rois et même des dieux occupés à garder les troupeaux.

— Français de Nantes prétend fort joliment qu'à cette circonstance il faut attribuer la création moderne des deux ordres espagnol et allemand de la Toison d'or, qui est devenue ainsi l'insigne suprême des plus hautes dignités.

— Vous rappelez-vous ce qui nous frappa le plus à l'établissement de Rambouillet? vous étiez bien jeune encore.

— Le portrait d'un respectable vieillard, Delorme, berger en chef, qui avait été formé par Daubenton lui-même, le modèle des bergers, comme son maître fut le modèle des savants éleveurs.

— Et Labrie, le beau chien qui l'accompagne, Labrie, la souche d'une race qui n'a nullement dégénéré. C'est une preuve de bon goût de la part des directeurs de les avoir placés dans le salon, tous les deux dans un cadre d'honneur.

— C'est ce Delorme dont le premier consul disait : « Delorme « est un homme admirable; il est le premier berger de France, « comme la Tour d'Auvergne en est le premier grenadier. » Plus tard, en apprenant sa mort, il dit : « Delorme est mort trop tôt; « j'allais le décorer. »

« Passons au genre chèvre, et voyons en quoi il diffère du genre mouton.

« La chèvre a le chanfrein droit et même parfois concave, une barbe au menton, les cornes recourbées en arrière et non contournées en spirale. Elle n'a point ce repli de la peau que nous avons indiqué entre les doigts de la brebis. Sa queue est courte, ses mamelles grosses, avec deux mamelons ordinairement coniques, très volumineux. La femelle est appelée chèvre, le mâle *bouc* ou bouquetin, les petits *chevreau* et *chevrette*.

« La chèvre diffère davantage et à l'extrême de la brebis, animal lymphatique, par son tempérament ardent, son intelligence, la vivacité et l'énergie de son caractère. Elle a le même nombre de dents. Sa toison se compose aussi de deux sortes de poils; mais chez elle le jarre ou *poil* proprement dit est beaucoup plus abondant et plus long que la laine, qui est très courte et prend le nom de duvet.

« Selon Pallas, Cuvier, Isidore Geoffroy, notre chèvre domestique ne descendrait pas d'un de nos bouquetins des Alpes ou des Pyrénées, ni du bouquetin du Caucase, comme le prétendent certains autres savants, mais de *l'ægagre,* que l'on rencontre encore à l'état sauvage dans les montagnes de la Perse, sous le nom de *faseng,* avec pelage d'un gris roussâtre, ligne dorsale et queue noire, tête noire en avant, rousse sur les côtés; la gorge et la barbe brunes. Quelques races ont conservé la taille et les proportions de la race sauvage: chez d'autres le corps s'est raccourci ainsi que les jambes. Là, il a conservé sa longueur, tandis que les jambes ont diminué. Les cornes se sont modifiées en grandeur et en direction. Quelques races les ont perdues, parfois le nombre s'en est accru.

« Dans les pays de vignobles, de vergers et de petites cultures entourées de haies, les chèvres sont un véritable fléau contre lequel tous les agriculteurs réclament.

— Monsieur, dit le fermier, on va jusqu'à prétendre que leurs dents sont venimeuses, que leur haleine elle-même est un poison, et leurs cornes autant de scies avec lesquelles elles écorchent les jeunes plantes pour soulager les démangeaisons qu'elles éprouvent tous les printemps. Il est fort douteux que le premier braconnier qui surprit sur le sommet des montagnes le bouc et la chèvre, et qui les réduisit en domesticité, ait rendu service aux hommes; et si cette conquête était aujourd'hui à faire, on ne la tenterait plus.

— Votre boutade est assurément empreinte d'exagération. La chèvre est dévastatrice, mais non empoisonneuse. Seulement elle a le singulier privilège de pouvoir manger certains végétaux qui pour les autres herbivores sont des poisons mortels : par exemple, en Europe, l'aconit napel et la phellandre aquatique. Là probablement est la source des mauvais bruits contre elle. La dent du mouton serait aussi redoutable, s'il n'était pas d'un naturel débonnaire qui le rend facile à garder, tandis que la chèvre est vive et pleine d'imagination.

— La chèvre! Messieurs, mais dans l'antiquité les plus grands poètes l'ont chantée. Leur imitateur, André Chénier, a remis son éloge à la mode.

— Théocrite et Virgile vivaient en Grèce et en Sicile, où abondent les populations montagnardes qui vivaient de la chèvre. Dans les lieux escarpés, coupés de précipices et où l'on ne voit que peu ou point de culture, les chèvres ne peuvent être malfaisantes; elles y sont au contraire utiles, puisqu'elles profitent en faveur de l'homme des végétaux qu'il ne saurait atteindre. Aussi voit-on des troupeaux nombreux de chèvres sur les corniches élevées, alpestres et pyrénéennes, entrer en commensalité avec les bouquetins et les chamois.

— Redisons, mon fils, les vers de la Fontaine :

> Là, s'il est quelque lieu sans route et sans chemin,
> Un rocher, quelque mont pendant en précipices,
> C'est où ces dames vont promener leurs caprices.

« Remarquons que toute audacieuse, toute aventurière qu'est la chèvre, elle est cependant plus familière avec l'homme, sensible aux caresses. Elle est une mère admirable.

— Et même elle prodiguera volontiers ses bons soins aux *bébés* de l'homme. « Il est ordinaire autour de moi, raconte Montaigne, « de voir les femmes de village, lorsqu'elles ne peuvent nourrir les « enfants de leurs mamelles, appeler des chèvres à leur secours; « et j'ai à cette heure deux laquais qui ne tétèrent jamais que huit « jours le lait de femmes. Ces chèvres sont incontinent conduites à « venir allaiter ces petits enfants, reconnaissent leur voix lorsqu'ils « crient et y accourent. Si on leur présente un autre que leur nour- « risson, elles le refusent, et l'enfant en fait de même d'une autre « chèvre. J'en vis un l'autre jour à qui l'on ôta la sienne, parce que « son père ne l'avoit qu'empruntée d'un sien voisin; il ne put jamais « s'adonner à l'autre qu'on lui présenta, et mourut sans doute de « faim. » Dans leur mythologie, les Grecs ont fait nourrir Jupiter par la chèvre Amalthée, qu'il a en reconnaissance placée dans le ciel comme constellation.

— Mme Sophie Gay, écrivain distingué sous le premier empire, m'a raconté que, ne pouvant nourrir elle-même sa fille Delphine, qui est devenue le grand poète Mme de Girardin, elle lui avait donné une chèvre pour nourrice. Jamais nourrisson n'a fait aussi brillamment honneur à une mère adoptive. Monsieur, vous qui venez de médire de la chèvre, prenez en note ses bonnes qualités.

— D'autant plus qu'au moyen de quelques bons règlements communaux, on peut maintenir dans des bornes raisonnables la pétulance de cet animal précieux pour les pauvres ménages, de cet animal qu'on surnommé à bonne raison la *vache du pauvre*. Ainsi, par exemple, les douze communes situées dans les petites montagnes, les *Monts d'Or lyonnais,* occupent à peine une surface de huit kilomètres de long sur autant de large ; elles sont essentiellement vinicoles et bien exploitées, et cependant elles nourrissent sans inconvénient jusqu'à douze mille chèvres environ.

— Alors, Monsieur, on les soumet à un régime sévère de stabulation.

— Précisément. Le règlement communal défend de les sortir à travers champs autrement que muselées. Elles atteignent ainsi, à certaines heures, un pâturage communal qui leur est spécialement abandonné. Elles reprennent la muselière à l'heure de regagner l'étable. La feuille de vigne, mise en presse et conservée dans des tonneaux où elle fermente, assaisonnée d'un peu de sel, de quelques baies de genièvre et de plantes aromatiques, fournit en très grande partie à leur nourriture. C'est probablement à la légère acidité de cet aliment, dont elles sont très friandes, que les fromages de cette localité doivent leur réputation.

« Sur cet exemple, depuis longtemps Bosc a proposé de cultiver des communaux abandonnés, de les planter en chèvrefeuilles, ronces, églantines et autres plantes printanières, qui donnent facilement et abondamment des bourgeons, et de composer ainsi des pacages qui à une époque donnée seraient ouverts aux chèvres de la commune.

« Le vétérinaire Gronier calcule qu'en comptant le lait, un chevreau par an et le fumier, la chèvre peut produire 120 francs ; il évalue les frais de nourriture à 95 francs, le bénéfice net serait de 25 francs. C'est ce que vaut une chèvre. Ainsi la rente annuelle de l'animal équivaut à sa valeur vénale.

— Monsieur, le voici tout à fait réhabilité dans mon esprit.

— M. Magne nous a révélé que tel spéculateur qui a sept ou huit chèvres leur adjoint assez fréquemment deux ou trois vaches, et travaille tout ce lait en commun, pour le vendre comme fromage de chèvre. C'est un moyen de vendre le lait de vache plus cher que partout ailleurs. Le fromage de Roquefort est un mélange de lait de chèvre et de lait de brebis; dans celui de Sassenage il entre les trois laits. Ces mélanges se font à ciel ouvert et n'ont rien que d'honnête.

— Monsieur, vous m'ouvrez la voie à quelque bonne inspiration; j'y songerais si j'étais plus jeune et plus actif.

— Il est à l'étranger, dans les montagnes du Thibet, dont Lhassa est la capitale, une espèce à oreilles larges, demi-tombantes, à *duvet* très abondant, qui a vivement excité l'esprit de spéculation parmi nos fabricants de tissus, et qu'on a nommée la chèvre de Cachemire, du nom de la contrée où ce duvet est utilisé depuis des siècles. Les naturalistes disent aujourd'hui plus exactement chèvre de *Lhassa* ou du *Thibet*.

« En 1824, à l'instigation et aux frais du célèbre fabricant de châles Ternaux, un troupeau asiatique fut amené en France par le savant orientaliste Amédée Jaubert, troupeau qu'il avait acheté près des sources du fleuve Oural, comme de race pure du Thibet, et qui n'était que de chèvres des Tartares Kirghiz, une sous-race, résultat de croisements avec la thibétaine ou la pure de Lhassa. Ces animaux, amenés en France, furent placés à Saint-Ouen, près Paris. Je ne sais pas trop quelle a été la destinée d'eux et de leur descendance.

« Aujourd'hui la Société d'acclimatation dirige ses vues sur la *chèvre d'Angora,* une vieille race aimée de l'homme, qui existe en troupeaux nombreux dans le centre de l'Anatolie. Ce qui la recommande, ce n'est pas le duvet (il a disparu, on peut dire, complètement), c'est le poil long et frisé, d'une nature intermédiaire entre le duvet et la laine, qui forme comme un caparaçon de soie tombant jusqu'au bas des jambes. Celui du mouton de la sous-race new-leicester n'est pas plus admirable d'abondance. Ajoutons que cette chèvre est un animal sobre, vif sans extravagance, et qui se laisse garder avec la docilité du mouton. Comme lui, elle livre, sans songer à la défense ou à la fuite, à la fois sa toison splendide et aussi sa chair, qui est d'un goût exquis, et aussi un lait abondant.

— Cette fois, Monsieur, voici la chèvre qui me convient. Il reste à savoir les chiffres du prix d'achat, de la nourriture, etc., et celui du bénéfice net.

— Nous n'en sommes point encore là. La Société d'acclimatation a fait le premier pas. Un premier troupeau d'une trentaine de têtes, offert en 1854 à la France par l'émir Abd-el-Kader, qui résidait alors à Brousse, dans le pays où prospèrent le mieux ces beaux animaux, débarquait cette même année à Marseille, et six mois après y débarquait aussi un autre troupeau d'environ quatre-vingts têtes acquis et importé par la Société. Les deux troupeaux furent aussitôt répartis entre les Alpes, le Jura, les Vosges, les montagnes de l'Algérie et plus tard celles de l'Auvergne. En 1861, Isidore Geoffroy constatait que dans les Alpes du Dauphiné et aussi dans une ferme du Cantal, sous l'habile direction de M. Richard, la toison n'avait nullement dégénéré. Le climat de l'Algérie s'est montré moins favorable; mais sur le sol de la France on peut regarder l'*acclimatation* (et c'est le premier pas) comme accomplie.

CHAPITRE VII

Lama. — Alpaca. — Vigogne.

« Un autre thème favori des naturalistes, c'est l'introduction en
Europe du *lama*, l'habitant des Cordillères du Pérou, que l'on peut
appeler le chameau du nouveau monde. Il a, en effet, grande analogie
avec le chameau : même système de dentition, mêmes organes des
sens, mais point de bosse.

« Dès 1765, Buffon songeait à enrichir nos Alpes et nos Pyrénées
du lama et de ses congénères l'alpaca et la vigogne. « J'imagine,
« disait-il, que ces animaux seraient une excellente acquisition et
« produiraient plus de biens réels que tout le métal du nouveau
« monde. » Il savait qu'au XVIIe siècle, quelques vigognes et peut-être
aussi quelques lamas avaient été transportés en Espagne, sans y avoir
réussi ; mais ce n'était pas, selon lui, une raison de se décourager.
Beliardi avait recueilli en Espagne des documents précieux, et rédigé
un mémoire ; Buffon s'en fait le promoteur ; ils échouent devant le
mauvais vouloir d'un haut fonctionnaire, qui déclare impossible
que le lama puisse vivre sans l'herbe *ycho* et les autres herbes des
Cordillères.

« Sous le consulat de Bonaparte, sa femme, la charmante Joséphine, qui bientôt allait passer impératrice, s'intéresse, en bonne
créole, au lama, qui lui rappellera l'Amérique. Elle obtient du roi
d'Espagne, Charles IV, qu'il fasse venir du Pérou pour la France un
troupeau assez considérable, pour parer aux chances mauvaises et à
la mortalité. Cependant, à la rupture de la paix d'Amiens, l'Angle-

terre ferme les mers; le troupeau embarqué à Buenos-Ayres y séjourne six ans, attendant le moment favorable pour l'embarquer. Enfin, en 1808, il arrive à Cadix, réduit au chiffre de trente-six têtes. L'Espagne était alors en feu; peu s'en fallut qu'on ne jetât ces arrivants à la mer, en haine du premier ministre, le prince de la Paix, qui les avait fait venir pour la France.

« En 1815, le naturaliste Bory de Saint-Vincent se hasarde à remettre sur le tapis la question du lama. Le duc d'Orléans la reprend sous la monarchie de Juillet, et donne une mission à M. de Castelnau. Celui-ci se rend aux Cordillères, choisit un troupeau, le dirige sur Lima. Désappointement cruel, par un malentendu dans les bureaux de Paris, aucun ordre n'avait été transmis aux bâtiments de l'État. Les animaux ne peuvent s'embarquer, et retournent à leurs montagnes.

« Après le duc d'Orléans déplorablement enlevé à la France, un chaleureux ami y restait encore au lama. Isidore Geoffroy se répétait chaque jour : « Voici que lord Derby a fait reproduire l'alpaca dans « son parc de Knowsley, près de Liverpool, et que plusieurs autres « *gentlemen*, imitant son exemple, obtiennent le même succès. « Voici, en 1841, que l'Angleterre et l'Écosse comptent un imposant « total de soixante-dix-neuf alpacas ou lamas, et les nourrissent sans « posséder un seul brin de l'herbe ycho, ni de tout autre végétal des « Cordillères. »

« A cette époque, la voix du prophète éveillait en France quelques échos. M. Saco, riche manufacturier, émit la pensée d'une association française pour l'introduction d'un troupeau de lamas.

« Or voici à l'étranger un succès de plus et bien plus remarquable encore. En Hollande, le roi Guillaume III s'étant procuré quelques lamas et alpacas, qui débarquent sans leurs bottes d'herbes spéciales en croupe, leur fait donner dans l'un de ses parcs des soins bien dirigés, et, malgré des circonstances parfaitement défavorables, voici qu'en 1847, le troupeau de la Haye arrive à compter une trentaine de têtes aussi saines qu'aucune des têtes du royaume. « Et mainte- « nant, s'écrie Isidore Geoffroy, qui osera soutenir que les conditions « climatologiques de nos montagnes alpines ou pyrénéennes inter- « disent au lama de se faire une autre patrie que la sienne, quand « nous voyons cet animal presque aérien, né à trois mille ou trois « mille cinq cents mètres au-dessus du niveau de la mer, vivre fort

« bien à Liverpool, et *même au-dessous de ce niveau de la mer, au*
« *pied des digues de la Hollande?* »

« Le raisonnement était concluant, et là-dessus les échos vont
grossissant; il ne s'agit plus d'une simple pensée : une association se
forme à Marseille, en 1847. M. Kohn s'en fait l'organe, et publie un
mémoire sur l'*Introduction en France des alpacas et lamas par voie
d'association départementale.*

Guanaco, lama et vigogne.

« Cependant la révolution de 1848 éclate, les capitaux privés se
refroidissent à l'endroit du lama ; mais le ministre de l'agriculture,
M. Lanjuinais, s'échauffe à son tour aux paroles du persévérant
Isidore Geoffroy. Le 15 septembre 1849, il lui demande un plan
d'exécution et la désignation d'une personne qu'il puisse envoyer en
Amérique pour y faire, au nom du gouvernement, l'acquisition d'un
troupeau de deux cents individus, qui seront ramenés par un bâtiment
de l'État.

« Or, à ce moment même, on se décidait en Hollande à mettre en
vente le troupeau qui avait appartenu au feu roi Guillaume III (on
en concluait que le lama doit être courtisan bien ingénu, puisqu'il
ne sut point se maintenir en faveur et transiter d'un monarque couchant à un monarque levant, ce qui est l'*a b c* du métier). Isidore
Geoffroy se dit : « Le troupeau est peu nombreux, c'est vrai ; mais il

« est près de nous, il est parfaitement acclimaté, formé même pour
« la plus grande partie d'individus nés en Europe. Mettons d'abord
« la main sur lui pour un essai provisoire, en attendant l'importation
« du troupeau de deux cents têtes. »

« Ainsi fut fait. Le troupeau acheté se composait de trente individus : douze alpacas, dix-huit lamas domestiques, puis un vieux
lama sauvage ou *guanaco,* qu'on avait désigné dans le procès-verbal
de vente sous le nom de vigogne.

« Le savant M. Dumas avait succédé à M. Lanjuinais ; il voulait
placer au Muséum une partie du troupeau, sous la direction intelligente et paternelle du grand naturaliste qui portait au lama tant
d'intérêt ; il eût envoyé le reste brouter dans les prairies haute de la
Grande-Chartreuse sous la houlette conventuelle ; mais le troupeau
avait été payé avec des fonds destinés à l'institut agronomique de
Versailles ; il appartenait dès lors à cet établissement, à l'exception
de trois individus, parmi lesquels le vieux guanaco, qui furent
échangés contre trois sujets du Muséum. Il vint prendre résidence
à la ferme de la Ménagerie, voisine de la pièce d'eau des Suisses,
à côté du célèbre baudet du Poitou qui avait coûté dix mille francs,
d'un cheval anglais qui en avait coûté, je crois, plus de soixante
mille, et d'un taureau et de vaches de la race écossaise des Hings-
Landgs dont j'ignore la valeur en chair et en os, mais qui en ont
acquis une énorme en passant de la prairie sur une toile signée
Rosa Bonheur.

« Le troupeau se maintint à Versailles durant une année environ
dans l'état le plus satisfaisant ; d'heureuses naissances en élevèrent
le chiffre au-dessus de quarante têtes. Pauvres animaux ! j'ai passé
de bons moments auprès d'eux, au sortir de l'amphithéâtre des
cours, où j'avais écouté de bonnes leçons de MM. Léonce de La-
vergne, Doyère, Focillon, etc., en ma qualité d'*auditeur libre.* (Nous
étions un bon nombre d'auditeurs libres : de riches propriétaires,
des médecins, des avocats, un général, etc. ; heureux temps !) Je
venais me délasser à côté de mes amis les lamas, dans leur petit
parc, les examiner à mon aise. Des médisants les avaient à l'avance
accusés d'être ombrageux, irritables, de lancer leur salive à la face
de quiconque leur déplaisait. Je les ai trouvés du naturel le plus
aimable, prenant dans ma main le morceau de pain, flairant le
journal, et me voyant le déplier sans qu'ils s'effarouchassent.

— Monsieur, ces lamas m'intéressent. Qu'y a-t-il donc tant à rechercher en eux?

— Le professeur Doyère assistait souvent à leur traite; il a constaté par une analyse très exacte que leur lait est presque identique comme composition à celui de la vache. Leur laine, qui ne le cède qu'à la plus belle des chèvres du Thibet, est très abondante. D'après les mesures de Doyère, le brin chez l'alpaca n'a que vingt et un à vingt-huit millièmes de millimètres de diamètre, et une longueur de vingt à trente centimètres. Voilà donc une bête admirable comme laitière et comme porteuse de toison. Ce n'est pas tout : elle est aussi une bête de somme et de selle. On a vu à Versailles, et l'on peut voir encore aujourd'hui au Muséum, le lama chargé d'un homme trotter, galoper, obéir à la bride, ou porter des fardeaux sur un bât, comme un petit chameau.

— Décidément, Monsieur, mon estime est au comble. Quel serait le travail à espérer? le prix de nourriture?

— Isidore Geoffroy écrivait, en 1861, « qu'un lama appartenant « à la Société d'acclimatation de Nancy, dressé par les soins de « M. Galmiche, inspecteur des forêts, est employé habituellement au « transport des tuiles et des engrais. Ce lama est de petite taille; on « ne lui fait porter dans des chemins montueux que des fardeaux de « quarante à cinquante kilogrammes. La valeur en travail qu'il « ajoute au produit annuel de sa laine est, selon M. Galmiche, de « soixante-quinze centimes par jour, la dépense de sa nourriture « représentant celle de trois moutons. Il est très docile, son allure est excessivement douce, et son pied d'une sûreté étonnante. »

— Et la chair, qu'en dirons-nous?

— Aussi bonne que celle du mouton. Hélas! on a été à même de s'en assurer trop largement à la ferme de Versailles, car le troupeau entier y est mort après deux années de séjour.

— Et cependant, d'après ce que vous nous dites, le lama prospère au Muséum, il prospère à Nancy.

— L'insuccès de Versailles ne tient pas au lama. Il ne demandait qu'à continuer à vivre, comme il avait vécu en Hollande. Un procès-verbal provoqué par Isidore Geoffroy a constaté que le précieux animal n'avait reçu que la médiocre ration de qualité inférieure qu'un fermier donne à des bêtes vulgaires, tandis qu'il lui eût fallu le foin de choix qu'un doux maître prodigue à des êtres chéris. Il tomba malade dans son habitation, qui n'était pas saine; quand il s'est agi de lui en donner une autre, des difficultés administratives se sont élevées. Sur les fonds de quel ministère prendre les frais? Le conflit se prolongea; pendant ce temps le troupeau s'éteignit. A la première exposition agricole universelle qui eut lieu à Versailles, le lama eut le triste honneur de figurer, non plein de vie, mais représenté par deux peaux magnifiques que l'empailleur avait traitées avec tout son talent.

— Voilà, mon fils, une fâcheuse histoire.

— Et féconde en vicissitudes, à partir des premières années du siècle, et mêlée à toutes nos révolutions politiques. Quel concours de circonstances heureuses ne faut-il pas pour qu'une bonne pensée arrive enfin à se réaliser!

— Monsieur, permettez-moi une observation. Une juste émotion vous aura troublé sans doute. Vous avez oublié de nous décrire l'intéressant animal.

— Je vous ai dit qu'il a grande analogie avec le chameau, mais point de bosse. Il a le quadruple estomac, mais point le renflement de la panse qui peut servir de réservoir à eau, et ses doigts, séparés, lui permettent de gravir les rochers aussi facilement que les chèvres. Le pelage est généralement châtain, presque tout est laine; les poils soyeux, le *jarre,* revêtent exclusivement les parties rases, telle que la face et les membres. Sa taille atteint parfois jusqu'à un mètre cinquante de hauteur au garrot, sur une longueur d'un mètre quarante centimètres. Au repos il s'appuie sur le sol à la manière du chameau, ce qui engendre des callosités au sternum et aux membres.

« L'*alpaca,* dont Isidore Geoffroy le premier a fait une espèce distincte, est de taille inférieure, n'offre point de callosités, bien qu'il se repose de la même manière. La laine, plus abondante et de qualité supérieure, est de couleur d'un beau fauve; il y en a de noirs.

« La *vigogne* est de la grosseur d'une brebis, mais plus longue de corps et plus haute sur jambes. Elle habite les pics les plus élevés. Les indigènes la tuent à la chasse pour sa toison, au lieu de chercher à l'apprivoiser. »

CHAPITRE VIII

LA PORCHERIE

Cochon. — Sanglier. — Tapir.

« Maintenant venons à l'habitant de nos porcheries, le porc ou cochon. Son utilité a été constatée de longue date. Les Chinois ont accompli sa domestication depuis quarante-neuf siècles, nous affirme M. Stanislas Julien; et il est question de cet animal dans le Deutéronome; je dois dire que c'est pour le proscrire. Les naturalistes commencent à mettre en doute la vieille opinion qui le fait descendre du sanglier d'Europe. Isidore Geoffroy ne voit pas de raison zoologique pour le rapporter à celui-ci plutôt qu'aux autres sangliers orientaux : l'européen et l'indien, par exemple, se ressemblant au point qu'on n'a pu encore déterminer les différences spécifiques. Tel auteur moderne voit la souche de notre cochon dans la race indienne, tel autre dans un sanglier perse ou égyptien. La femelle du cochon est la *truie;* le mâle conservé pour la reproduction est le *verrat.* Les petits sont dits *gorets, cochonnets* ou *porcelets.*

« La robe du cochon ou porc domestique ne présente généralement que deux nuances : le blanc sale et le noir plus ou moins foncé, seuls ou mélangés par plaques. On trouve dans quelques races le roux vif uni à ces deux nuances en plaques peu étendues. La robe se compose de deux sortes de poils : les uns frisés, durs, et cachés sous les autres, qui sont des *soies* raides et en assez petite quantité.

— C'est là, dit la mère, sa laine et son jarre, tous les deux peu flatteurs à l'œil et qui n'invitent pas la main.

— Sous cette peau s'amasse une épaisse couche de graisse, qui est l'axonge.

— Nous autres fermiers, nous disons le *saindoux*. Nous distinguons aussi le *lard* et la graisse proprement dite.

— Le chimiste constate que ces trois sortes de graisse sont composées des mêmes substances, mais combinées dans des proportions différentes. Les vertèbres du dos sont au nombre de quatorze (une de plus que dans le cheval); celles des reins au nombre de sept (une de plus encore que dans le cheval). Les côtes cependant sont moins nombreuses : quatorze paires au lieu de dix-huit, et plus minces et plus aplaties. Le museau porte le nom de *groin*. Outre les deux os du haut du nez, il en existe un troisième, épais, court, à trois faces, attaché et soutenu par un cartilage qui dépend de la cloison nasale; sur lui sont implantés des muscles très puissants : c'est le *boutoir*. Il est pour l'animal un instrument très énergique de *fouissage*, comme on dit, pour fouiller la terre. Les naseaux sont étroits et percés dans le boutoir. L'ouverture de la gueule est un peu moins grande que celle du chien, la lèvre inférieure est petite, peu mobile, mais la mâchoire est très forte et la morsure en est difficile à guérir. La langue est le premier siège des symptômes de la terrible maladie que nomme *ladrerie,* et qui se manifeste bientôt sur tout le corps; ce sont des pustules produites par des hydatides (vers intérieurs). L'oreille est quelquefois courte et redressée; mais on la trouve plus souvent pendante et constamment agitée par les mouvements de l'animal. (En général, comme chez presque tous les animaux, l'oreille est d'autant plus pendante qu'ils s'éloignent en domesticité du type primitif et sauvage.) Le cou est d'une vigueur extrême, ce qui est dû à ce que les sommets des vertèbres sont disposés comme le seraient les briques d'un toit. Le dos et les reins sont fortement voûtés. Les membres antérieurs sont courts, et la hauteur des hanches permet de projeter le corps en avant avec une grande violence. Le pied est divisé en quatre doigts, munis d'une enveloppe qui peut encore conserver le nom d'onglon. Les deux doigts antérieurs, les plus forts, servent constamment à supporter le corps de l'animal, tandis que les deux autres, plus faibles, plus courts, ne viennent à l'appui que si les deux premiers se sont enfoncés dans un terrain mou et fangeux.

« Le canal intestinal, plus développé que celui du cheval, et moins

que celui des ruminants, mesure de vingt-sept à vingt-huit fois la
hauteur du corps prise au garrot; l'estomac est d'une ampleur considérable. Le foie a quatre lobes (ou divisions) au lieu de deux.
Ce sont autant de circonstances par lesquelles les physiologistes
expliquent l'appétit permanent de l'animal.

— Oh! dit la mère, il est l'emblème de la voracité.

— Qualité inappréciable, Madame. Le porc est la machine par

Cochons.

excellence pour fabriquer de la viande. Il en fait avec tout, hormis
avec le fourrage sec; ses dents, qui sont *mousses*, un peu rondes, qui
ont peu de largeur, se refusent à le broyer. Je lui en sais gré ; ma
provision de foin me reste tout entière pour mon bétail. Le cochon !
je voudrais le voir hébergé partout. Je m'indigne quand je vois telle
ferme qui entretient trente vaches laitières et pas un seul cochon,
tandis qu'une douzaine de jeunes porcs pourraient s'alimenter durant
plusieurs mois avec le petit lait de la laiterie et les lavages de beurre,
qui demeurent ainsi en pure perte. On devrait toujours avoir une
truie à raison de trois ou quatre vaches.

— C'est le calcul du célèbre économiste Vauban.

— Sauf votre respect, Madame, votre château a sa porcherie bien
tenue. Mais que dirons-nous du château voisin? Vous devinez le nom.

Ils sont là pendant six mois de l'année une douzaine de maîtres et autant de gens de livrée, et pas de porcherie! Que de cochons on obtiendrait, ne fût-ce qu'avec les eaux de vaisselle, les entrailles de volaille et de gibier qu'on y consomme, avec les viandes basses et les viandes gâtées que l'on y jette, avec les fruits qui se pourrissent, les racines qui germent ou se gâtent, et tous les débris de légumes! Je gage que la desserte d'une telle table entretiendrait assez de cochons pour fabriquer cinquante livres de chair chaque jour.

— C'est une vérité qui n'est pas suffisamment en lumière.

— Si je vais dans la demeure d'un pauvre homme qui a sa vache, son âne, sa chèvre et ses lapins, je ne manque jamais de lui dire : Ce que votre vache ne consomme pas et ce que votre chèvre dédaigne, un cochon le mangerait.

— Et vous avez mille fois raison.

— J'ajoute : Ramenez-moi de la foire voisine un beau cochon : corps long en tonneau, os petits, muscles développés, poitrine large, côtes rondes, dos droit et large, reins plats, tête courte, mince, groin fin, pointu, yeux ardents, épaules et cuisses fortes, saillantes, cachant les avant-bras et les jambes, peau douce, élastique, sans plis.

— Français de Nantes va plus loin. Il suppose un ménage de petite ville dans lequel on ne recueille rien et qui doit tout acheter. Il soutient que, d'après des expériences faites et des calculs soigneusement tenus, l'on peut obtenir quatre cents livres de cochon en dix-huit mois pour la somme de 161 francs, et voici le compte : premier achat d'un élève, 20 francs ; jusqu'à douze mois vous lui donnez un demi-boisseau de son par jour, d'où il résulte une dépense de 45 francs ; de douze à dix-huit mois vous lui donnez un demi-boisseau de farine d'orge et un tiers de boisseau de son par jour, encore une dépense de 45 francs ; pour le dernier engrais, trente-six boisseaux de farine de froment à 1 franc : total, 161 francs.

« Le cochon, ajoute-t-il, a reçu, entre tous les animaux de la création, le monopole exclusif de la fabrication de deux substances qui lui sont particulières : l'axonge et le lard, qui entrent comme matière première ou comme condiment dans toutes les parties de la science culinaire. A la vérité, certaines espèces de cétacés produisent quelque chose qui est analogue, mais qui est bien loin encore.

« Il y a une quarantaine d'années, à l'école vétérinaire d'Alfort, on a songé à nourrir de cent à cent cinquante porcs, de races différentes, avec les débris des animaux sains ou même malades qu'on y abat chaque jour. Une commission nommée par le conseil de salubrité de Paris, après mûr examen de la question, a constaté que leur viande était bonne et saine. Aujourd'hui, dans les environs de Paris, de grandes porcheries de cinq cents et mille porcs sont nourries à la viande de cheval. Les propriétaires achètent les chevaux hors de service et les font abattre. Les uns nourrissent leurs animaux avec cette chair seulement, les autres y mêlent des racines et autres aliments; les uns la font cuire jusqu'à ce qu'elle soit en bouillie, les autres la donnent crue et sans préparation.

« Depuis le commencement du siècle on a introduit en Europe des porcs provenant de Chine, de Siam, de la mer du Sud, du cap de Bonne-Espérance, etc. Toutes ces races sont de taille petite, ont le corps comme une outre, les jambes fines, de la longueur d'une allumette, le ventre traînant à terre, la tête à l'excès raccourcie; bref, le perfectionnement exagéré des formes que vous venez d'indiquer. Elles y joignent la faculté d'utiliser encore mieux l'aliment, de consommer moins sans être plus délicates sur la qualité, d'avoir un accroissement très précoce et de s'engraisser facilement. On peut tuer l'animal à six ou huit mois, au maximum de sa croissance et parfaitement gras. Croisées avec les races anglaises, elles ont donné des métis précieux et de races plus fortes qu'elles-mêmes, sans avoir rien perdu des autres qualités. Ces nouvelles races anglo-chinoises de Hampshire et de Berkshire ont été introduites, dès 1819, en France, par Huzard, et ont mis du temps à faire leur chemin; cependant elles commencent enfin à se répandre. Pour l'éleveur qui habite les environs d'une ville et a la facilité de vendre en toute saison des animaux engraissés, des races qui ont du sang chinois, ou plutôt du sang anglais modifié par du sang chinois, seront sans contredit les meilleures. On peut en élever et engraisser deux générations au moins, dans le temps qu'on mettrait à élever et engraisser une génération de nos races indigènes.

« Un agronome, M. Parant, raconte une lutte mémorable dans laquelle il s'est constitué juge du camp, entre porcs de la race du Poitou et porcs de la race anglaise de Hampshire. La race indigène a employé quatre cents jours, à partir de la naissance, pour arriver au poids vivant de cent huit kilogrammes; la race anglaise a pesé cent cinq kilogrammes au bout de trois cents jours. Dans un autre tournoi de voracité vaillante, cent kilogrammes de poids vivant ont été produits par la race indigène en quatre cent deux jours ; cent kilogrammes ont été produits par la race anglaise en deux cent soixante-dix-sept jours.

« Ces luttes ont eu leurs péripéties, desquelles découle un haut enseignement. Du premier jour au cent cinquantième l'avantage avait été pour la race indigène, son développement avait été le plus rapide ; à partir du cent cinquantième jour jusqu'au dernier, la race anglaise a pris les devants d'une manière constante. Dans les deux races, c'est entre le cent cinquantième jour et le deux centième que l'accroissement en poids a été le plus sensible. Le porc du Poitou, qui pesait quarante-neuf kilogrammes, s'est élevé dans cet intervalle au poids de soixante et onze kilogrammes ; l'anglais, qui ne pesait que quarante-sept kilogrammes, s'est élevé à quatre-vingts kilogrammes et demi.

— Ces chiffres en disent gros, Monsieur. Cependant, pour le cultivateur en contrée peu peuplée, il convient peut-être de s'en tenir à nos races, qui ont la jambe assez longue pour qu'on les envoie chercher leur nourriture dans les bois, les marais, les étangs, les terrains vagues et incultes. Ils y vivent de glands, de faînes, d'herbages. Le soir on leur donne une poignée de son pour les allécher et les habituer à rentrer au logis.

— Certainement la jambe longue a du bon dans certaines circonstances. Le paysan de la Servie, par exemple, pays couvert d'immenses forêts de chênes, nourrit à la glandée d'innombrables troupeaux de porcs. C'est sa principale ressource. Elle lui a fourni dans toutes ses guerres assez d'argent pour couvrir les frais de campagne et l'achat des munitions. Un homme d'État a dit que les Turcs, au lieu de combattre les Serviens, auraient dû se tourner contre le porc et lui couper les vivres en détruisant les forêts. Dans cette contrée le porc coûte de 7 à 15 francs engraissé. Sur ses jambes longues il gagne les marchés de Hongrie, s'y vend 50 à 60 francs, et à Vienne 75 francs. S'il n'a pas trouvé d'acheteur, il arrive en Bavière, puis en Alsace, et de là, malgré le droit de douane de la frontière, et celui d'octroi des murs de Paris, le courageux pèlerin vient déposer ses jambonneaux et ses jambons devant le parvis de Notre-Dame, à la foire de la semaine sainte.

— Le misérable! venir de si loin faire concurrence au porc français.

— La concurrence est bien faible, et elle cessera à mesure que nous améliorerons celui-ci. Le porc servien n'en sera pas de sitôt à donner en viande nette 80 à 84 pour cent de son poids vivant, comme le nôtre les donne quand il a été bien soigné, ainsi qu'on sait maintenant le faire, surtout dans le régime de stabulation.

— Encore la stabulation! mais pour cette fois, mon fils, je vous

Cochons anglais très gras.

l'accorde. Enfermez, enfermez; l'animal est tellement laid, tellement immonde...

— Détrompez-vous, ma mère. « Le porc est sensible, comme dit « M. Toussenel, aux charmes du bain froid et de la propreté. Parmi « les animaux domestiques, il est le seul qui craigne de souiller de « son fumier la couche sur laquelle il sommeille. Le cheval et le « chien, qui ont de si jolies manières, ne sont pas cependant à la « hauteur de cette délicatesse. »

— Je prends la défense du chien, jamais Mirza...

— Enfermez-la dans une écurie, sur de la paille, et nous verrons.

— Faites du porc un petit-maître si vous le pouvez. Je ne mettrai pas les pieds, je ne jetterai pas même un coup d'œil dans son logis. Pouah!

— Je vous amènerai à plus d'indulgence quand j'aurai accompli dans notre porcherie la réforme que je médite; celle de Grignon me servira de modèle.

« Elle est recouverte d'une toiture en zinc, laquelle est matelassée à l'intérieur par une couche de roseaux, de manière qu'en hiver l'air chaud de l'intérieur est préservé de contact avec le zinc refroidi par l'air extérieur, et que l'effet précisément contraire se produit pendant les journées où le soleil est ardent; elle est donc chaude en hiver, fraîche en été. Un large corridor la traverse dans toute sa longueur, et c'est par là que se fait le service. A droite et à gauche règnent deux rangs de loges formées par des murs à hauteur d'appui. Entre ces murs et la toiture, qui est d'une bonne élévation, l'air peut circuler en abondance, et chaque loge participe à ce bienfait commun. Chaque loge a sa porte et son ruisseau d'écoulement sur le corridor, où règne un grand ruisseau pour l'écoulement définitif; elle a en outre une autre porte à deux vantaux (le supérieur formant fenêtre) par laquelle l'animal peut se rendre dans un petit enclos séparé qui correspond à sa loge : les enclos sont séparés par des treillages qui permettent aux animaux de se voir. Le porc a besoin d'ombre pendant les journées chaudes : le sureau est de tous les arbres celui qu'il respecte le plus. Chaque animal jouit aussi d'un logement avec auge toujours bien garnie, et son petit jardin pour lui et sa famille; j'allais oublier sa baignoire particulière, dans laquelle il se vautre à son caprice et en toute liberté. Près de la porcherie il existe, en outre, une assez belle mare où on le conduit fréquemment pour qu'il y prenne des bains encore plus complets.

« L'eau et une habitation propre, a dit Vibores, sont aussi nécessaires à la santé du porc qu'une nourriture succulente et variée. »

— Puisque c'est pour son bonheur, je le répète sans remords, enfermez-le, mon fils. J'aime mieux le savoir enfermé à perpétuité que rôdant par les rues d'un village, pénétrant dans les maisons mal gardées, dévorant quelque petit enfant dans son berceau, ainsi que les journaux nous le racontent de temps à autre.

— Gardons-nous de l'exagération, Madame. J'acccorde qu'il demande à être surveillé, et qu'il a bien vite bouleversé une culture : que voulez-vous, son instinct est de fouir le sol avec son groin, de *fouger*. Mais nous avons la ressource de le *boucler*. Pour cela on commence par l'attacher et on lui lie la gueule pour l'empêcher de mordre et de crier, on lui transperce le groin avec une alène et l'on passe dans le trou un fil de la grosseur d'une aiguille à tricoter, puis l'on réunit les deux bouts de manière à former un anneau. On peut aussi former cet anneau avec un de ces longs fers à ferrer les chevaux. Quelquefois on donne au fil d'archal la forme d'un S ou même celle complète d'un tire-bouchon, et l'on n'a pas à s'occuper de joindre les deux bouts. On peut aussi employer une petite barre de fer recourbée, dont les deux extrémités sont aiguisées, si bien que lorsqu'il tente de fouger, il y a toujours une des deux pointes qui le pique. Un vétérinaire, M. Blavette, conseille d'employer une petite lame de fer recourbée en anse et qui s'implante dans le groin : une clavette réunit les deux extrémités qui font saillie de deux à quatre pouces, selon la taille de l'animal. Je dois avouer néanmoins qu'à la longue il devient insensible à la douleur de la piqûre, et qu'il en arrive à sa fin, qui est de *fouger*. On recommence alors à le reboucler avec un appareil plus puissant.

— On a essayé aussi de supprimer une partie des muscles releveurs du groin. On les met à nu par des incisions à la peau, et l'on en retranche trois à quatre centimètres. Le groin n'a jamais rendu à l'homme qu'un service, découvrir la truffe ; aujourd'hui on élève des chiens à remplir cet office.

— Le bouclement, les incisions me semblent cruels ; et cependant j'exècre l'animal à groin.

— Eh ! Madame, permettez-moi de vous trouver injuste. Outre son talent de fabriquer le plus de chair, songez donc qu'il se multiplie d'une manière prodigieuse. Jacques Bujault, un cultivateur qui parle d'or, raisonne ainsi : Une jument vous donne un poulain, un seul, que vous nourrissez cinq ans avant de le vendre. Que d'accidents dans ces cinq ans ! et combien en vendrez-vous ? De son côté, votre truie, qui n'a que neuf mois d'âge, vous donne déjà des petits, et deux fois dans une année, et six ou huit à la fois.

— Cuvier cite même des cas extraordinaires de quinze et même de vingt petits, bien que la nature n'ait accordé à la truie que dix mamelles.

— En bon spéculateur, Jacques Bujault base le calcul sur une moyenne de six petits. Arrivée à trois ans et deux mois, la truie a produit pour le moins soixante cochons. Si l'éleveur les vend après le sevrage rien que 8 à 10 francs par tête, sa truie lui aura donné de 480 à 600 francs pour le moins. Je suppose qu'il les conduise lui-même à leur développement et les livre au couteau à l'âge de six à douze mois, il retirera de 2,000 à 3,000 francs. Sur quel autre animal obtient-il un pareil bénéfice? Mais voici encore un avantage immense. Les autres animaux diminuent de valeur en vieillissant; la truie augmente. Après l'engraissement, la vieille truie hors d'état d'engendrer vaudra à peu près ce qu'elle aura consommé. L'animal le plus productif, songez-y bien, Madame, est la truie portière, pour un cultivateur éclairé qui a une ménagère soigneuse. Monsieur votre fils a appelé mon attention sur certaines races anglo-chinoises : la leçon ne sera pas perdue.

« Savez-vous ce qui rend aujourd'hui la spéculation de l'élevage tant soit peu difficile à exercer? C'est l'excessive variation dans la valeur non de la viande grasse, mais de la viande maigre des jeunes porcs. D'une année à l'autre, il y a une variation de un à cinq, ce qui dérange bien des calculs. Voyez : dans beaucoup de localités de France, le porc est encore élevé sur des terrains vagues. Il y mange les vers, les lézards, les crapauds, on va jusqu'à dire les serpents; j'ai des raisons d'en douter...

« Sur les côtes de l'Océan où on le mène pâturer, il mange les poissons jetés par la marée, il ouvre les coquillages aussi bien que peut faire l'écaillère la mieux exercée, et il en avale les mollusques.

« Il va dans les forêts manger la faîne, le gland ; la provende qu'on lui accorde à la rentrée au logis est une exception. Il en résulte que lorsque le gland et la faîne sont abondants, le porc réussit bien et les jeunes gorets se livrent pour peu de chose à l'engraisseur. Dans les années mauvaises, au contraire, les jeunes animaux souffrent de la faim, en outre des chances déjà si nombreuses de maladie dans leur vie vagabonde. Il y a une mortalité considérable, de moitié quelquefois : l'engraisseur ne parvient à se procurer les gorets survivants qu'à un prix élevé.

« La variation dans la valeur de la chair maigre tend à disparaître de jour en jour, à mesure que la culture à capitaux concentrés envahit de nouvelles localités et que la culture pastorale tend à disparaître. La régularité de production finira par s'établir, comme elle existe à peu près aujourd'hui sur toute la surface du sol de l'Angleterre.

— Eh bien, ma mère, les arguments de Monsieur ont-ils relevé le cochon dans votre estime ?

— Je tolérerai la vilaine bête, n'exigez pas davantage.

— Je veux vous attaquer par le sentiment. La truie est excellente mère.

— Cela se voit chez tous les animaux.

— Elle est susceptible d'affection pour son gardien. Je me rappelle, dans la porcherie de Grignon, d'avoir assisté à une scène émouvante. Le porcher avait dû s'absenter une semaine. A son

Sanglier et marcassins.

retour toutes les truies étaient en danse. J'en ai vu une lui mettre aimablement le groin et les pattes jusque sur son visage. On prétend que le porc peut rendre à la chasse quelques petits services ; il n'est point insensible aux sons de la flûte, et fournirait des sujets d'églogue.

— Je persiste dans ma haine.

— Eh bien! je frapperai un grand coup. Le cochon a eu pour historien un des hommes qui ont le plus honoré et éclairé notre patrie. Le maréchal Vauban l'a exalté dans un excellent livre : *Traité de la cochonaille.* Il a calculé qu'au moyen d'une avance ou d'un capital de cent quarante mille truies en parfaite santé, et de dix à douze mille verrats (le porc mâle réservé comme reproducteur), on parviendrait, au moyen de l'éducation qu'il indique et des traitements qu'il prescrit, à obtenir une reproduction annuelle de trente millions de porcs, c'est-à-dire un porc par tête d'habitants (les enfants ne formant qu'une fraction de tête). En sorte que nos pauvres des cités, qui ne mangent du boudin que le mardi gras et du jambon que le jour de Pâques, nos ouvriers ruraux, qui ne tâtent un peu de lard qu'à la Noël, vivraient toute l'année de cochon. Douze cochons à manger pour une famille de douze personnes! la poule au pot par ménage, qu'on a rêvée depuis Henri IV, est bien maigre, comparée à ce banquet.

— J'attendrai ce jour heureux de gala pour me décider à aimer votre protégé. D'ici là, j'ai grand peur que ce ne soit lui qui finisse par nous manger, en nous communiquant ses vers intestinaux, ses trichines. Le monstre!

— Vous aussi, ma mère, vous écoutez les médisants! Faites-le cuire à un feu d'enfer; il ne s'y refuse pas, tant il est de bonne composition; ses trichines alors auront perdu tout pouvoir d'incommoder personne. Déjà dans l'antiquité on l'avait calomnié indignement chez différents peuples. Le soldat romain a eu le bon sens de se boucher les oreilles, il s'est gorgé de porc et il a conquis le monde.

« Pour terminer, je vous raconterai comment un de nos gentilshommes français s'est bien trouvé d'avoir pris intérêt au cochon. C'était en l'année 1793; M. le vicomte de la Ponsardière, petit-neveu du maréchal Vauban, achevait ses études dans un collège de Paris. Ses parents avaient émigré ou avaient péri dans la tourmente révolutionnaire. Ses biens étaient confisqués. Il se dit que l'étude des classiques pourra lui orner l'esprit, mais emplira mal sa bourse, tout en le mettant plus en vue parmi les suspects. Il abandonne ses auteurs pour se livrer à l'étude des bêtes, et principalement à l'étude de celle qui, étant bien qu'à tort la moins considérée, lui permettrait le mieux de garder un incognito protecteur, en lui créant des rapports serviables avec les classes inférieures. Pareille idée ne pouvait venir qu'au neveu du grand homme qui avait tenté la réhabilitation du cochon. Il se présente et se fait recevoir à l'école d'Alfort. Dès qu'il a appris suffisamment le métier, il fait son tour de France avec son fouet et sa flûte, offrant sur les marchés et dans les foires son service de *langueyeur de porcs,* ayant diplôme pour l'exercice et assermenté. Après quelques années de cette profession qui le nourrissait et l'abritait contre le danger politique, l'ordre étant rétabli,

il eut l'honneur d'être présenté au premier consul : « Monsieur le
« vétérinaire, lui dit celui-ci après avoir ouï ses aventures, j'ai
« donné des ordres pour lever le sequestre qui existe sur votre
« terre et pour qu'on vous la restitue. Retournez-y, continuez les
« travaux qui firent le charme des derniers jours de votre grand-
« oncle. Il sera plus sage et plus honorable pour l'ancien gentil-
« homme de se faire agronome, d'éclairer les payans, de travailler
« à leur bien-être, que de songer à les reconquérir pour vas-
« saux. »

« Chez le cochon sauvage ou *sanglier* commun, les dents laniaires
font saillie en dehors et prennent le nom de *défenses*. Il en a deux
à chaque mâchoire, recourbées ordinairement vers le haut et latéralement, plus quatorze molaires supérieures et quatorze inférieures. Son corps est d'un noir brunâtre, trapu, robuste; ses soies,
encore plus raides que chez le cochon, forment le long de l'épine
dorsale une sorte de crinière hérissée, quand il est irrité. Ses oreilles
sont droites, courtes et fort mobiles. Il a la vue faible, l'ouïe assez
fine et l'odorat fort développé. Le mâle atteint la taille de nos plus
grands cochons; la femelle ou *laie* est un peu plus petite et mal
armée. Les jeunes *marcassins* sont rayés de blanc et de brun
pendant le premier âge. On dit alors qu'ils portent la *livrée;* ils sont
fort recherchés pour la table. L'animal acquiert tout son développement en cinq à six ans. Il vit jusqu'à vingt. Aristote dit jusqu'à
trente ans.

« Le sanglier habite les grandes forêts de toutes les contrées de
l'Europe et de l'Asie. Il ne se trouve pas en Angleterre, parce qu'il
y a été détruit ainsi que le loup. Dès que la laie a des petits, pour
l'ordinaire de quatre à dix, elle les cache dans les fourrés les plus
épais pour les soustraire à la voracité de quelque mâle, qui ne man-
querait guère de les manger s'il les rencontrait dans les premiers
jours; ils ont aussi à redouter la dent du loup. Elle les allaite pendant trois à quatre mois, et veille sur eux longtemps encore après,
ne cessant de les instruire, de les protéger. Dans les pays peu peu-
plés, il arrive d'ordinaire que plusieurs laies réunissent leurs familles
pour vivre en troupes plus ou moins considérables ; c'est une association maternelle pour l'assurance en commun des enfants âgés
quelquefois de deux à trois ans. Tout ce monde vit en bonne intelligence et se défend mutuellement. Un danger vient-il à menacer, les

vaillantes mères se rangent en cercle, plaçant au milieu les marcassins, et présentant un rempart de boutoirs.

— Et les maris? demande la mère.

— Les vieux mâles, ils sont absents.

— Peut-être ils se réunissent en assemblées, en *clubs,* ainsi que
font certains hommes qui, eux non plus, n'aiment point la vie de
ménage.

— Point; chacun d'eux se retire solitaire, en vieil égoïste, au fond
de quelque hallier bien épais, une *bauge,* c'est le nom consacré. Il
s'y livre à ses réflexions, il ne sort guère que la nuit pour aller en
quête de son repas, ou se vautrer dans quelque mare. Il ne fait pas
bon le troubler dans sa retraite.

« Cette chasse est assez dangereuse; car le philosophe, qui passerait volontiers son chemin sans songer à offenser l'homme, ni même
le plus petit bichon; qui, au moment où on vient le déranger dans
sa bauge, se contente de grogner et cède la place; qui prend le trot
pacifiquement devant la meute insultante, finit par perdre patience.
Il accélère sa marche; renversant tout devant lui; et puis, une fois
convaincu qu'on en veut à sa vie, il s'accule contre un arbre, fait
bravement tête à l'attaque et éventre les chiens.

« M. Toussenel, le chasseur par excellence, va nous donner
quelques informations : « Le jeune sanglier, qui naît pour l'ordi
« naire vers la fin de mars, conserve le nom de *marcassin* aussi
« longtemps qu'il porte la *livrée,* cinq à six mois environ; vers l'au
« tomne, il renonce à la robe de l'enfance et prend le titre de *bête*
« *rousse,* qu'il quitte bientôt pour celui de *bête de compagnie.* L'ani
« mal est dit *ragot* ou *venir à son tiers an* quand il a deux ans
« révolus, et qu'il entre dans sa troisième année; le *tiers an* a ses
« trois années, le *quart an* ses quatre années; plus tard, il est dit
« indifféremment *solitaire* ou *grand vieux sanglier.* Le mâle a les
« mâchoires armées de quatre dents saillantes et dressées vers le
« ciel, deux en bas, deux en haut. Les deux d'en bas s'appellent les
« défenses; elles sont aiguës et tranchantes, et portent des coups
« terribles. Elles se recourbent avec l'âge et perdent leur tranchant;
« on dit alors que la bête est *mirée.* Il semble que les dents de la
« mâchoire supérieure n'aient d'autre fonction que de servir d'aigui
« soir aux défenses. On les nomme *grais.* Je n'ai jamais rencontré
« de laies armées en guerre, c'est-à-dire purvues de puissantes dé-

« fenses, que dans les romans de certains auteurs qui ne font pas
« autorité en matière cynégétique (science de la chasse). Les autres,
« celles qu'on rencontre dans nos forêts d'Europe et dans les plaines
« de l'Abyssinie, de l'Amérique et de l'Inde, sont peu faites pour
« inspirer la terreur: tout au plus leurs boutoirs inoffensifs sont-
« ils de force à découdre un basset. La laie ne découd pas, elle
« mord.

« La chasse du sanglier exige peu de connaissances de la part du

Tapir d'Amérique.

« veneur, peu de finesse d'odorat de la part de la meute. C'est une
« bête de piste grossière et chaude comme le renard, et qui se fait
« chasser de près. Le sanglier bon marcheur est le sanglier de deux
« à trois ans, le ragot ou le tiers an. Il ne prend parti d'habitude
« que lorsqu'il a gagné sur les chiens une avance considérable.
« Cette chasse-là devrait être l'apanage exclusif du mâtin. Les an-
« ciens tuaient le sanglier à l'épieu. Cette méthode, longtemps
« adoptée dans la vénerie française, a été généralement abandon-
« née pour celle du fusil double; toutefois les nobles veneurs sont
« restés, jusqu'à ces derniers temps, fidèles aux traditions de l'art
« antique. Je sais plus d'un chasseur qui dégaine volontiers pour
« venir au secours de ses chiens dans un hallali dramatique, et pour
« attaquer le sanglier au couteau. »

— Mon fils, je me rappelle une certaine chasse au sanglier dont votre père aimait à parler. Elle eut lieu sous le premier empire. Napoléon Ier, à Sainte-Hélène, l'a racontée lui-même au fidèle Las-Cases, qui l'a consignée dans son *Mémorial*. Un jour, à Marly, à la chasse du sanglier, tout l'équipage était en fuite, en véritable déroute d'armée, disait l'empereur; il tint bon, avec Soult et Berthier, contre trois énormes sangliers qui les chargeaient à bout portant. « Nous les tuâmes raides tous les trois, disait-il; mais je fus « touché par le mien, et j'ai failli en perdre le doigt que voilà. » En effet, la dernière phalange de l'avant-dernier doigt de la main gauche portait une forte blessure. « Mais le risible, disait l'em- « pereur, c'était de voir la multitude entourée de tous les chiens « et se cachant derrière les trois héros, crier à tue-tête : *A l'em- « pereur! sauvez l'empereur! à l'empereur!* mais pourtant personne « n'avançait. »

« Les naturalistes s'occupent de donner en France un rival au cochon.

— Un rival! impossible, Monsieur.

— Ce serait le *tapir,* un animal qui a presque sa forme, mais qui appartient à un autre genre. Ce qui l'en distingue à première vue, c'est le nez prolongé en une petite trompe mobile. Sa taille est celle d'un âne ordinaire. Il habite l'Amérique méridionale à partir de l'Orénoque jusqu'à la Plata. L'Asie en possède aussi une espèce à Sumatra, Bornéo, Malacca. Mais c'est sur l'américaine que les acclimateurs ont jeté les yeux.

« Le *tapir,* au sortir de la forêt, s'apprivoise dès le premier jour et ne quitte plus la maison. Au Brésil, dans quelques districts de Minas-Novas et de Goyaz, on l'élève en domesticité et on l'emploie comme bête de somme. Il porte des charges d'environ cent cinquante kilogrammes. Un voyageur, M. Linden, dépose très favorablement en faveur de son intelligence et de sa disposition à s'attacher aux personnes qui le soignent. « J'en ai possédé, dit-il, un jeune qui me « suivait dans mes courses avec la fidélité du chien. » Une circonstance assez remarquable, et qui permettrait peut-être de lui appliquer le mors comme au cheval, c'est que sa bouche offre, comme chez cet animal, des barres, espace vide entre les laniaires et les molaires. Le voyageur aurait dû nous édifier sur ce sujet.

— Eh bien, Monsieur, croyez-vous qu'il n'y a pas là l'étoffe pour remplacer brillamment le cochon? Je suis d'avance toute dévouée au tapir, qui a la fidélité du chien.

— Et la chair, Madame, la chair !

— On n'en dit pas de mal à Cayenne, où elle trouve débit, surtout chez la classe ouvrière.

— Et la faculté d'engraisser, de multiplier! Madame, le porc est inébranlable. Selon votre fils, il a servi de base à l'empire romain; j'affirme qu'il sera la plus forte colonne du nôtre. »

CHAPITRE IX

Lapin. — Lièvre. — Agouti. — Cabiai. — Paca. — Phascolome. — Petit Kangourou.
— Grand Kangourou.

« Le lièvre et le lapin, voilà deux animaux que le cultivateur a maudits bien souvent.

— Ah! Monsieur, que de dégâts les misérables font dans un blé, dans une luzerne! Ce sont des rongeurs de tout bien.

— Ils occupent, en effet, un rang distingué parmi les animaux *rongeurs,* ceux qui n'ont que deux sortes de dents : trois ou quatre paires de molaires, selon les genres, à chaque mâchoire, et à chaque mâchoire aussi deux longues incisives, qui sont incapables de saisir une proie vivante et de déchirer de la chair. « Elles ne peuvent pas « même, dit Cuvier, couper les aliments; mais elles servent à les « limer, à les réduire par un travail continu en molécules déliées, « en un mot, à les ronger. Leur mâchoire est attachée de manière à « n'avoir pas de mouvement latéral, mais seulement un mouvement « horizontal d'arrière en avant, comme il convient pour ronger. » Les quatre incisives sont placées sur deux files, une petite derrière une grande.

« *Lièvre, lapin* et *lagomys* forment trois genres, ayant chacun plusieurs espèces dans une même tribu de rongeurs. Le genre lagomys est le plus petit, de la grosseur du cochon d'Inde ou même du rat d'eau. Il habite la Sibérie, et, en prévoyant animal, s'amasse des provisions d'hiver. Il construit sa meule de foin, qui a parfois deux mètres de haut. Heureux quand l'homme qui parcourt ces

12

déserts ne la rencontre pas et ne la fait pas dévorer en un repas à son cheval !

« Chez le genre lièvre, les oreilles sont plus longues que la tête, les pieds de derrière sont beaucoup plus longs que ceux de devant, la queue a la longueur de la cuisse. Le pelage est d'un gris jaunâtre, la queue blanche avec une ligne noire en dessus. La femelle est *hase,* le jeune est *levraut.*

« Le genre lapin est de taille un peu inférieure. Il a les oreilles plus courtes que la tête, la queue moins longue que la cuisse. Notre lapin commun des bois a le pelage gris, jaunâtre en dessus, blanc en dessous. Sa robe varie beaucoup. La femelle est *hase,* le jeune est *lapereau.* Dans les deux genres la bouche est garnie de poils à l'intérieur. La lèvre supérieure est fendue, les yeux sont saillants. Cinq doigts aux pattes de devant, quatre à celles de derrière, les uns et les autres onguiculés. Le *cæcum,* partie inférieure des petits intestins grêles, est très volumineux.

« C'est surtout par les mœurs que les deux genres diffèrent. Et d'abord, l'antipathie entre eux est grande. Le lièvre ne vivra jamais dans le même canton que le lapin. Enfermez dans une cage lièvre et lapin, ils se feront une guerre à mort. Le lièvre vit en ermite, souvent il a une habitation fixe; d'ordinaire il se contente d'un *gîte,* qu'il change tous les jours; il fait ses petits sur la terre nue. Il affectionne les sillons garnis de céréales bien touffues, pour y établir sa chambre à coucher avec salle à manger. Dans certains pays de terre rase, peut-être il lui arrivera de *terrer :* se loger sous terre. M. Toussenel raconte avoir vu dans sa vie, en France, deux exemples de lièvres qui avaient terré. Ce sont des cas qu'on peut dire exceptionnels.

« Le lapin, au contraire, est d'un caractère gai et d'une nature sociable. Il se creuse des demeures où vivent plusieurs ménages; ce sont presque des cités; chacun y a son logis, son droit de propriété. On s'en va gaiement le matin dans une clairière, prendre tous ensemble un joyeux repas parmi le thym et la rosée. Cette jolie fable de la Fontaine me revient en mémoire :

> Au bord de quelque bois sur un arbre je grimpe,
> Et, nouveau Jupiter, du haut de cet Olympe,
> Je foudroie à discrétion
> Un lapin qui n'y pensait guère.

> Je vois fuir aussitôt toute la nation
>> Des lapins qui sur la bruyère,
>> L'œil éveillé, l'oreille au guet,
> S'égayaient, et de thym parfumaient leur banquet.
>> Le bruit du coup fait que la bande
>> S'en va chercher sa sûreté
>> Dans la souterraine cité.
> Mais le danger s'oublie, et cette peur si grande
> S'évanouit bientôt : je revois les lapins,
> Plus gais qu'auparavant, retomber sous mes mains.

— En ma qualité de dame protectrice des animaux, je ferai observer que le fabuliste aurait dû songer qu'on *s'égaye mal, l'œil éveillé, l'oreille au vent.* Ce qu'il a pris pour gaieté, c'est l'agitation fiévreuse que ces pauvres animaux apportent dans leur repas, entourés qu'ils sont de tant d'ennemis, et sous la terreur incessante que leur inspire le plus terrible de tous, l'homme chasseur.

— Mais, Madame, sans le plomb qui les réprime, que deviendrait ma récolte ! Votre bois, où vous aimez à vous promener, cesserait bientôt de repousser si votre garde n'avait soin de détruire cette engeance.

— J'avoue que je les trouve bien jolis, et que j'ai plaisir à les apercevoir à la dérobée à travers la feuillée, assis sur le derrière, se nettoyant le museau avec leurs pattes de devant. Ils sont si propres !

— J'ai lu, Madame, dans un gros livre qui a pour titre : *L'Admirable Recueil des merveilleux secrets et des agréables récréations pour passer joliment son temps à la campagne,* que dans les temps anciens une ville d'Espagne fut détruite de fond en comble par des colonies de lapins, qui s'établirent sur les fondations et y devinrent tellement les maîtres, que les habitants furent obligés de déguerpir.

— Le fait est mentionné par deux savants recommandables, Pline et Varron.

— J'ai lu dans mon livre que, dans certaines îles nommées Baléares, les habitants se virent contraints d'envoyer à Rome une députation pour demander des secours militaires contre l'invasion des lapins.

— Un fait emprunté aux deux mêmes savants.

— Les habitants d'une autre île (Lipari) se trouvèrent si horriblement infestés, que l'on convoqua le peuple et le sénat. Après mûre délibération, on ordonna une levée générale de tous les chats qui existaient dans l'île, et on les lâcha contre les lapins.

— Strabon raconte, en effet, l'anecdote.

— Mon livre décrit le lapin d'après Aristote, le plus grand savant des temps anciens.

— Ici, permettez-moi de vous arrêter. Cuvier, l'Aristote des temps modernes, et Isidore Geoffroy, qui font autorité, constatent qu'Aristote a gardé le silence au sujet du lapin. La domestication de cet animal ne remonte pas au delà du second siècle de notre ère; elle paraît s'être opérée d'abord dans l'île de Corse.

— Ce fut une bonne idée pour la nourriture des pauvres gens. Moi aussi, Monsieur, j'ai mon livre, tout petit et à très bas prix, écrit par un trappiste, le P. Espanet, sur l'*Éducation du lapin*. Je le recommande à votre ménagère.

— J'appliquerai, Madame, au lapin ce que vous disiez au sujet du cochon. Enfermez-le, vous ne l'enfermerez jamais assez soigneusement.

— Au grand couvent de la Trappe on a fait de l'élevage du lapin une véritable science. J'ai lu le livre avec intérêt. Un *clapier*, j'allais dire un pensionnat de lapins, se construit à peu de frais. Un vieux bâtiment délabré dans lequel on établit des loges en treillage de fil d'archal, ou même, ce qui exige un capital moindre, des loges construites en osier, comme on construit les paniers, mais à mailles très larges, convient admirablement. Le trappiste recommande le système cellulaire, tant pour les mâles que pour les femelles.

« Pour un clapier de cinquante lapines et même cent lapines, dont cinquante sont supplémentaires, il suffira de cinq lapins mâles conservés comme reproducteurs (sauf deux ou trois de réserve en cas d'accident). La loge d'une mère nourrissant des petits aura un demi-mètre de large sur un mètre de long et près d'un mètre et demi de haut. Pour celle qui attend de devenir mère, il suffira de quarante centimètres carrés de surface. On donnera à la loge du mâle un peu plus d'étendue. Des galeries à compartiments de différentes grandeurs recevront les petits une fois en sevrage, par troupe d'une vingtaine, et les lapereaux de différents âges jusqu'à l'âge d'adulte, l'âge propre à l'engraissement : les petits d'un côté, les petites d'un autre. On entretiendra dans toutes les loges et appartements communs de la litière propre et sèche, en y jetant un peu de paille ou de mauvais foin dans l'intervalle des nettoyages.

— Le trappiste a raison, Monsieur; c'est pitié de voir dans certains clapiers bourgeois des planchers de zinc ou de briques vernissées qu'on nettoie chaque jour à grande eau, ce qui tient les animaux dans une humidité nuisible. Un clapier de cinquante nourrices seulement (sans les lapines supplémentaires) doit donner

Lièvre et lapin de garenne.

assez de fumier pour la culture d'un hectare. Et le produit d'un hectare pourvoit largement à l'alimentation de tout le clapier.

— Ah! Monsieur, il a donc du bon ce lapin que vous maudissiez?

— Enfermé, je ne le nie pas, Madame, enfermé sous de bons verrous : le scélérat!

— Nous avons en France plusieurs variétés de lapins, depuis le rouennais, dont le poids dépasse six kilogrammes et que recommandent son poil gris-argenté, sa tête effilée et sa croupe large et arrondie, jusqu'au niçard de Provence, du même poids, mais au poil fauve, à la tête ronde; et depuis le lapin le plus gros jusqu'à la variété qui ne dépasse pas en poids deux kilogrammes, on en élève à peu près partout de toute espèce et de toute grosseur. Nous ne dirons rien du lapin *angora*, qu'on élève pour son poil, sur lequel, dans le temps de la mue, on peut retirer chaque jour à l'aide du peigne une once de précieux duvet. Le trappiste proclame la variété commune à très longues oreilles, au poil gris, au long corsage et du poids moyen de trois à quatre kilogrammes, comme la plus saine, la plus vivace et la plus constamment féconde.

« Le trappiste aime le lapin alerte, qui frappe fort et ferme du talon sur le sol ; la lapine d'humeur un peu sauvage est préférable à celle qui est trop familière, qui a les mœurs très douces. Méfiez-vous de celle qui ne prépare pas à l'avance pour ses petits à naître une couche de duvet arrachée à son ventre. Au bout de quatre ans de service, réformez le mâle et la femelle. « Lorsque nous avons le même « jour, dit le trappiste, une femelle donnant nichée de quatorze ou « quinze petits, à côté de telle autre donnant nichée de trois ou « quatre seulement, nous ôtons quelques-uns à la nichée trop forte « et nous les mêlons à la nichée faible. L'allaitement réussit fort bien « ainsi. »

« Il calcule que jusqu'à huit ou neuf mois, un lapin gagne au moins en valeur vingt-cinq centimes par mois à dater du sevrage, qui a dû durer environ un mois. Ainsi, le lapereau de deux mois vaudra vingt-cinq centimes ; à trois mois il en vaut cinquante. Enfin à huit mois il vaut un franc soixante-quinze centimes, et il peut augmenter de prix dans cette proportion encore plusieurs mois, mais avec de bons soins. Il y aura avantage à le porter au marché à sept ou huit mois.

« A la Trappe, les habitants du clapier font trois repas annoncés au son de la clochette : le matin, à midi, et le soir. M. Magne ne conseille que deux repas. « Le lapin, dit-il, mange surtout la nuit ; « il aime à se reposer pendant le jour et à dormir à midi. » Ici cependant le trappiste pourrait avoir raison : la respiration chez le lapin est très fréquente ; le cœur bat cent trente fois par minute, la digestion doit s'opérer en très peu de temps. Le son de la clochette a cela de bon, que les animaux ne comptent que sur ce signal seul, et ne sont pas tentés de se déranger à chaque entrée d'un visiteur dans le clapier. Les repas, que l'on a soin de varier le plus possible, se servent dans des mangeoires et au râtelier. L'élévation du râtelier doit être proportionnée à la taille de l'animal, lapin ou lapereau, de manière que pour y atteindre il soit obligé de se dresser sur ses pattes de derrière; c'est le meilleur moyen pour qu'il ne gaspille pas la nourriture, car il n'aime pas à manger ce qu'il a une fois foulé.

« Un excellent usage est de toujours adjoindre à leurs aliments un rameau d'arbre ou d'arbuste, en observant que ce ne soit point d'if, d'amandier, pêcher ni laurier. Le rameau à peine grignoté par l'animal dénote que la ration en autres aliments est plus que suffisante; dépouillé de toute son écorce, il indique que l'animal demande à être réconforté. Comme plantes qui sont un poison, proscrivez la ciguë, la belladone, le stramonium, le gouet (pied de veau), l'euphorbe, et toutes les plantes de cette famille.

« Dans un clapier de cinquante lapines et de cinq lapins reproducteurs, on doit obtenir sept nichées par an, ce qui, à raison de sept petits par nichée en moyenne, donnera le chiffre de deux mille quatre cent cinquante lapereaux. Si on adopte le système d'avoir cinquante lapines supplémentaires, avec des loges pour les lapines qui ne nourrissent pas, et qu'à chaque lapine on ne compte que cinq nichées par année, on doit obtenir mille cinquante lapereaux de plus que dans le premier cas.

— Monsieur l'ennemi du lapin, ajoute la mère, retenez bien ce calcul de mon aimable petit livre du trappiste. « Supposons un petit « clapier, un élevage restreint à six lapines, à sept petits par nichée, « elles donneront ensemble deux cent quatre-vingt-quatorze petits « par an. Comme le terme moyen de séjour n'est que de sept à huit « mois, il y aura toujours moins de deux cents têtes au clapier, « parmi lesquelles un quart tette encore, et un quart mange peu, de « sorte que l'éleveur n'aurait guère qu'une centaine de rations à leur « fournir. Eh bien, un enfant de douze ans suffit à cette besogne. « Cet enfant, dans la ferme de son père, dans son village, aux portes « d'une ville, élèvera donc un mâle et six lapines, avec leurs deux « cent quatre-vingt-quatorze petits. Sur ce chiffre on peut vendre « quatre-vingts lapereaux de cinq mois, cinquante de six mois, « quatre-vingt-quatorze de sept mois, et enfin cinquante de huit « mois et engraissés, tout en supposant la perte de quarante lape- « reaux pour les chances de maladies mortelles. »

— Eh! eh! Madame, il y a là la source d'un assez beau bénéfice. J'en causerai avec ma femme.

— Nous lisons dans le trappiste : « On ne doit pas donner aux

« lapins de l'eau en nature, ce serait s'exposer à tuer en peu de
« temps ceux qui en boiraient. Le lapin, d'ailleurs, a naturellement
« horreur de l'eau : jeune, il boirait plutôt du lait, et du vin dans sa
« vieillesse. » D'un autre côté, M. Magne a dit : « Les lapins doivent
« pouvoir boire à discrétion. On tiendra à leur disposition de l'eau
« fraîche qu'on renouvellera souvent ; et chaque fois qu'on la chan-
« gera, les vases qui la contiennent seront nettoyés. » J'adopterais
« de préférence l'avis du vétérinaire.

« Il faut l'avouer cependant, la chair du lapin de clapier ne vaut
pas celle du lapin élevé dans une *garenne* à l'état sauvage. Aussi
Chicaneau, dans la comédie des *Plaideurs,* provoque-t-il toujours le
rire lorsqu'il dit à son valet avec peu de bonne foi :

> Prends-moi dans mon *clapier* trois lapins de *garenne,*
> Et chez mon procureur porte-les ce matin.

« Mais les grands propriétaires seuls peuvent se donner le plaisir
d'entretenir une *garenne,* c'est-à-dire une localité fermée assez
grande pour que le lapin y vive à l'état sauvage. Olivier de Serres,
dans son livre *Théâtre de l'agriculture,* veut que la garenne soit sur
un coteau exposé au levant ou au midi, dans une terre légère, mais
non pas au point que l'animal n'y puisse former son terrier. Le mieux
est de l'enceindre d'une muraille avec fondation à chaux et ciment
de six pieds en terre, pour empêcher l'animal de s'échapper par dessous. Un fossé d'enceinte de six à sept mètres de large sur deux de
profondeur est dans certains cas suffisant : le bord extérieur sera
taillé à pic, et le bord interne disposé en pente douce. La garenne
sera plantée d'arbres fruitiers de toute sorte et aussi de chênes. On
y sèmera des fourragères ainsi que des plantes aromatiques ; et si le
sol se refuse à fournir assez d'aliments, on peut y placer dans l'hiver
des meules de foin, ou mieux y construire des hangars où l'on entretiendra bien garnis de petits râteliers.

— Convenez, Monsieur, que c'est là de l'argent follement dépensé.

— Cela dépend des localités et des circonstances. Français de
Nantes cite plusieurs cas en Angleterre où le capital ainsi employé
donne plus de dix pour cent. Il cite chez un gentleman de ses amis
telle garenne qui rapporte 10,000 francs de rente ; telle autre dans
le comté d'York, où un de ses amis a vu prendre douze cents lapins

en une seule nuit. Il cite, en Irlande, un curé catholique de la
paroisse de Rey qui vend tous les ans pour 4,000 francs de lapins
pris dans sa garenne. Nos très riches propriétaires qui ont des terrains vagues, impropres à toute culture, et qui aiment la chasse en
toute saison, ont chez nos voisins ces exemples à imiter.

« A côté de notre lapin la Société d'acclimatation se propose d'introduire deux nouveaux rongeurs de plus.

— Dans la garenne, ou le clapier, Monsieur?

Agouti et cobaye.

— Condamnés à n'en jamais sortir. Ce seraient d'abord l'*agouti*,
du pays des Patagons, que l'on connaît à Buenos-Ayres sous le nom
de *lièvre des pampas,* que les naturalistes désignent sous le nom de
chloromys; le *cabiai* et le *paca,* tous trois signalés depuis longtemps
par Daubenton.

« Les naturalistes font de l'*agouti* un genre à part qui a plusieurs
espèces; celle qu'on recommande est le *mara.* Les formes ont de
l'analogie avec celles du lapin; mais les oreilles sont assez courtes;
il est plus gros et plus haut sur pattes ; le derrière est plus carré
et la queue semble un tubercule. Le voyageur M. d'Orbigny nous
apprend qu'il creuse des terriers à une seule issue, peu profonds
et sans divisions à l'intérieur, et y dépose ses petits. On les voit
généralement par couples; il en a vu jusqu'à vingt réunis. Leur

chasse est assez difficile, et serait appréciée par les amateurs ; ils mordent fort bien de leurs incisives ; leur chair, assez blanche, serait délicieuse accommodée par un bon cuisinier. Avant l'introduction du bétail par les Espagnols, le mara servait de nourriture aux Indiens Patagons et Puelches, et ils cousaient les peaux pour en faire un vêtement.

« Le *cabiai* appartient au même genre que le *cobaye,* que nous nommons cochon d'Inde. Entre les deux espèces la différence est que le premier est de grande taille (il atteint un mètre de longueur), qu'il est haut sur ses jambes et que sa chair est très estimée ; tandis que le second est fort petit et ramassé, et que sa chair est tout au plus mangeable. Le pelage des premiers est d'un brun noirâtre ; chez le second il est blanc avec de grandes plaques noires et jaunes. Chez le premier, qui habite le bord des eaux et nage volontiers, les doigts sont réunis par des membranes. Il est très répandu à la Guyane ainsi que dans les pays baignés par l'Orénoque et les affluents du Maragnon. Le second, originaire de l'Amérique du Sud, est depuis long-temps acclimaté chez nous.

« Le *paca,* qui forme un genre à part, a beaucoup d'analogie avec les animaux précédents. Il habite aussi les forêts de l'Amérique du Sud, et sa chair est fort estimée. Il est de la grosseur de nos lièvres. Son pelage, brun, est marqué de taches blanches disposées en séries longitudinales.

« Pour nos clapiers et garennes, les acclimateurs recommandent encore des animaux qu'ils empruntent à l'ordre des *marsupiaux,* c'est-à-dire ayant une bourse ou sac au-devant du ventre (du mot grec *marsupos,* bourse). Les petits, à leur naissance, se réfugient dans le sac de leur mère et là s'attachent à ses mamelles pour teter.

« Parmi les recommandés, c'est d'abord le *phascolome* ou rat à bourse, nommé aussi *wombat* par les voyageurs français. D'après Lesson, ce rongeur, de la grosseur d'un mouton, a le corps trapu, est bas sur jambes, manque de queue. Ses formes lourdes le font comparer à un petit ours. D'une grande douceur de mœurs, il se creuse un terrier où il se retire pour dormir pendant le jour en se roulant en boule. La nuit il va cherchant sa nourriture, qui ne consiste qu'en herbes. En domesticité il s'accommode de pain, de fruits, de racines et même de lait, et est peu difficile à élever. Sa

chair est succulente. Il habite les régions montagneuses et boisées
de l'Australie.

« A côté de lui pourrait se placer le petit kanguroo, qui est de sa
grosseur, tandis que le grand kanguroo, qui atteint parfois un mètre
trente-huit centimètres de longueur avec une queue de un mètre
quatorze centimètres, viendrait habiter les parcs, dont il serait un
curieux ornement.

« Le kanguroo, dit Lesson, a été créé sur un type bizarre. La
« moitié inférieure de son corps semble développée aux dépens de
« la supérieure, car celle-ci est grêle, aiguë, portant des ébauches
« de membres : l'autre est évasée, robuste, terminée par des jambes
« longues et nerveuses et par une queue plus robuste encore. A
« cette forme insolite viennent se joindre la poche où les petits
« prennent leur premier développement, une tête de lièvre, de
« longues oreilles de brebis, un pelage formé de poils soyeux ou
« jarre chez certaines espèces, et de laine chez d'autres, et des sortes
« d'ongles creusés en forme de sabots. » Ils manquent de pouces,
et ont les deux premiers doigts réunis jusqu'à l'ongle : en sorte
qu'on croit d'abord n'y voir que trois doigts, dont l'interne aurait
deux ongles.

« Le kanguroo marche rarement sur les quatre pattes, il procède
par bonds. Celui de grande taille, lorsqu'il est poursuivi, peut faire
des bonds de sept à neuf mètres d'étendue et de deux mètres à deux
mètres et demi de hauteur. Sa robuste queue presse alors le sol et
se détend comme un puissant ressort qui chasse le corps en l'air. Les
pattes antérieures viennent toucher un instant le sol, et la pression
de la queue recommence. Au repos, l'animal se tient sur sa queue
et sur ses membres postérieurs. Parfois les pattes de devant portent
l'aliment au museau, qui le flaire.

« Sa chair est bonne. Les premiers voyageurs, parmi lesquels
l'Anglais Oxley, l'ont comparée à la viande de bœuf.

— Je m'en rapporterais plutôt, dit la mère, au goût du naviga-
teur français Péron, qui est venu après eux. Elle lui a rappelé la
chair du lapin de garenne, et plus aromatique, ce qui ne la gâterait
pas. Quant aux mœurs et à la nature affectueuse des kanguroos, je
n'ai point oublié une chasse qu'il leur fit dans son séjour sur l'île
Bernier. Les femelles portaient dans leur sac un petit assez gros
qu'elles cherchaient à sauver avec un courage véritablement admi-

rable. Blessées, elles fuyaient en l'emportant, et ne l'abandonnaient jamais que dans les cas où, trop fatiguées, trop épuisées par la perte de leur sang, elles ne pouvaient plus le sauver. Alors elles s'arrêtaient, et, s'accroupissant sur leurs pattes de derrière, elles l'aidaient avec leurs mains à sortir du sac impuissant à le protéger, et cherchaient, en quelque sorte, à lui désigner les lieux de retraite où il pouvait espérer son salut. Elles-mêmes se relevaient pour fuir avec toute la vitesse que leur blessure permettait; et si le chasseur cessait de les poursuivre, on les voyait revenir vers leur enfant, l'appeler par une sorte de grognement particulier, le caresser en le revoyant, et se hâter de le serrer dans leur sac et de chercher un abri sûr. Frappées mortellement, la dernière pensée de ces malheureuses mères était pour leurs petits, qu'elles se hâtaient de mettre hors de leur sac avant d'expirer.

— M. Lesson raconte l'histoire moins attristante d'un kanguroo que son maître, un soldat de la garnison de Sidney, avait apprivoisé et dressé à boxer contre le boxeur, qui présentait les poings et se mettait en garde devant lui. D'abord il se bornait à faire le simulacre de donner ou recevoir des coups; puis, lassé, il finissait par frapper violemment de sa queue son antagoniste, et partait d'un bond pour se soustraire à la correction qu'il pensait avoir méritée. Souvent il jetait ses pieds de derrière avec violence pour mettre fin au combat. Il jouait avec son maître en le caressant avec des démonstrations de vive tendresse. »

CHAPITRE X

Cerf. — Daim. — Chevreuil. — Nilgau. — Canna. — Gazelle.

« Les propriétaires de forêts et de parcs tiennent beaucoup aux animaux de grande taille qui les peuplent, dont la chasse est un plaisir, et qui fournissent leur table d'une venaison quelquefois succulente. Nous ne connaissons aujourd'hui en France que le cerf, le daim et le chevreuil, qui appartiennent à l'ordre des animaux ruminants, et au genre cerf, caractérisé comme un genre distinct par l'existence de prolongements frontaux de structure tout à fait osseuse qu'on appelle *bois,* parce qu'ils se ramifient comme une branche. Le bois n'orne, en général, que la tête des mâles, et tombe à certaines époques pour renaître amplifié.

« Le *cerf* proprement dit, ou *cerf commun* (la femelle est la *biche,* le jeune est le *faon*), est une espèce qui appartient à toute l'Europe. Il atteint parfois la hauteur d'un cheval. Son pelage, en été, est fauve brun avec une ligne noirâtre, et de chaque côté une rangée de petites taches d'un fauve pâle le long de l'épine. En hiver, il est d'un gris brun uniforme; mais en tout temps la croupe et la queue sont fauve pâle.

« Le bois apparaît à l'âge de six mois sous forme de deux bosses ou *bossettes,* qui, au bout d'un certain temps, s'allongent, deviennent cylindriques, et reçoivent le nom de *couronnes.* La peau qui les recouvre se dessèche et tombe, le cerf est maintenant armé. Bientôt le bois, subissant une sorte de maladie, se sépare du crâne auquel il tenait, et tombe. Un nouveau bois repousse, qui subit les mêmes vicissitudes. On donne le nom de *merrain* au corps principal du bois, celui de *meule* à l'anneau qui est à sa base, celui de *pierrures* aux tubercules dont le bord est parsemé, et celui *d'andouillers* ou de *cors* aux ramifications de la tige. Lorsque le bois ne représente qu'une simple tige sans branches, on l'appelle *dague;* cette dague n'apparaît chez les jeunes cerfs qu'après la première année. La ramification la plus rapprochée de la base du bois se nomme *maître-andouiller;* on nomme *empaumure* le sommet où est la réunion de trois ou quatre andouillers. Après chaque chute de bois le cerf refait sa parure avec un andouiller de plus; le nombre en peut aller jusqu'à vingt-deux. Le bois dure une année, quelquefois deux, avant de tomber. On attribue à tort au cerf une grande longévité; sa vie dépasse rarement une vingtaine d'années.

« Le faon qui prend bossettes est dit *hère.* On le nomme *daguet* pendant toute la seconde année où sa tête ne porte qu'une simple *dague.* De trois à six ans, il est *jeune cerf,* à six ans, il est cerf *dix-cors jeunement;* à sept ans, on l'appelle cerf *dix-cors,* passé huit ans il est appelé *vieux cerf.*

« Le cerf est de mœurs douces; il n'emploie les armes dont sa tête est pourvue qu'à la dernière extrémité, lorsqu'il est aux abois, c'est-à-dire atteint par la meute qui aboie et le mord. Il blesse alors chiens, chevaux et piqueurs.

— C'est alors, dit la mère, qu'il pleure sans émouvoir ses bourreaux.

— Grâce au larmier, canal extérieur qui existe au-dessous du coin de l'œil, ses larmes sont apparentes, tandis que celles du cheval s'épanchent par un canal mystérieux dans les narines. Forcer un cerf n'est pas chose facile.

« Outre que ses pieds sont légers, qu'il nage admirablement et qu'il saute encore mieux, son cerveau est fertile en expédients pour dérober sa piste aux chiens.

« Nous lisons dans le grand fabuliste :

> . . . . . . Cependant, quand aux bois
> Le bruit des cors, celui des voix,

> N'a donné nul repos à la fuyante proie,
> Qu'en vain elle a mis ses efforts
> A confondre et brouiller la voie,
> L'animal chargé d'ans, vieux cerf, et de dix cors,
> En suppose un plus jeune, et l'oblige, par force,
> A présenter aux chiens une nouvelle amorce.

« M. Boitard raconte un exemple de ruse assez plaisant dont il fut témoin sous le premier empire. « Un vieux cerf habitant un can-« ton du bois de Meudon, vingt fois fut mis sur pied par la meute « impériale. Il se faisait battre dans les bois pendant un quart « d'heure, puis tout à coup il disparaissait, et ni hommes ni chiens « n'en avaient plus de nouvelles, ce qui mettait les piqueurs au « désespoir régulièrement tous les quinze jours. Enfin un paysan « que le hasard avait rendu plusieurs fois témoin de la ruse « de l'animal, le trahit, et le pauvre cerf fut pris. Voici comment « il agissait. Après avoir fait deux ou trois tours dans les bois « pour gagner du temps, il filait droit vers la route de Fontai-« nebleau, se plaçait en avant d'une diligence ou d'une voiture « de poste, trottait devant les chevaux, qui effaçaient sa piste, « et sans se presser davantage, sans s'effrayer des voyageurs à « cheval et à pied ou en voiture qu'il rencontrait, il faisait ses six « lieues et arrivait gaillardement dans la forêt de Fontainebleau, « d'où il ne revenait que le lendemain, quand le danger était « passé. »

— Vous rappelez-vous, mon fils, une certaine biche de la même époque, dans la forêt de Saint-Germain, dont votre père nous parlait souvent? La biche, au lancer, imagine de se réfugier tout d'abord sous la calèche de l'impératrice Joséphine, qui se trouvait au rendez-vous de la Muette. Les chiens la suivent en aboyant et mordant; impossible de la faire déguerpir de son asile. Survient l'empereur. Joséphine demande la grâce de l'animal qui a été si bien inspiré. Depuis lors la biche porta au cou un collier d'argent où le nom de sa bienfaitrice était gravé. Elle habita le parc réservé, et à travers le grillage daignait recevoir les offrandes de pain que les visiteurs s'empressaient de lui offrir.

— Vous avez eu tout à l'heure velléité de citer Aristote, monsieur le cultivateur : voici ce que nous enseigne ce grand philosophe. Le cerf, qui n'aime pas les bruyantes fanfares, est très sensible à la mélodie tendre. Point n'est besoin pour le prendre d'un personnel nombreux de chiens et de veneurs. Il suffit de deux compagnons dont l'un sache jouer de la flûte. Tandis que le musicien tient l'animal sous le charme des sons enchanteurs, l'autre s'approche en tapinois de la victime et lui plonge son poignard dans le sein.

— Oh! dit la mère, le conseil est digne du précepteur d'un conquérant, d'un égorgeur de nations.

— La blessure que fait le cerf avec son bois est de nature mauvaise. Il y a un proverbe de vénerie qui dit : *Au sanglier la haire, au cerf la bière,* pour exprimer que les andouillers du *dix-cors* sont plus meurtriers que les défenses du vieil ermite forcé dans sa bauge.

« La chair du faon est bonne; celle de la biche et du daguet vaut un peu moins; celle du cerf a un goût peu agréable.

« Le *daim* ne défend que par sa course rapide sa venaison, qui est plus succulente; il est de mœurs nullement belliqueuses. Moins grand que le cerf, son pelage est d'un brun noirâtre, en été fauve et tacheté de blanc, les fesses blanches en toute saison; la queue, qui descend jusqu'au replis de la jambe, est noire en dessus, blanche en dessous. Le bois n'est pas rond, mais plat. Ce n'est d'abord qu'une dague légèrement arquée; il forme, la seconde année, deux andouillers qui commencent à faire palmature. Dans les années qui suivent, cette palmature se dentelle et se développe. Passé un certain âge, ce bois présente cette particularité qu'il reprend moins de hauteur, et se divise en lanières. Le daim vit par troupes plus ou moins nombreuses.

« Le chevreuil est un charmant animal de pelage gris fauve, à fesses blanches; sans larmiers et presque sans queue. Il y a des individus d'un roux très vif, d'autres noirâtres. M. Toussenel le déclare le plus joli, le plus rapide et le plus délicat de tous nos coureurs. « Il a, dit-il, le doux regard de la gazelle; il ne lui a manqué « pour être chanté par les poètes que d'avoir un nom aussi doux. » Sa venaison est encore plus fine que celle du daim, et il la défend avec plus de rapidité que le cerf, plus de ruses que le lièvre, et une vertu de plus, le sang-froid dans le péril. « Il a dans la tête, au dire « de l'écrivain chasseur, la liste de tous les individus de son espèce « qui séjournent dans son voisinage; il sait l'âge, le buisson, le gîte

« de chacun. » Au besoin il vient le requérir, et de gré ou de force
lui fait enfiler sa piste pour donner le change à la meute, et
prendre lui-même un peu de repos, tapi sous un buisson bien
sombre.

— N'oublions pas, dit la mère, qu'il est le modèle des affections

Cerf et biche.

de famille. La femelle ou *chevrette* fait choix d'un *broquart* pour
mari, et l'union dure toute la vie. Quoique moins armé que le cerf
et le daim, le broquart défend sa chevrette avec courage. On forme
de grandes bandes, qui sont composées de ménages. Les enfants
vivent avec pères et mères jusqu'à l'âge adulte; ils contractent à leur
tour l'union conjugale, et ce sont des ménages de plus qui grossissent
la bande.

— Sortons un instant de France, et passons aux contrées gla-

ciales des deux continents : Laponie, Spitzberg, Sibérie, Groën-
land, Nord-Canada. Nous y trouverons une espèce du genre cerf,
le *renne* (*cervus rangiferus*), qui rend d'immenses services au
Lapon principalement. Il tire ses traîneaux et porte ses fardeaux,
lui donne un lait très nourrissant, et sa peau revêtue de ses
poils fournit un vêtement chaud et imperméable. Buffon pensait
que le renne a jadis habité les Alpes et les Pyrénées; Cuvier
vit là une erreur provenant d'une faute commise par un copiste
du manuscrit de Gaston Phœbus sur la *vénerie;* mais les récentes
découvertes de la paléontologie ont donné raison à Buffon, en dé-
montrant que le renne a en effet habité les Gaules à une époque
antérieure aux temps historiques, et qu'on a nommée « l'âge du
Renne ».

« Le bois du renne, recourbé en avant, se divise en plusieurs
branches, d'abord grêles et pointues, mais qui finissent avec l'âge
par se terminer en palmes élargies et dentelées. Caractère remarquable, la femelle porte un bois comme le mâle, mais plus petit,
et dont les empaumures sont plus étroites. Le bois du mâle atteint
parfois un mètre soixante-douze centimètres de longueur. L'animal
adulte, sauvage, est à peu près de même grandeur que notre cerf;
en domesticité, sa taille ne dépasse guère celle du daim; son
corps est plus large, ses jambes plus courtes, plus épaisses, ses
pieds plus gros; il a plus de la tournure d'un veau que d'un
cerf. Son poil, brun pendant l'été, devient presque blanc en
hiver. L'été, il broute les boutons et les feuilles d'arbre; l'hiver,
il vit d'un lichen qu'il sait fort bien flairer et découvrir sous la
neige.

« Le traîneau du Lapon est très léger, garni en dessous de peaux
de rennes, le poil tourné contre la neige, et couché en arrière,
pour faciliter le mouvement et s'opposer au recul dans les pentes à
gravir. L'animal s'attelle avec un collier de cuir; le trait part du
poitrail et passe sous le ventre entre les jambes. Une corde attachée
à la racine du bois flotte sur le dos ; on la jette d'un côté ou de
l'autre, selon la direction qu'on veut imprimer. Un riche Lapon
possède de quatre à cinq cents et quelquefois jusqu'à un millier de
rennes.

« Aux habitants de nos forêts, les acclimateurs rêvent d'adjoindre
quelques espèces appartenant à la tribu des antilopes, ruminants

ayant des formes assez analogues à celles du genre cerf, mais dont
les cornes sont creuses et ne tombent pas périodiquement; elles
prennent lentement un accroissement annuel. Les plus recomman-
dées sont : le *nilgau*, le *canna* et la *gazelle*.

« Le *nilgau*, ou *taureau-cerf*, est appelé par le naturaliste Pallas
antilope peinte, en raison d'un double anneau de couleur blanche
qu'il porte à ses quatre jambes, et qui tranche sur son pelage de

Gazelles.

couleur grise. Son train de derrière est plus court que celui de devant. Il porte au bas du cou une forte masse de longs poils qui
semble un fanon empesé. Il habite le Mogol, et sa venaison est réservée pour la table du monarque. Le don d'un de ses gigots est une
faveur des plus enviées par les seigneurs de la cour. Depuis une
trentaine d'années, lord Derby, dans son parc de Knowsley, entretient une petite bande de ces animaux. On en voit aujourd'hui
dans plusieurs jardins zoologiques de l'Europe. Il est de la taille
du cerf.

« Le *canna*, ou *élan* du cap de Bonne-Espérance, est de la taille
des plus forts chevaux; son pelage est grisâtre, avec une petite cri-

nière le long de l'épine. Le cou a un fanon à poils très longs; la queue se termine par un flocon. Il est déjà parmi les commensaux de lord Derby, et figure dans quelques jardins zoologiques. Lord Hill en fit tuer un chez lui il y a quelques années. Un quartier fut envoyé à la reine d'Angleterre, un à l'empereur des Français, un à la Société d'acclimatation; le reste a été employé à divers essais fantaisistes. L'opinion a été unanime, tant aux augustes tables qu'à la table savante et chez les experts culinaires, pour constater « que la viande du canna est extraordinairement suc-
« culente, d'un tissu fin, d'une saveur très délicate, et qui jus-
« tifie les espérances que l'on avait conçues de sa qualité supé-
« rieure. »

— Voilà, Monsieur, le canna placé autant au-dessus du nilgau que les trônes de la Grande-Bretagne et de France le sont au-dessus de celui, bien inconnu pour moi, du Mogol. Mais ce sont là viandes pour des monarques et des lords. Un fermier n'en tâtera pas de sitôt.

— Je ne vous en ai parlé que comme objet de curiosité. Si vous jugez inutile...

— Mon fils, je désire que vous acheviez. Vous avez nommé la gazelle, je m'intéresse beaucoup à elle.

— La *gazelle* ou *dorca* est plus mince, plus délicate encore que notre chevreuil. Ses cornes sont rondes, grosses et noires. Son pelage, fauve clair en dessus et blanc en dessous, présente une bande brune le long de chaque flanc. Pour les poètes arabes, la gazelle est l'emblème de la jeune et belle femme craintive, aux grands yeux, à l'allure cambrée et aux formes souples. « La beauté pro-
« verbiale de ses yeux et la blancheur de ses dents, dit le général
« Daumas, ont donné lieu à des pratiques assez singulières. Les
« femmes qui ont l'espoir de devenir mères font venir une ga-
« zelle devant elles pour lui lécher les yeux, persuadées que les
« yeux de l'enfant que Dieu enverra leur ressembleront. Elles tou-
« chent ses dents avec leur doigt et se le passent ensuite dans la
« bouche dans une intention analogue. » La gazelle vit très bien en France. J'en ai vu à l'état privé, dans le parc de Neuilly, qui faisaient la grande joie du comte de Paris enfant. On en rencontre dans quelques jardins des somptueuses demeures de nos Parisiennes.

— Et ses qualités en ménage valent-elles celles du ménage chevreuil?

— Exactement les mêmes.

— La suprême beauté unie à l'honnêteté! mon fils, nous ferons venir d'Algérie un couple de gazelles : c'est un joli luxe; nous distribuerons leur descendance à nos amis »

CHAPITRE XI

LA BASSE-COUR, LE COLOMBIER ET LA VOLIÈRE

Coq. — Dindon. — Hocco. — Marail. — Paon. — Faisan. — Perdrix. — Gambra.
— Colin boui. — Colin huppé. —
Oie. — Bernache. — Canard. — Canard musqué. — Canard à éventail.
— Cygne. — Pigeon. — Tourterelle. — Tourterelle rieuse.

« Nous allons parler des habitants de la basse-cour, du colombier, de la volière. Ils appartiennent à la classe des oiseaux. Les animaux dont nous avons parlé jusqu'ici avaient des mamelles, étaient de la classe des mammifères. L'oiseau n'en a pas ; il a un *bec* d'une substance cornée, dépourvu de dents proprement dites, la peau garnie de *plumes,* et les membres antérieurs disposés en *ailes.*

« Nous ferons bien de considérer d'abord le dessin de l'ensemble d'un oiseau, que Cuvier donne dans son grand ouvrage : *Le Règne animal,* avec l'indication des noms par lesquels il désigne les différentes plumes et les diverses parties du corps. Autrement nous aurions peine à comprendre la description des caractères qui distinguent les genres et les espèces d'oiseaux, à mesure qu'ils vont se présenter à nous.

« Voici, en outre, un squelette que nous pouvons comparer à celui que nous avons vu de l'homme et du cheval.

« Nous retrouvons ici une *colonne vertébrale* à partir du bas du cou jusqu'au coccyx. Les vertèbres (anneaux) sont immobiles et soudées ensemble pour fournir un point inflexible aux ailes ; à partir du coccyx, les dernières vertèbres redeviennent mobiles pour permettre les mouvements de la queue. Le *sternum,* sorte de bouclier qui recouvre la poitrine, est muni d'une longue crête osseuse, le *bréchet,* qui manque chez l'homme et le cheval, et forme un large champ d'attache aux muscles qui mettront les ailes en action. L'oiseau a trois muscles pectoraux, dont le plus grand pèse à lui seul plus que tous les autres muscles du corps pris ensemble.

« Les membres antérieurs, les *ailes,* présentent un bras (*humérus*), un avant-bras ayant son *radius* et son *cubitus,* mais qui ne tournent pas l'un sur l'autre; une main (c'est-à-dire, un carpe avec métacarpe et phalanges); mais cette main a la forme d'une espèce de moignon aplati et presque immobile, terminé par un pouce. Le bras se rattache à l'épaule par une clavicule double disposée en forme de *fourchette.* (L'homme n'a qu'une clavicule simple, le cheval n'en a pas.)

« Les membres postérieurs posent seuls sur le sol; l'oiseau est donc *bipède.* L'os de la cuisse (fémur) est court et droit; la jambe a son tibia avec péroné et rotule; le pied (c'est-à-dire le tarse et le métatarse) forme un seul os comparable au canon du cheval, c'est-à-dire qu'il est long et sert à augmenter la hauteur de la jambe. Il se termine par quatre doigts (il est rare que l'un d'eux manque ou soit à l'état rudimentaire); chacun est garni d'un ongle plus ou moins épais et recourbé. Chez la plupart des oiseaux, trois doigts sont placés en avant, tandis que le quatrième, appelé *pouce,* est en arrière, de façon à élargir la base sur laquelle le corps repose.

« La *plume* est une substance analogue au poil du mammifère, mais d'une structure plus compliquée. Sécrétée par une bulbe ou *capsule,* elle se compose d'un *tuyau* corné à la partie inférieure, d'une *tige* qui a des *barbes,* lesquelles ont des *barbules* généralement pourvues de crochets destinés à retenir les barbes les unes auprès des autres, de manière à en former une lame que l'air ne puisse pénétrer. L'implantation des plumes est toujours de la tête, la partie entraînante, à la queue, la partie entraînée. *Penne* est le nom particulier des plumes plus ou moins longues, qui appartiennent aux ailes et au croupion; on qualifie de *remiges* (qui rament dans l'air) celles de l'aile, et de *rectrices* (qui servent à la direction) celles de la queue. On appelle *primaires* celles qui adhèrent à la main de l'aile (il y en a toujours dix), et *secondaires* celles qui tiennent à l'avant-bras. Les plumes moins fortes qui s'attachent à l'humérus sont dites *scapulaires.* L'os qui dans l'aile représente le pouce porte encore quelques pennes qualifiées de *bâtardes*. Sur la base des pennes règne une rangée de plumes nommées *couvertures* ou *tectrices*.

« La respiration est beaucoup plus active chez l'oiseau que chez le mammifère. Cela tient à ce que les cellules des poumons sont plus grandes à proportion. Ces poumons sont adhérents aux côtes et enveloppés d'une membrane percée de grands trous, par lesquels l'air inspiré passe de l'intérieur du poumon dans des cellules dites

Coq et poules.

aériennes et *sacs aériens*, qui s'étendent dans le tronc, entre les viscères, se prolongent vers la tête entre certains muscles des membres, et pénètrent même dans l'épaisseur des os. L'oiseau fait entrer dans tout son corps une masse d'air, qui baigne non seulement les vaisseaux pulmonaires, mais encore une infinité de vaisseaux du reste du corps. Aussi la respiration chez lui est active au point que la température du corps ne s'abaisse chez aucun au-dessous de 38 degrés centigrades, et s'élève même jusqu'à 44. Le cœur, proportionnellement très volumineux, donne de cent à cent quarante battements par minute. Le sang est fourni en abondance exceptionnelle à certains *plexus* (amas) d'artères et de veines dans certaines régions du corps, notamment à l'extrémité du ventre, à la région qui, appliquée sur les œufs à couver, doit fournir la somme de chaleur nécessaire pour les faire éclore.

« Le bec, par la dureté de la corne qui se moule sur deux *mandibules* osseuses, remplace les dents chez les oiseaux. Il sert à saisir et déchirer sa proie, mais il ne peut y avoir de véritable mastication.

« Chez certains oiseaux, notamment ceux qui peuplent les basses-cours, l'œsophage, en se dilatant, forme à la partie inférieure du cou un ample réservoir. C'est le *jabot* destiné à tenir en dépôt l'aliment et à l'humecter; vient ensuite un second renflement à parois épaisses munies de glandes fournissant un suc qui préparera la décomposition de l'aliment; c'est le *jabot glanduleux* ou, d'un nom plus savant, le *ventricule succenturié*. L'aliment arrive enfin au *gésier*, le véritable estomac, qui, formé de deux muscles circulaires d'une énorme puissance, opère un travail de trituration formidable. Chez l'oiseau carnassier le jabot manque, et le ventricule succenturié n'est plus distinct du gésier, dont les parois sont plus minces et moins énergiques.

« La tête de l'oiseau est généralement petite. Elle s'articule avec la première vertèbre du cou d'une manière plus simple que chez le mammifère, et qui lui donne la facilité de tourner sa face antérieure tout à fait en arrière, ce que ne peut faire aucun autre animal vertébré.

« L'oiseau a l'œil proportionnellement plus grand que le mammifère. C'est chez l'aigle que les physiologistes ont constaté pour la première fois l'existence d'un muscle fort délicat, que d'après sa forme ils ont nommé *peigne*. Ce muscle agit sur le cristallin, qui est pour l'œil ce que le verre le plus important est pour la lorgnette. Le peigne tire en avant ou en arrière le cristallin, selon que l'animal veut raccourcir ou allonger son instrument visuel. Cette découverte les a mis sur la voie de reconnaître enfin l'existence d'un muscle semblable, bien plus délicat encore, chez l'homme, que plusieurs avaient déjà soupçonnée.

« Les oiseaux ont trois paupières : les deux ordinaires, dont la fermeture s'opère sur une ligne horizontale; et une troisième qu'on appelle membrane *clignotante* ou *nyctitante* (qui fait la nuit), et qui est verticale. Située dans l'angle nasal de l'œil, elle peut s'étendre au-devant de lui comme un rideau qui se tire. C'est elle qui permet à l'aigle de regarder fixement le soleil.

« Après la vue, l'ouïe est le sens le plus fin et le plus délicat chez l'oiseau; on ne peut dire lequel l'est davantage. La caisse de l'oreille communique avec trois grandes cavités, qui se prolongent plus ou moins dans les os du crâne. Ces cavités sont formées par des lames minces, élastiques, et par conséquent très sonores.

« Le mécanisme de la voix ne consiste pas seulement, comme chez les mammifères, dans la disposition des cartilages du larynx au fond de l'arrière-bouche, là où commence le tuyau respiratoire, la trachée-artère; il y a de plus un renflement de la trachée-artère auprès de son entrée dans la poitrine. Cette poche est formée par des membranes disposées en une sorte de caisse sonore.

— Je m'explique, Monsieur, comment la voix de mes coqs a tant d'éclat quand ils me réveillent avec leur *co-que-ri-co !*

— Dès la plus haute antiquité un livre sacré, le *Zend-Avesta* des Parsis, recommande à tout fidèle de nourrir dans sa demeure un coq, représentant du salut matinal, en compagnie d'un chien et d'un bœuf. Le coq est donc, depuis une longue suite de siècles, domestiqué dans l'Asie en deçà de l'Indus. Isidore Geoffroy pense qu'il y était venu de l'Inde, où nous le retrouvons encore aujourd'hui à l'état sauvage, par exemple, dans les montagnes des Gates, qui séparent le Malabar du Coromandel.

« Le genre coq, en latin *gallus,* appartient à l'ordre des gallinacés. Il a pour caractères : bec de longueur médiocre, fort, nu à la base; la mandibule supérieure est convexe, recourbée vers la pointe; narines à demi recouvertes par une membrane; joues nues, tête surmontée d'une crête charnue, unie ou dentelée, quelquefois remplacée par une huppe; deux barbillons charnus qui pendent de la base du bec (chez la femelle, la *poule,* crête petite ou nulle et barbillons moins développés). Tarses robustes, nus, écailleux, armés chez le mâle d'un long éperon appelé *ergot;* les trois doigts inférieurs unis par une membrane jusqu'à la première articulation; ailes courtes, larges, étagées, la quatrième remige plus longue que les autres; queue comprimée à quatorze rectrices débordées par les couvertures, pennes du milieu recourbées chez le mâle. La tête a si peu de volume, que le cerveau est à la masse du corps comme un est à quatre cent douze. Chez aucun autre oiseau la proportion n'est aussi faible.

— Mon voisin, demanda la mère au fermier, avez-vous terminé la lecture du charmant livre que que je vous ai prêté il y a quelque temps : le *Poulailler,* par M. Jacques?

— Je l'ai lu à ma ménagère. Nous y avons trouvé des instructions excellentes. Ce monsieur a dû faire de l'élevage des poules l'affaire de toute sa vie.

— C'est un grand peintre paysagiste, qui, vivant à la campagne, s'est pris de passion pour la gent volatile. Elle n'a jamais eu de meilleur historien, jamais crayon n'a retracé ses portraits avec autant de bonheur.

— J'espère, mon fils, que vous m'abandonnerez la direction d'une belle basse-cour; je la fonderai d'après les instructions du livre. Je ne logerai jamais plus de trente à cinquante poules dans un même appartement; les perchoirs seront tous à la même hauteur, et jamais disposés en échelle ; car elles ont la rage de vouloir toujours monter au même échelon, et chaque soir amène des rixes où les faibles sont précipitées souvent d'une manière dangereuse. Dans la partie opposée aux perchoirs je réserverai une place pour y étendre de la paille fraîche, souvent renouvelée, où les poules qui n'aiment pas à percher viendront dormir la nuit, et se reposer un instant du jour dans les temps froids. J'aurai de petits parcs et de petits domiciles privilégiés pour mes belles races.

— Vous aurez, Madame, un basse-cour de châtelaine; nous autres fermiers, la place nous manque pour accorder tant de douceurs à nos élèves. Nous avons des poules pour vaguer dans nos cours et mettre à profit le grain, les criblures, les déchets, etc., qui se perdraient sans elles. Ce sont d'utiles balayeuses qui doivent payer leur place mieux que chez vous, nous donner même un bénéfice. Ce que j'estime dans votre livre, c'est qu'il donne le poids qu'on peut espérer voir atteindre à chaque espèce avant et après l'engraissement, et des détails sur la qualité de la chair, la précocité.

« De cette lecture j'ai conclu que nous autres fermiers, nous pouvions rester fidèles à nos races indigènes de Houdan, de la Flèche, de Crèvecœur, et à leurs variétés de Caux, de Caumont, du Mans, de Barbezieux, de Bresse, de Rennes, d'Angers, d'Argentan, etc.

« J'aime la race *Houdan,* au corps arrondi, solidement posé sur des pattes fortes, avec un plumage qui semble caillouté de noir, de blanc et de jaune. Elle est rustique, et précoce, et féconde, donne de gros œufs, beaucoup de chair. Elle est moins coureuse et moins pillarde que les autres.

« La race *Crèvecœur,* dont le corps volumineux est carrément établi sur des pattes non moins fortes, avec un plumage noir, jaune et blanc dans les sujets ordinaires, tout noir dans les beaux sujets, est encore plus précoce et donne des volailles encore plus fines.

« La race *la Flèche,* fièrement posée sur de longues pattes, avec un plumage noir à reflets verts et violacés, qui colle au corps et le fait paraître plus petit, donne une chair on ne peut plus estimée; mais elle n'est pas très précoce.

« Si je regarde à l'étranger, je vois, en Angleterre, la race *Dor-*

Combat de coqs.

king, que l'on met au-dessus de toutes pour la précocité, pour sa chair blanche et juteuse, qui retient bien la graisse en cuisant.

— Le coq, dit la mère, a une magnifique prestance, de la taille, du volume. La tête est belle, avec ses grands barbillons, ses grands oreillons, sa crête haute et large, prolongée en arrière.

— N'oublions pas, ma mère, le caractère qui signale la poule aux naturalistes; elle a cinq doigts, trois devant et deux derrière.

— Ce qui, Monsieur, n'ajoute rien à ses qualités. Je lui voudrais les cinq doigts de moins, et qu'elle supportât mieux les grands froids et l'humidité. J'hésiterais à admettre chez moi une frileuse qui exige certaines précautions.

« Ainsi M. Jacques me parle de la race *espagnole.* Il décrit son corps ovalaire, haut sur pattes, ses membres allongés, son plumage collant, entièrement noir, et sa figure d'un blanc mat. Il vante, ce que j'aime mieux cent fois, sa régularité à pondre six œufs par semaine, de février en août, et trois œufs par semaine de novembre en février. Pourquoi faut-il, hélas! que la maladroite soit sujette à perdre sa crête et sa santé à la première gelée, et que ses poulets soient frileux, tardifs à s'emplumer!

« Je me déciderais plus volontiers à demander à la Belgique sa *poule grise,* de la contrée de Campine, dite *poule de tous les jours,* parce qu'elle pond presque tous les jours du printemps à l'automne.

« Il a été de mode de recommander diverses races orientales, la poule de la *Cochinchine* et la poule de *Brahmapoutra.* Je tiens d'un agronome distingué, M. Ysabeau, que l'engouement est déraisonnable: « Ces races donnent de beaux œufs et de belles volailles; « mais elles sont peu fécondes, mangent beaucoup, et coûtent plus « qu'elles ne peuvent rapporter. »

« Quant à la race de *Bruges,* la plus grande d'Europe, c'est une race de combat, dit M. Jacques, et je suis d'humeur pacifique. Je la repousse ainsi que les anglaises, la race *combat doré* à poitrine noire, et la race *combat argenté* à aile de canard.

— Et vous avez raison, mon voisin. Les vilains Anglais! n'ont-ils pas assez des courses de chevaux pour entretenir la folie des parieurs!

— Je passe avec vous, ma chère mère, pleine condamnation contre les combats de coqs. Je n'y vois aucun résultat bon à rechercher. De ce qu'une race sera reconnue la plus belliqueuse, il ne s'ensuit pas que ses produits seront les plus tendres à manger, ni les plus précoces à engraisser; le contraire serait plutôt présumable. Ces combats furent goûtés de la Grèce naissante, qui se plaisait aussi à voir des pugilistes s'assommer à coups de ceste garni de plomb. Ce fut un premier pas qui conduisit les Romains à rechercher le spectacle odieux au dernier degré de gladiateurs s'entr'égorgeant. En Chine et dans les îles de la Sonde, à Java, à Sumatra, pas un Malais ne voyage sans porter dans un sac, sous le bras, son coq de combat, prêt à le poser en face du premier adversaire venu. Les parieurs mettent pour enjeu leur fortune; au besoin, ils jouent leurs femmes et leurs filles. Au siècle dernier, les gentlemen d'Angleterre recherchaient volontiers ce spectacle sauvage, qui aujourd'hui est abandonné aux gens sans éducation.

— Pour en revenir à la question saine, Monsieur, le livre vous a donc fait plaisir?

— Grâce à lui, Madame, je pourrai mettre plus de précision que par le passé dans mes calculs pratiques. J'entendais dire par les uns qu'en moyenne une poule donne quatre-vingts œufs par année. Un autre comptait sur cent vingt. Un autre me disait : Aux environs de Paris on compte sur quatre-vingts œufs : la première année on en obtient cent cinquante, la deuxième cent vingt, la troisième cent ; mais il y a des œufs perdus, cassés, etc. L'effectif ne monte qu'à quatre-vingts en moyenne. M. Jacques me confirme ce chiffre, d'où il me semble qu'une ferme de cent hectares avec assolement triennal, en bonne terre qui donnerait de vingt-cinq à trente hectolitres de blé par hectare, pourrait entretenir trois cents poules et trente coqs : on obtiendrait vingt-quatre mille œufs, plus deux cent quarante bêtes grasses ; ajoutez la fiente, ou, comme nous disons, la *poulmie*. Maintenant, combien comptons-nous de cultivateurs obtenant de vingt-cinq à trente hectolitres par hectare ?

— Mettons nos terres en bel état de culture, et une abondante volaille nous sera donnée de surcroît.

« La *pintade,* poule d'Afrique (poule peinte), parce que son plumage, qui est noir, est couvert de taches blanches et rondes comme si on les eût faites au pinceau, est d'humeur trop querelleuse pour que je vous conseille, ma mère, de l'introduire dans votre basse-cour.

— C'est dommage, Monsieur, car la chair en est bonne et la bête est très féconde.

— Le *dinde* (c'est-à-dire animal qui vient de l'Inde occidentale, comme on a longtemps appelé l'Amérique) a pour patrie les contrées qu'arrose le Mississipi. Le nom de dinde a été réservé pour la femelle ; on appelle le mâle dindon. Pour son introduction en France, il eut l'honneur de figurer sur la table royale, au mariage de Charles IX, en 1570.

« Sa couleur ordinaire est un noir lustré ; dans l'état de domesticité il y en a de couleur grisâtre et même d'un fond blanc. Sa tête et son cou, presque entièrement dégarnis de plumes, sont recouverts de caroncules (excroissances charnues) qui passent rapidement du blanc au rouge et au bleu, selon l'état paisible ou animé. Le mâle se distingue principalement de la femelle (et cela pas avant l'âge adulte) par le développement de ses caroncules, qu'il peut allonger ou rétracter à volonté. Le milieu de son poitrail est garni d'une touffe de poils raides ; ses pattes sont armées par derrière d'un éperon qui manque à la femelle, et sa queue se développe en forme de roue. A l'état sauvage, dans ses forêts natales, il atteint jusqu'à deux mètres soixante centimètres d'envergure, et son poids va jusqu'à douze kilogrammes. Le *dindon* de Honduras est une espèce distincte, dont le plumage rivalise avec celui du paon. Sa queue a des teintes de saphir entourées de cercles d'or et de rubis.

— Je ne connais, Monsieur, que le dindon domestique. Je trouverais son éducation très profitable; il se nourrit aux champs, sur les chaumes, dans les vergers. Le moment venu pour l'engraisser, je lui fais avaler une vingtaine de châtaignes ou de noix par jour, en deux ou trois repas; on augmente successivement la dose, qui peut aller jusqu'à cent cinquante noix; l'énergie de son gosier est telle, qu'au bout de douze heures, les coquilles mêmes sont parfaitement digérées. Mais pourquoi la femelle pond-elle trop peu? Deux époques, au printemps de vingt à vingt-cinq œufs, à l'automne une douzaine au plus; et souvent elle les cache si bien que je les perds. Et puis le dindonneau est frileux, sujet aux maladies.

— Des acclimateurs recommandent pour leur chair exquise l'acquisition de deux gallinacés appartenant à la famille des *alectors*, grands oiseaux d'Amérique qui offrent beaucoup d'analogie avec le dindon. Ce seraient : le *hocco* ou *mitou* du Brésil, qui porte une huppe formée de plumes longues, étroites et recourbées à leur extrémité, et la *pénélope marail*, qui a le tour des yeux nus ainsi que la gorge, laquelle est susceptible de se renfler. Tous les deux s'accommodent fort bien du climat de France : l'expérience l'a prouvé dans quelques établissements.

— Je m'étonne, dit la mère, de voir le paon devenu si rare dans nos basses-cours, dont il fut jadis le plus bel ornement. « Si l'em-
« pire appartenait à la beauté et non à la force, » a écrit Guénaud
de Montbéliard, un collaborateur de Buffon, « le paon serait sans
« contredit le roi des oiseaux. Il n'en est pas sur qui la nature ait
« versé ses trésors avec plus de profusion. La taille grande, le port
« imposant, la démarche fière, la figure noble, les proportions du
« corps élégantes et sveltes, tout ce qui annonce un être de distinc-
« tion lui a été donné. Une aigrette mobile et légère peinte des plus
« riches couleurs, orne sa tête sans la charger; son incomparable
« plumage semble réunir tout ce qui flatte nos yeux dans le coloris

« tendre et frais des plus belles fleurs, tout ce qui les éblouit dans
« les reflets pétillants des pierreries, tout ce qui les étonne dans
« l'éclat majestueux de l'arc-en-ciel. Non seulement la nature a
« réuni sur le plumage du paon toutes les couleurs du ciel et de la
« terre pour en faire le chef-d'œuvre de la magnificence; elle les
« a encore mêlées, assorties, nuancées, fondues de son inimitable
« pinceau, et en a fait un tableau unique où elles tirent de leur
« mélange avec des nuances plus sombres, et de leurs oppositions

Hocco.

« entre elles, un nouveau lustre et des effets de lumière si sublimes,
« que notre art ne peut ni les imiter ni les décrire. »

— Il fait beau le voir, ce splendide personnage, étaler au soleil
les plus belles plumes à barbes lâches et soyeuses qui recouvrent
ses pennes caudales; on dit qu'elles sont *ocellées,* qu'elles semblent
porter de grands yeux (du mot latin *ocellus*). On pourrait croire
qu'il a l'orgueil de s'admirer lui-même. On a créé d'après lui le
mot se *pavaner,* faire le beau, du mot *pavo,* qui est son nom latin.
Sa femelle n'a pas cette riche parure.

— Eh! Monsieur, si du moins elle était plus féconde; mais quoi!
une douzaine d'œufs à peine par année, et les paonnaux qui éclosent
sont frileux et tardifs à grandir.

— Il n'est pas probable que Salomon ait spéculé sur le produit
lorsqu'il se faisait rapporter des paons par sa flotte de la mer Rouge,
qui les tirait des côtes d'Asie. Alexandre, lorsqu'il les envoya en
Grèce à son précepteur Aristote, fut peut-être épris de leur seule
beauté. L'Inde doit être regardée comme leur patrie.

« Le paon blanc est regardé comme une variété qui a perdu ses couleurs. Il est probable que le paon panaché naît du mélange du paon blanc avec le paon ordinaire. Quand on faisait de nombreux élèves, les variétés se multipliaient. Il en naissait de gris, de noirs, de verts, de bleus. Le paon ne vit pas cent ans, comme on l'a dit quelquefois, mais une trentaine d'années.

« Il se plaît sur les lieux élevés, sur la cime des plus grands arbres; il va même parfois se percher sur la flèche d'un clocher. Bien que ses ailes de peu d'étendue sembleraient lui interdire le vol de quelque durée, il fait en l'air par un temps calme des trajets considérables; les longues plumes de sa queue lui servent comme de parachute.

« Je me rappelle, à propos du paon, un passage curieux des mémoires de Benvenuto Cellini, le grand artiste du moyen âge. En compagnie de deux jeunes apprentis, il travaille à un bassin et une aiguière pour le cardinal de Ferrare, qui lui a prêté pour son atelier sa villa Belsiore, somptueux palais voisin des murs de la ville de Ferrare. Le domaine était vaste, il s'y trouvait une énorme quantité de paons qui y couvaient comme des oiseaux sauvages. « Je char-« geai, dit-il, mon escopette avec *une certaine poudre qui ne pro-*« *duisait aucun bruit,* je guettai les jeunes paons, et tous les deux « jours j'en tirai un, ce qui était largement suffisant pour entretenir « notre table. La chair était si exquise, qu'elle nous guérit de nos « indispositions et nous remit en santé brillante. » Il serait à souhaiter qu'un de nos chimistes modernes se mît en quête de deviner quelle pouvait être cette certaine poudre d'escopette qui ne produisait aucun bruit.

« Les acclimateurs voudraient voir introduire à côté du paon un oiseau qui se rapproche beaucoup de ce genre, quoique n'ayant pas la faculté de relever sa queue pour faire la roue. C'est le *lophophore resplendissant,* ou *monaul,* qui vit dans les montagnes du nord de l'Hindoustan. Il est de la grandeur du dindon. Tout le dessus de son corps est d'un beau vert à reflets à la fois dorés, pourprés et azurés. L'éclat de son plumage lui a valu le surnom d'*oiseau d'or.* Le tour de l'œil et les joues sont nus comme chez les faisans.

« Les grands propriétaires qui aiment le plaisir de la chasse et le bon gibier peuplent leurs bois de faisans. Le *faisan* commun ou *coq de bruyère* appartient à une espèce rapprochée de notre coq domestique. Il n'a point la crête charnue, ni les barbillons de celui-ci; ses orbites sont nus, et ses joues couvertes de mamelons qui semblent des verrues, ou de plumes très courtes qui imitent le velours. Il a une queue longue, étagée, avec les pennes se recouvrant comme les briques d'un toit. Le mâle, de la grosseur du coq domestique, mais plus long avec plus d'envergure, a la tête et le cou d'un vert doré à reflets bleus. Les flancs et la poitrine sont d'un marron pourpré très luisant, le camail brun bordé de marron foncé, et la queue d'un gris olivâtre à bandes transversales noires. La femelle, un peu plus petite, a une livrée moins brillante et dont le fond est d'un gris terreux.

« Les héros grecs de la fameuse expédition des Argonautes en Colchide trouvèrent ce bel oiseau sur les bords du Phase (le Rion); il habite aujourd'hui toute l'Europe tempérée. Il est d'une humeur solitaire qui le porte à éviter les individus de sa propre espèce. La *faisane* pond annuellement de douze à vingt-quatre œufs moins gros que ceux de poule.

« Le faisan mâle est aussi guerrier de sa nature que le coq. Il se bat à outrance, et ne cède jamais qu'au dernier soupir. En Angleterre, ce désir de vaincre lui devient bien fatal. Quand le braconnier s'est assuré des *remises* où le faisan se retire la nuit, il choisit une place libre qui puisse servir d'arène à un combat. Puis il prend un bon coq de bataille qu'il arme d'éperons d'acier, et qu'il jette ainsi armé sur cette place. Le braconnier se cache. Le coq guerrier chante et appelle son ennemi au combat. Aussitôt le faisan lui répond et vient accepter le défi. Quelles que soient sa valeur et sa force, il succombe en peu d'instants : les éperons dont la nature l'a doué sont des armes trop inégales pour lutter contre les lames aiguisées de son adversaire. Une fois le pauvre faisan égorgé, le coq chante sa victoire, et un second faisan se présente dans la lice; il succombe à son tour. Quelquefois huit ou neuf faisans périssent ainsi dans un seul jour, sous l'atteinte du duelliste provocateur.

— C'est un trait qui fait peu d'honneur aux mœurs anglaises.

— Le faisan peut s'élever dans une *faisanderie,* divisée en petits parcs où l'on retient la faisane et sa couvée jusqu'au moment où les petits passent à l'état de demi-sauvages, et puis enfin franchissent

le mur d'enceinte pour se répandre dans les bois. On élève aussi en
volière certaines espèces recherchées, qui viennent de la Chine, par
exemple : le *faisan argenté,* dont le ventre est noir et les parties
supérieures d'un blanc éclatant, mais avec des lignes noirâtres
très fines sur chaque plume ; la tête est d'un noir pourpré, le
faisan doré, dont le ventre est rouge de feu : une belle houppe
d'or pend de la tête ; le cou est revêtu d'un camail orangé, maillé
de noir ; le haut du dos est vert, le bas et le croupion jaunes, les
ailes sont rousses avec une tache bleue ; la queue très longue, brune
et tachetée de gris. L'oiseau est assez petit, mais la queue a trois
fois la longueur du corps. Les acclimateurs recommandent encore le
faisan *nepaul,* du nom du pays qu'il habite. Le mâle est de la taille
d'un coq ; son plumage est d'un rouge éclatant semé de petites larmes
blanches.

« Dans les lieux accidentés, en terrains rocailleux, en taillis
jeunes, en pays plat, vit à l'état sauvage la *perdrix,* un gallinacé
au corps arrondi, aux jambes basses, avec une queue courte
et pendante. La perdrix *grise* a le bec et les pieds cendrés, la
tête fauve et le plumage varié de différents gris. Le mâle a une
tache marron sur la poitrine. La perdrix *rouge* a le bec et les
pieds rouges, le dessus du corps brun, les flancs maillés de roux
et de cendré, la gorge blanche encadrée de noir. La perdrix
grecque, ou *bartavelle,* est un peu plus forte et a le plumage plus
cendré.

« Les acclimateurs se réjouissent fort de l'acclimatation et de la
multiplication en France de la perdrix *gambra,* importée d'Algérie,
qui a plu tout d'abord à l'empereur Napoléon III, et qui est devenue
sous sa protection un gibier français. Un bon quart des perdrix
qui se tuent dans les jeunes taillis des forêts impériales lors d'une
chasse au tir, sont des gambras. De riches amateurs ont obtenu
aussi de beaux succès en acclimatant sur notre sol deux perdrix
de l'ancien continent : le *colin houi,* qui vient de la Virginie ;
il est plus gros que nos perdrix ordinaires, et s'élève très bien en
volière ; et le *colin huppé,* que nous envoie la Californie. « Plus
« petit que le houi, dit Isidore Geoffroy avec une sorte d'attendris-
« sement, mais beaucoup plus fécond, il a gagné d'emblée la faveur
« de nos oiseliers, grâce surtout à son caractère à la fois vif et
« confiant. »

« La perdrix pond de quinze à vingt œufs dans un trou garni d'un peu d'herbe : ses habitudes sont complètement terrestres, elle ne perche pas. Jeunes, les perdreaux se nourrissent d'insectes.

— Oui, Monsieur, mais plus tard, père, mère et enfants, toute la *compagnie,* comme disent les chasseurs, se nourrissent de graines et surtout de blé. Tout cela vit à mes dépens. Le gibier à plume m'est aussi odieux que le gibier à poil.

— Moi, Messieurs, je m'intéresse au genre perdrix à cause de ses

Colin huppé.

bonnes mœurs. Le mâle veille sur sa femelle pendant la couvée, et l'aide à élever les petits.

« La Fontaine a dit :

> Quand la perdrix
> Voit ses petits
> En danger, et n'ayant qu'une plume nouvelle
> Qui ne peut fuir encor par les airs le trépas,
> Elle fait la blessée, et va traînant de l'aile,
> Attirant le chasseur et le chien sur ses pas,
> Détourne le danger, sauve ainsi sa famille;
> Et puis, quand le chasseur croit que son chien la pille,
> Elle lui dit adieu, prend sa volée, et rit
> De l'homme, qui, confus, des yeux en vain la suit.

« J'aime à croire, pour l'honneur du sexe masculin, que le beau fait raconté par le poète s'applique non seulement à la perdrix femme, mais aussi au tendre et vigilant mari et père.

« Passons de l'ordre des gallinacés à celui des *palmipèdes,* qui ont les doigts réunis en une paume (en latin *palma*), ce qui, joint à des jambes courtes et insérées fort en arrière du corps, et à un plumage serré et imbibé d'un suc huileux qui le rend imperméable, lui permet de nager avec facilité.

« Nous abritons dans nos basses-cours l'*oie* et le *canard.*

« Un savant genevois, M. Pictet, fait remonter la domestication de l'oie au temps de l'Inde antique. Isidore Geoffroy ne pense pas qu'on puisse l'établir avant l'époque d'Homère, qui parle de cet oiseau dans *l'Odyssée,* livre XV, vers 63 et 174. L'oie a sauvé le capitole de la Rome naissante. Ses cris réveillèrent Manlius, et celui-ci accourut à temps pour précipiter les Gaulois du haut de la muraille qu'ils escaladaient. En reconnaissance, l'oie eut depuis lors l'honneur, à chaque anniversaire du service rendu, d'être portée en triomphe dans une procession solennelle, où l'on plaçait devant elle le cadavre d'un chien étranglé ignominieusement, le chien s'étant montré une sentinelle moins vigilante.

« A l'état sauvage, les oies sont des oiseaux voyageurs. La plupart des espèces d'Europe émigrent du nord au midi en automne, et du midi au nord au printemps. Si la bande est peu considérable, elle vole sur une seule et longue file ; dès qu'elle est nombreuse, elle se forme sur deux lignes disposées à angle aigu.

« Notre oie domestique aurait, dit-on, pour souche l'espèce dite *oie cendrée,* originaire des contrées orientales de l'Europe, qui se tient sur le rivage de la mer ou dans les marais, et s'avance rarement plus au nord que le 58ᵉ degré de latitude. Elle a le bec aussi long que la tête, et garni sur ses bords de lamelles, qui se montrent à l'extérieur comme des dents pointues. Elle est de couleur grise, à manteau brun, ondé de gris, avec le bec tout orangé.

— L'oie, dit à son tour le fermier, c'est un brave animal, que l'homme a bien fait de fixer auprès de lui ; non pas qu'il ponde beaucoup, la femelle couve quatorze ou quinze œufs ; mais ça se nourrit sur des terrains vagues (méfiez-vous d'elle en prairie, elle y détruit les bonnes herbes). Une petite provende, au retour à la maison, suffit pour qu'elle y rentre volontiers. Ça s'engraisse à merveille ; on l'*embecque* avec de grosses boulettes d'une pâtée farineuse. On obtient une graisse abondante et d'un goût exquis, sans parler de la chair, laquelle a son mérite.

— Vous ne vous vantez pas, homme cupide, de la manière dont vous obtenez ce foie énorme, si recherché des gourmets.

— On a, Madame, calomnié les éleveurs. Le volume exagéré du foie résulte de l'engraissement poussé à l'excès avec la pâtée la plus substantielle; c'est une maladie qui rapportera de l'argent. Pour l'obtenir, on enferme l'animal dans une *épinette,* un nid bien chaud, bien sombre, où il ne peut faire aucun mouvement; mais lui clouer les pattes à la planchette, comme on le répète souvent, qui diantre s'en aviserait?

— Tant mieux! c'est une cruauté de moins.

— Ce serait de la peine perdue et des clous mal employés, puisqu'il ne peut faire aucun mouvement dans l'épinette. L'usage, adopté partout aujourd'hui, des plumes de fer pour écrire, nous a fait bien du tort. On plume l'oie à trois mois; la première fois en juillet, puis à la fin de l'été et au commencement de l'hiver. Les vieilles oies sont plumées quatre fois : d'abord après la ponte, puis aux mêmes époques que les jeunes. La plume *vive,* prise sur le sujet vivant (et combien on a longtemps apprécié celle du bout de l'aile, les *bouts d'aile,* disaient les marchands papetiers avec amour!), a plus de qualité, plus d'élasticité, et se conserve mieux que celle recueillie sur l'oiseau mort. Le duvet peut se vendre jusqu'à 8 ou 9 francs le kilogramme; la plume proprement dite se vendait environ 3 francs, dans le bon temps. Les trouverait-on aujourd'hui? Hélas! sur une dépouille pesant cinq cents grammes, on trouve environ cent vingt-cinq grammes de duvet.

« Les acclimateurs vantent beaucoup la *bernache armée* ou *oie d'Égypte,* remarquable par l'éclat de ses couleurs et le petit éperon de ses ailes; c'est le *chenalopex* ou *oie-renard,* révéré des anciens Égyptiens à cause de son attachement pour ses petits. Isidore Geoffroy insistait aussi pour l'introduction de la *bernache des îles Sandwich,* espèce, disait-il, singulièrement facile à apprivoiser. « Elle devient « en peu de temps d'une familiarité comparable à celle du chien. » Il parlait aussi en faveur du *céréopse,* qui est particulier à la Nouvelle-Hollande. Cet oiseau ressemble beaucoup aux bernaches, mais il a le bec plus petit, et la membrane, beaucoup plus large, avance un peu sur le front. Il est de la taille de l'oie et de couleur grise.

« La tribu des canards, dit Cuvier, a le bec moins haut que large à sa base, et autant ou plus large à son extrémité que vers la tête. L'animal a les jambes plus courtes et plus en arrière que chez les oies, ce qui rend sa marche plus difficile; son cou aussi est moins long.

« Sa domestication ne semble pas très ancienne. Chez les Romains, à l'époque de Varron, il était besoin de couvrir de filets l'enclos où l'on en élevait, pour les empêcher de retourner à l'état sauvage.

« Notre *canard* commun domestique appartient au *tadorne*, l'un des six de la grande tribu. Il a pour souche l'espèce dite *tadorne commun*, qui est blanc avec la tête verte, une ceinture cannelle autour de la poitrine, l'aile variée de noir, de blanc, de roux et de vert, et qui habite les rives de la Baltique et de la mer du Nord. Il est de passage au printemps sur nos côtes.

— Monsieur, je l'estime peu à l'état vagabond, et ne suis pas de ces fous qui font une station dans un marais avec de l'eau jusqu'à la ceinture pour le guetter au passage; mais il me plaît à l'état domestique. Il est très rustique, trouve à se nourrir sans que je m'en occupe. Il exige de l'eau plus impérieusement que l'oie; mais il nuit moins à l'herbe des prairies. Je reprocherai à la cane d'être mauvaise couveuse, de refroidir ses œufs, au point que je dois les confier à une dinde qui en couve de vingt à vingt-cinq.

— Suivez le conseil des naturalistes, introduisez chez vous le *canard musqué,* répandant une odeur de musc, qu'on appelle vulgairement *canard de Barbarie,* bien qu'il soit originaire du Brésil et de la Guyane. Le mâle ne porte point sur la queue la petite touffe de plumes retroussées qui dénote le canard commun. C'est par la tête qu'il se distingue de sa femelle. Ses joues et la partie supérieure de son bec sont garnis de caroncules rouges très larges. Croisé avec la cane ordinaire, il donne des métis fort gros, car il est du volume d'une oie. Leur chair aura perdu l'odeur musquée, qui provient de glandes situées sous le croupion; malheureusement ils ne reproduisent pas entre eux. On prétend que si, en tuant le canard musqué, on a la précaution de couper la tête, la chair ne conserve pas la moindre odeur.

« Comme oiseau d'ornement, pouvant rivaliser avec le faisan doré, les acclimatenrs vantent le *canard de la Chine* ou *canard à éventail,* à cause de la disposition singulière des pennes redressées de ses ailes, et le *canard de la Caroline,* qui est aussi paré des couleurs des plus vives.

« Le *cygne,* a dit Buffon, règne sur les eaux à tous les titres qui
« fondent un empire de paix : la grandeur, la majesté, la douceur,
« avec des puissances, des forces, du courage, et la volonté de n'en
« pas abuser et de ne les employer que pour la défense. Il sait com-
« battre et vaincre sans jamais attaquer. Respecté de tous les oi-
« seaux aquatiques, il n'a dans l'air d'autre ennemi que l'aigle.

Canards.

« D'un coup de son aile vigoureuse il peut casser la jambe d'un
« homme. »

« Le bec du cygne est aussi large en avant qu'en arrière, et plus haut que large à sa base, avec les narines à peu près au milieu de sa longueur. Chez le *cygne commun,* il est bordé de noir, et porte à sa base une protubérance arrondie. Le cou, fort allongé, renferme jusqu'à vingt-trois vertèbres, et n'a point de renflement formant jabot. Le plumage du cygne commun est d'une blancheur qu'ont vantée les poètes grecs et latins, en faisant de lui l'emblème de la beauté et de l'innocence.

« A sa noble aisance, ajoute Buffon, à la facilité, la liberté de ses
« mouvements, on le reconnaît non seulement pour le premier de
« nos navigateurs ailés, mais comme le plus beau modèle que la
« nature nous ait offert pour l'art de la navigation. Son cou élevé
« et sa poitrine relevée et arrondie semblent, en effet, figurer la

« proue du navire fendant l'onde ; son large estomac en repré-
« sente la carène ; son corps penché en avant pour cingler se re-
« dresse à l'arrière et se relève en poupe ; la queue est un vrai
« gouvernail, les pieds sont de larges rames, et ses grandes
« ailes, demi‑ouvertes au vent et doucement enflées, sont les
« voiles qui poussent ce vaisseau vivant, navire et pilote à la
« fois. » Cela se pouvait dire à l'époque des gros navires hollandais ; nos constructeurs modernes prennent ailleurs leur modèle
de navire ; le long et étroit *clipper* américain est loin de ressembler au cygne. Quoi qu'il en soit, le cygne nage assez vite pour
qu'un homme marchant rapidement sur le rivage ait peine à le
suivre.

« A l'état sauvage, il a de plus le vol très haut et très puissant.
Il émigre à certaines époques des lacs du nord‑est de l'Europe et
des mers intérieures. Plutarque attribue à deux cygnes ce que Pin-
dare attribue à deux aigles, « que Jupiter fit partir des deux côtés
« opposés du monde, pour en marquer le milieu au point où ils se
« rencontreraient ». Le cygne le plus domestiqué, si on ne lui coupe
les ailes à chaque mue, manifeste velléité de s'envoler ; il fait effort
pour partir à l'époque où il entend passer les cygnes sauvages.
Ceux-ci volent par petites bandes, à vrai dire, par familles, les petits au centre, le mâle à deux cents mètres en avant ; la femelle
ferme la marche.

« Les cygnes domestiques ne font pas bon ménage. La femelle
pond sept ou huit œufs à intervalle d'un jour. Elle met six semaines
à les couver ; est-elle forcée de les quitter un instant, elle les recouvre de plumes et de joncs. Le mâle se tient constamment là, tout
prêt à défendre sa compagne et les œufs : c'est alors qu'il est le
plus dangereux à approcher.

— Je lui en fais mon compliment, dit la mère.

— Moi, Madame, ce qui me plaît dans les cygnes, c'est qu'ils
peuvent servir de baromètre. Lorsqu'ils plongent à mi-corps, voyez-
vous, c'est signe de beau temps ; lorsque, au contraire, ils battent
l'eau de leurs ailes, et la font jaillir autour d'eux, c'est signe
de pluie. Quant à leur utilité, je ne la vois que dans le duvet :
leur chair est détestable, et au lieu de se contenter d'herbe,
comme l'oie, ces gourmets imaginent mille ruses pour attraper du
poisson.

— Le bon la Fontaine vous explique la différence à faire entre le volatile mangeable et le bel oiseau grand artiste.

> Dans une ménagerie
> De volatiles remplie
> Vivaient le cygne et l'oison :
> Celui-là destiné pour les regards du maître,
> Celui-ci pour son goût : l'un, qui se piquait d'être
> Commensal du jardin; l'autre, de la maison.
> Des fossés du château faisant leurs galeries,
> Tantôt on les eût vus côte à côte nager,
> Tantôt courir sur l'onde, et tantôt se plonger,
> Sans pouvoir satisfaire à leurs vaines envies.
> Un jour, le cuisinier, ayant trop bu d'un coup,
> Prit pour oison le cygne, et, le tenant au cou,
> Il allait l'égorger, puis le mettre en potage.
> L'oiseau, prêt à mourir, se plaint en son ramage.
> Le cuisinier fut fort surpris,
> Et vit bien qu'il s'était mépris.
> Quoi! je mettrais, dit-il, un tel chanteur en soupe!
> Non, non, ne plaise aux dieux que jamais ma main coupe
> La gorge à qui s'en sert si bien!

— Eh! ma mère, cette fable et les vers des grands poètes de l'antiquité sont purs jeux d'imagination, qui ont induit notre enfance en erreur. Il y a cent cinquante ans, on discuta longuement, dans les académies savantes, cette question du chant du cygne, « dont la « mélodie était surtout touchante lorsqu'il sentait sa mort pro- « chaine. » On avait entretenu, depuis le moyen âge, le cygne domestique dans les fossés des châteaux, sur les bassins, etc.; personne n'avait été frappé de sa belle voix. Il aura perdu, disait-on, ses facultés musicales dans l'esclavage.

« Précisément un couple de cygnes parfaitement sauvage vint de lui-même élire domicile sur un bassin du parc de Chantilly. L'occasion était belle pour les écouter en tapinois dans toutes les circonstances de leur vie intime. Voici le résumé des procès-verbaux :

« Un savant, après audition fréquente, a déclaré que leurs cris ne pouvaient être appelés chant. Cela ressemblait aux sons d'une mauvaise clarinette entre les mains les plus inhabiles.

« Un autre savant les trouva analogues aux cris du paon, mais

cependant ayant un certain charme. « Ce chant, dit-il, qui peut être
« noté par *mi, la* et *ré, mi,* a lieu le matin et le soir, et quand les
« cygnes sont affectés de sensations fortes ou extraordinaires. Il
« n'est point aussi varié que celui des oiseaux chanteurs, mais il
« l'est un peu dans la dernière note, sur laquelle ils font une longue
« tenue. » Conclusion : les anciens ne se sont donc point trompés
sur le chant du cygne.

« Des esprits difficiles firent observer que ledit savant n'avait
entendu la voix des cygnes qu'au mois de juillet, époque de la
mue; cette voix devait être plus mélodieuse au printemps, saison
des amours. Cependant le secrétaire du prince de Conti eut occasion
de vérifier que les accents qui échappaient à ces oiseaux dans leurs
épanchements les plus tendres ressemblaient plutôt à un murmure
qu'à une espèce de chant. Conclusion : on ne peut donc, à aucune
époque, y trouver rien qui soit propre à justifier la fable des poètes
anciens.

« Un naturaliste italien, Sonnini, faisant remarquer que le mouvement des ailes d'une bande de cygnes sauvages traversant l'air,
produit un bruit sonore qui se fait entendre à une très grande distance, est assez disposé à croire que c'est ce bruit qui a donné
naissance aux fables antiques relatives au chant du cygne. Mais
comment ce bruit deviendrait-il plus harmonieux aux approches
de la mort ! Un agonisant serait-il plus en état de voler que de
chanter ?

« Les anciens, si épris de la blancheur du cygne, n'avaient pu
soupçonner qu'on en découvrirait une espèce au noir plumage dans
l'Australie. Le *cygne noir* n'a de blanc que sur les pennes primaires,
avec du rouge au bec et à la peau nue de sa base. Quelques amateurs l'ont acclimaté aujourd'hui en Angleterre et dans quelques
établissements du continent.

« Voulons-nous des oiseaux qui chantent ou plutôt qui roucoulent
tout le long du jour, et cela sans qu'il soit besoin que la mort approche, adressons-nous au genre *colombin,* pigeons et colombes.
Cuvier le regarde comme formant la transition des gallinacés aux
passereaux. D'autres en font une simple branche de l'ordre des
gallinacés, à cause de leurs narines percées dans un large espace
membraneux, de leur bec voûté avec renflement à la base, sternum robuste, jabot extrêmement dilatable. Les ailes sont mé-

diocres ou courtes, le plumage varié à l'infini. Plusieurs espèces, surtout parmi les exotiques, sont parées de brillantes couleurs, qui souvent offrent des teintes changeantes à reflets métalliques.

— Avec le beau plumage, dit le fermier, cette fois se trouve l'utilité. C'est une grande ressource pour les tables bourgeoises de la ville, et ma ménagère m'en régale parfois. La femelle du *pigeon commun* commence à pondre à six mois, deux œufs par ponte; quelquefois une troisième ponte, mais c'est accidentel, et cela dépend

Goura couronné.

de la température et d'une nourriture excitante. Pour peupler un colombier, on y introduit des pigeons de quinze jours; on peut les faire manger seuls; au bout d'un mois ils sont accoutumés au logis, on peut les laisser sortir, et compter sur leur rentrée. On peut encore y placer à l'entrée de l'hiver des pigeons d'un an, et les y tenir enfermés jusqu'au printemps, et à l'époque de la ponte : c'est un acte de prise de possession du logis, ils ne manqueront jamais d'y revenir. Une paire de pigeons donne par an quatre pigeonneaux. On a de plus le fumier ou *colombine,* qui vaudra quelquefois huit francs l'hectolitre. Cent paires de pigeons en donneront quinze hectolitres.

— Vous avez oublié, Monsieur, cette circonstance : que le mâle adopte une femelle et s'attache à elle constamment pour la vie. Les poètes ont fait de tout temps du tourtereau et de la tourterelle l'emblème de la félicité conjugale.

— La tourterelle de nos bois a la tête et la nuque d'un cendré vineux, le devant du cou, la poitrine et le haut du ventre d'un vineux clair, le dos brun cendré, le ventre et les couvertures inférieures de la queue d'un blanc pur, et un croissant de plumes noires terminées de blanc sur les côtés du cou.

— Je connais, et vous connaissez aussi, mon fils, un charmant couple de l'espèce qu'on nomme *tourterelle rieuse* ou *tourterelle à collier,* qui est originaire d'Afrique. Je n'ai jamais vu de plus charmants oiseaux, plus familiers, et qui aient plus de respect pour un appartement. Je caresse toujours avec plaisir leur plumage d'un léger gris rosé avec un collier noir sur la nuque. Le nom de *rieuse* viendrait de la ressemblance qu'on prétend trouver entre le roucoulement du mâle et le rire humain.

— Isidore Geoffroy recommande l'introduction en France du *goura* ou *pigeon couronné,* qui est très commun à la Nouvelle-Guinée, et qu'on élève dans les basses-cours de Java. C'est le plus gros oiseau du groupe des colombins. Il atteint le volume d'un dindon ; sa chair est blanche, exquise et parfumée, nous dit M. Lesson.

« Son plumage est d'un cendré bleu, rembruni sur les pennes des ailes et de la queue. Les couvertures des ailes sont d'un marron pourpré, une partie des grandes couvertures est bleue. Il porte sur la tête une huppe de plumes à barbes désunies, longues de cinq à six pouces ; pour l'ordinaire il l'abaisse, l'aplatit sur les côtés, et elle prend la forme d'un croissant ; au besoin il peut l'étaler en aigrette demi-circulaire.

« Le pigeon a été domestiqué depuis les temps les plus reculés, en Asie et en Afrique. Les Grecs semblent ne l'avoir possédé qu'un peu après l'époque d'Homère. Aristote parle de pigeons communément élevés en Égypte, et dont on obtenait jusqu'à douze pontes par an.

« Depuis longtemps on a exploité la mémoire locale du pigeon, pour faire de lui un messager qui, emmené au loin et rendu à la liberté, ne manque jamais de retrouver le chemin du logis, où il rentre avec une dépêche que l'on aura attachée à sa patte ou sous son aile. Les Hollandais, grands amateurs de pigeons et de nouvelles financières, remirent en honneur l'usage, emprunté à l'ancienne Rome, de ce genre de messagers, vers l'an 1574. Depuis lors le pigeon a transmis fidèlement, chaque jour, le cours des valeurs cotées entre les bourses d'Amsterdam, de Paris et de Londres. Le télégraphe électrique est venu enfin le relever de cette tâche, et lui permet de consacrer une vie moins agitée au culte de la famille, qu'il comprend si bien.

« Le quartier de *White-Chapel,* à Londres, est celui où se fait l'éducation des apprentis voleurs, et où se conserve l'argot dans sa pureté traditionnelle. Une anomalie singulière, c'est que le héros de cette sinistre localité se distingue par un goût innocent et qui ne manque pas de poésie. Il a pour l'éducation des pigeons une passion aussi extravagante que le fut dans le xviie siècle la tulipomanie chez les Hollandais. Tel de ces misérables qui s'expose à la déportation en décrochant un gigot de l'étal d'un boucher, est possesseur d'une volière qui réunit les plus rares variétés du pigeon, et qui peut valoir de 80 à 100 livres sterling. Il sacrifie à ses pigeons chéris tout le butin qu'il a pu récolter, le pain de ses vêtements, tout son propre *confort.* Le dimanche, ces amateurs sortent de Londres par bandes de douze à quinze, et se dirigent vers une colline, chacun portant une cage où roucoulent bon nombre de pigeons. Quand on a trouvé un endroit convenable, toutes les cages s'ouvrent, et les pigeons sortent. Il est curieux de voir tous ces oiseaux aux formes gracieuses et au plumage chatoyant décrire dans l'air de timides spirales, chercher à reconnaître çà et là quelque objet qui leur soit familier, puis s'élever en ligne droite et voler d'un seul trait vers leur demeure.

« Non loin du lieu où des voleurs prennent un délassement qui serait digne d'un gentleman, un club composé de jeunes gens du monde et d'une éducation raffinée, se livre à l'exercice très peu noble de massacrer par centaines ces volatiles inoffensifs. Un beau *dandy,* le front hautain et grave, l'œil sur l'éveil, la lèvre contractée par une attention profonde, entre seul dans une étroite enceinte circulaire, le *Tir aux pigeons.* Il est armé d'un fusil double, d'autres sont tout chargés auprès de lui. Autour de l'enceinte sont disposées des boîtes, l'entrée de chacune fermée par une trappe mobile; chaque trappe comprime un pigeon qui a désir de s'échapper. Une main invisible fait mouvoir des cordes qui soulèveront à volonté telle ou telle trappe, soit de gauche, soit de droite, soit par devant, soit par derrière. Une trappe se lève, un pigeon de prendre l'essor, et le tireur de faire feu. Une seconde trappe se lève sur le point opposé, une autre, puis une autre encore sur autant de points capricieusement variés, et le tireur de faire feu sans relâche. Après les armes épuisées, on compte les pièces abattues dans un temps donné. Le gentleman ressemble assez, dans ce cas, au chien tueur de rats, qu'on descend au fond d'un tonneau où il doit tordre le cou à tant d'animaux à la minute. Bonne gueule, mon brave chien! J'allais dire aussi : Bonne gueule, mon moins brave gentleman! »

CHAPITRE XII

Autruche. — Casoar.
Nandou. — Dromée. — Agami.

« Voulons-nous introduire dans nos basses-cours une volaille géante, comme elles n'en ont point encore nourri ? Écoutons les bienfaisants acclimateurs, et la prophétie du plus ardent de tous, le regrettable Isidore Geoffroy. « Dans nos fermes, à côté de nos « bestiaux, prendront rang quatre genres d'oiseaux, que leur grande « taille, leur régime végétal, la bonne qualité de leur chair, et par « suite la nature des services qu'ils pourraient rendre, permettent « de comparer aux animaux de boucherie. Ces oiseaux, dont les « énormes œufs, pondus en grand nombre, sont d'excellente qualité, « et qui, en outre, portent de magnifiques plumes très recherchées « pour la toilette féminine, sont *l'autruche*, qui est africaine ; le *casoar*, « qui est asiatique ; le *nandou*, qui est américain ; la *dromée*, qui « est australienne. »

« *L'autruche* est le plus grand de tous les oiseaux connus. Elle atteint de deux mètres à deux mètres et demi de hauteur, et son poids va de quarante à cinquante kilogrammes. La longueur des jambes et du cou a fait croire aux Arabes qu'elle était née d'un chameau et d'un oiseau ; son nom persan signifie *chameau-oiseau*. Aristote aussi pensait qu'elle était d'une nature équivoque, partie oiseau, partie quadrupède. Cuvier en fait un genre de l'ordre des *échassiers*, oiseaux montés sur des pattes qui semblent des échasses. La tête est chauve et très petite, le bec déprimé horizontalement, de longueur médiocre et mousse à son extrémité. Les yeux sont grands, avec paupières garnies de cils; leur disposition permet à l'animal de voir le même objet de tous les deux à la fois. La longueur du cou atteint presque un mètre. Le sternum n'a pas le *bréchet*, que nous avons vu chez les gallinacés, et les ailes sont très courtes et garnies de plumes lâches et flexibles, dont les barbes ne s'accrochent pas les unes aux autres, comme chez les autres oiseaux; elles sont armées chacune de deux piquants, semblables à ceux du porc-épic. Les muscles de ses cuisses et de ses jambes sont énormes; ses pieds n'ont que deux doigts, dont l'externe, plus court que l'autre de moitié, est dépourvu d'ongle. A la différence des autres oiseaux, qui n'ont à l'extrémité du tube intestinal qu'une même issue, un *cloaque* pour les excréments et pour l'urine, sortant mélangés sous forme d'une matière demi-liquide, l'autruche a dans son cloaque un réservoir où l'urine s'accumule comme dans une vessie, d'où résulte pour elle la faculté d'uriner. Elle a trois renflements du tube digestif : jabot, ventricule succenturié; et son gésier est doué d'une telle puissance digestive, qu'après les avoir avalés, elle rend les fragments de fer usés et criblés de trous.

« L'autruche habite l'Afrique et l'Arabie. Elle vit en troupes qui ne dépassent pas une soixantaine d'individus, et qui parfois paissent à côté des troupeaux de zèbres, et, comme eux, font de l'herbe la base de leur nourriture. « Veut-on les rencontrer, dit le général « Daumas, on s'adresse aux lieux où il y a beaucoup d'herbe et où « la pluie est tombée depuis peu. D'après les Arabes, aussitôt que « l'autruche voit les éclairs briller et l'orage se préparer en un lieu « quelconque, elle y court, fût-elle à une très grande distance; dix « jours de marche ne sont rien pour elle. Dans le désert, on dit d'un « homme habile à soigner les troupeaux et à leur trouver les choses « nécessaires : *Il est comme l'autruche; où il voit briller l'éclair, il « arrive.* »

« L'autruche se chasse à l'affût ou à cheval. Forcer un troupeau d'autruches n'est pas facile, car le cheval court moins vite. C'est l'expédition la plus agréable pour les Arabes; elle n'est à la portée que des gens riches. Dix cavaliers montés sur des chevaux qu'on a *entraînés* avec soin quelques jours à l'avance par un régime excitant, se réunissent, chacun suivi d'un serviteur monté sur un chameau, portant de l'eau et des provisions. On avance dans le désert d'après les renseignements de dépisteurs envoyés à la découverte. Le troupeau signalé se laisse difficilement aborder, car l'animal a la vue excellente. Les cavaliers cependant parviennent à le cerner et le rabattent, en décrivant des cercles de plus en plus concentriques. Le troupeau effrayé tourne dans l'espace qui va se resserrant, sans oser jamais franchir la limite en faisant une pointe. Le moment vient où le gibier est épuisé de fatigue; chaque cavalier court alors

Autruches.

sur une proie qu'il choisit, et finit par l'atteindre, et soit par derrière, soit de côté, lui assène sur la tête un coup d'un gourdin d'olivier sauvage ou de tamarin, dont il est armé; de la sorte il ne risque pas d'abîmer les plumes. Le pauvre animal, pour protéger sa tête contre la menace du gourdin, la cache sous son aile, ce qui est moins stupide que ses calomniateurs ne l'ont prétendu. Une fois abattu, on le saigne et on l'écorche avec soin en ménageant la précieuse plume. Le mâle, au moment où on le saigne, surtout devant ses petits, pousse des gémissements lamentables; la femelle ne jette aucun cri.

— La résignation, mon fils, est la vertu de la femme.

— Sur la place même, on rôtit la chair, et l'on fait fondre la graisse, que l'on enferme dans des outres façonnées à l'instant avec la peau des cuisses.

« Prise jeune, l'autruche s'apprivoise aisément. Certaines tribus de nègres en élèvent dans des parcs, où ils pourvoient à leur nourriture. La femelle pond une quinzaine d'œufs, qu'elle dépose dans le sable. Sous la zone torride, elle se contente de les couver la nuit. L'œuf équivaut en volume à celui d'une douzaine d'œufs de poule (Isidore Geoffroy dit vingt-deux). L'autruche se laisse dresser et monter par l'homme comme le cheval, et sous le fardeau fournit encore une course assez rapide; le point difficile est de la pouvoir diriger.

« Au cap de Bonne-Espérance, elle est apprivoisée au point que, si vous faites mine de vouloir monter sur elle, c'est elle-même qui prétendra monter sur votre propre dos. Dans quelques fermes, on la laisse vaguer en liberté parmi la volaille ordinaire.

— Je crains les accidents.

— Il leur arrive parfois de fouler aux pieds une poule, et de croquer quelques poulets.

« Le *casoar à casque* ou *casoar asiatique* habite quelques-unes des îles asiatiques et de la Malaisie. Il appartient aussi à l'ordre des échassiers, mais à un autre genre que l'autruche. Il a le bec comprimé latéralement, la tête surmontée d'une proéminence osseuse, recouverte de substance cornée; des caroncules lui pendent au-dessous du cou, qui sont mêlées de rouge et de bleu comme celles du dindon. Ses plumes sont lâches, décomposées, dépourvues de barbules, au point de ressembler au poil du sanglier. Leur couleur est brun-noir luisant, les ailes sont armées d'éperons. Sa taille, inférieure à celle de l'autruche, n'excède pas un mètre et demi; mais le corps est plus massif. Il manque de ventricule succenturié, et son cloaque ne diffère pas de celui des autres oiseaux. Il s'apprivoise avec facilité.

« La difficulté d'acclimater chez nous le casoar et l'autruche est dans la différence des températures de leur patrie et de la nôtre. Néanmoins on a déjà obtenu des autruches nées en captivité dans des établissements riches, d'abord en Algérie, puis à San-Donato et ailleurs.

« Quant à la *dromée* ou casoar de la Nouvelle-Hollande, elle n'a ni casque, ni caroncules, ni éperons; son bec est déprimé, son plumage est brun, plus fourni et composé de plumes plus barbues. Elle est plus grande, bien que sa taille n'atteigne pas celle de l'autruche.

Son acclimatation se présente facile, car elle supporte le froid vaillamment. Isidore Geoffroy l'a vue au Muséum, à Paris, refuser tout abri pendant de rudes hivers et dormir presque enfouie sous la neige.

« Il en est de même du *nandou*, espèce particulière du genre autruche, et qui appartient à l'Amérique du Sud, où on le rencontre depuis les régions tropicales jusqu'au détroit de Magellan. Il a résisté

Agami gardant un troupeau.

fort bien aux hivers de Paris, quoique sans affecter l'héroïsme de la dromée. Il se reproduit depuis quelques années chez lord Derby, et dans d'autres bons lieux.

« Avant de quitter la basse-cour, je vais vous parler d'un oiseau auquel vous allez prendre, ma chère mère, un bien vif intérêt : l'*agami*, qui habite l'Amérique méridionale. C'est aussi un échassier, mais de taille plus modeste que les précédents. Son corps n'a pas plus de volume que celui du coq; il est vêtu de noir à reflets d'un violet brillant sur la poitrine, avec un petit manteau cendré et nuancé de fauve vers le haut. Les ailes et la queue sont courtes. Perché sur de très longues jambes fluettes, sa démarche arrêtée, son port de tête un peu important, rappellent assez bien l'allure de ces docteurs frais éclos, qui, encore presque adolescents, sortent de notre École normale ou d'un séminaire en renom, pleins de savoir et d'intelligence, pour aller régenter une classe de nos lycées. C'est qu'en effet, *l'agami,* au sortir de sa forêt natale, où la retraite a probablement mûri ses facultés de réflexion, a reçu mission, du haut et puissant proviseur de la ferme, de régenter la volaille de la basse-cour, et même parfois les habitants de la bergerie. Comme le jeune professeur des lycées, l'agami, devant ses élèves, se compose un maintien grave; la classe finie, s'il se retrouve seul, son gentil tempérament d'oiseau l'emporte, et il sautille avec gaieté.

« L'espèce la plus connue a reçu le nom *d'agami trompette;* on l'appelle aussi *poule crépitante,* oserai-je dire le vilain mot, *péteuse.* Il s'aprivoise très aisément, s'attache à son maître comme fait le chien, obéit à sa voix, le suit ou le précède, le caresse, lui témoigne, après une absence, la joie que lui cause son retour. Susceptible de jalousie, il écarte les animaux étrangers, ne craignant ni les chats ni les chiens, dont il sait éviter l'atteinte en s'élevant en l'air, et qu'il harcèle en retombant sur eux et en les frappant à grands coups de bec. Il trouve un plaisir extrême à se faire gratter la tête et le cou. Il connaît, comme le chien, les amis de la maison, et s'empresse à leur faire fête; mais quand certaines personnes lui déplaisent, il les chasse à coups de bec dans les jambes, et les poursuit fort loin avec colère. Il sort seul, s'éloigne sans s'égarer, et revient chez son maître. Ceux qui courent les rues dans la ville de Cayenne, s'attachent quelquefois à un passant, et le suivent partout.

« On raconte que l'agami accompagne dans les pâturages le troupeau de moutons dont la garde lui est confiée, et qu'il les ramène le soir à l'habitation. Ce qui est parfaitement avéré, c'est que, plein de résolution et de courage, il s'arroge, dès sa première entrée dans une basse-cour, le pouvoir absolu. Il commande aux poules et aux autres oiseaux domestiques; prévient les querelles; châtie les indociles et les turbulents; protège les faibles et impose aux méchants; se fait volontiers, vis-à-vis des poussins et des jeunes canards, le dispensateur d'une nourriture qu'il sait défendre contre tous et à laquelle lui-même se garde bien de toucher; oblige dans la soirée les traînards à rentrer au logis; et puis, sa journée faite, quand tout est en sûreté dans la maison, le vigilant gardien va se percher sur le toit ou sur un arbre voisin pour y goûter pendant la nuit le repos qu'il a si bien mérité.

— L'aimable animal! dit la mère; que je voudrais le posséder!

— Jusqu'ici on n'a pu encore obtenir qu'il se reproduise sur notre climat. Ce serait une acquisition plus utile que ne le fut jamais la domestication des oiseaux rapaces, que l'homme a dressés pour chasser à son profit. »

CHAPITRE XIII

Rapaces de haut vol : Gerfaut. — Faucon. — Hobereau. — Émerillon.
Rapaces de bas vol : Autour. — Épervier.
Oiseaux chanteurs : Rossignol. — Fauvette. — Serin.
Oiseaux parleurs : Perroquet. — Corbeau. — Corneille. — Pie. — Geai.

« La fauconnerie, abandonnée de la France moderne, y fut long-temps, ainsi que dans toute l'Europe, un art réduit en principes et poussé à une grande perfection. Pratiqué dès la plus haute antiquité, il est resté florissant dans l'Orient, surtout en Perse. L'Afrique musulmane en fait encore son délassement favori, et nos chefs arabes d'Algérie n'ont nulle disposition à y renoncer.

« En langage de naturaliste, dans la classe oiseau, les *rapaces* forment un ordre qui a pour caractères essentiels un bec robuste, crochu à la pointe et couvert à sa base d'une membrane qu'on appelle *cire*, des jambes emplumées jusqu'au talon, quelquefois jusqu'aux doigts. Ceux-ci sont au nombre de quatre, trois devant, un en arrière, très flexibles, avec des ongles mobiles plus ou moins rétractiles et très crochus (on dit alors des serres). Ils se nourrissent uniquement de chair.

« Dans les livres français de vénerie, le nom de *rapaces* s'applique aux oiseaux dressés pour la chasse. Chez tous, la femelle est un peu plus grosse que le mâle. On les distinguait en :

1º *Rapaces rameurs*, ou de *haut vol*, ou *nobles*, à qui leur aile mince, déliée, peu convexe, fortement tendue lors du déploiement, permet de voler contre le vent la tête droite et de s'élever sans peine dans les plus hautes régions, où ils se jouent dans tous les sens et se portent de tous côtés. Ce sont : le *gerfaut,* le *faucon* ordinaire, le *hobereau, l'émerillon.*

2º *Rapaces voiliers,* ou de *bas vol,* ou *ignobles,* dont l'aile plus épaisse, massive, arquée et moins tendue dans le développement, donne un effort moins énergique, qui ne volent avec avantage que vent arrière, la tête basse, et ne s'élèvent que pour suivre de l'œil la proie dépistée par les chasseurs. Ce sont : *l'autour* et *l'épervier.*

« Les quatre oiseaux nobles que je viens de nommer sont classés par les naturalistes dans le genre *faucon,* et en sont des espèces distinctes.

« Le *faucon* ordinaire, proprement dit, est de la taille d'une poule. Il se reconnaît toujours à ce que la moustache triangulaire, noire, qu'il a sur la joue est plus large que dans aucune autre espèce du genre. « Le jeune, dit Cuvier, a le dessus brun et les « plumes bordées de roussâtre, et le dessous blanchâtre avec des « taches longitudinales brunes. A mesure qu'il vieillit, les taches « du ventre et des cuisses tendent à devenir des lignes transverses, « noirâtres, où le blanc augmente à la gorge et au bas du cou ; le « plumage du dos devient en même temps plus uniforme et d'un « brun rayé en travers de cendré noirâtre ; la queue est brune en « dessus avec des paires de taches roussâtres, et en dessous avec « des bandes pâles qui diminuent de largeur avec l'âge ; la gorge « est toujours blanche ; les pieds et la cire du bec sont tantôt bleus « et tantôt jaunâtres. »

« Le *hobereau,* de la grosseur d'une perdrix, est brun dessus, blanchâtre et tacheté en long de brun en dessous ; les cuisses et le bas du ventre sont roux.

« L'*émerillon* est encore plus petit. Il est brun dessus, blanchâtre dessous et tacheté en long de brun, même aux cuisses. Il est le plus docile de tous, et peut se porter sur le poing à tête découverte, sans chaperon.

« Le *gerfaut,* qu'on nomme aussi faucon d'Islande ou de Norwège, est plus grand d'un quart que le faucon ordinaire. Le plus souvent son plumage est brun dessus avec une bordure de points plus pâles à chaque plume, et des lignes transverses sur les couvertures et les pennes ; le dessous est blanchâtre avec des taches brunes longues; enfin la queue est rayée de brun et de grisâtre. Il y en a aussi de complètement blancs, sans une tache brune sur le milieu de chaque penne du manteau.

« Le vol des rapaces nobles est tellement rapide, qu'on cite un faucon qui, échappé de la fauconnerie de Henri IV, franchit en une seule journée la distance qui sépare Paris de Malte, c'est-à-dire près de trois cent lieues.

« Les rapaces *voiliers*, ou de *bas vol*, ou *ignobles*, forment selon les naturalistes le genre *autour* et le genre *épervier*.

« L'*autour* ordinaire a de cinquante à cinquante-quatre centimètres de longueur, et la femelle en a environ soixante. Son plumage est brun en dessus, blanc en dessous, moucheté en long dans le premier âge, et rayé en travers, de brun, dans l'âge adulte. Ses sourcils sont blanchâtres, et sa queue est marquée de cinq bandes plus foncées.

« L'*épervier commun* est d'un tiers plus petit avec des jambes plus hautes; le plumage est à peu près le même.

« Les rapaces sont dressés pour sept sortes de vol : 1º du milan; 2º du héron; 3º de la corneille; 4º de la pie; 5º du lièvre; 6º du gibier des champs; 7º du gibier des rivières.

« Le général Daumas donne des détails avec des renseignements fournis par Abd-el-Kader, sur la chasse au faucon chez les Arabes d'Algérie. Sept ou huit cavaliers accompagnent le chef noble, qui porte deux faucons encapuchonnés, l'un sur l'épaule, l'autre sur le poing revêtu du gant de cuir. Les capuchons et la lesse de *filali* (cuir tressé) sont enrichis de soie, d'or, de petites plumes d'Autruche; les entraves autour des jambes des oiseaux sont brodées et ornées de grelots d'argent.

« Arrivés sur le terrain, les cavaliers se disséminent, battent les broussailles pour faire lever un lièvre et le rabattre vers le chef. Celui-ci décapuchonne l'oiseau, le lâche, lui indiquant du doigt la proie, et en prononçant ces mots : « Au nom de Dieu, Dieu est le plus grand. » Formule destinée à sanctifier la proie qui n'a pas été saignée, à faire que ce soit un mets permis pour le vrai croyant. L'oiseau part, fait une pointe à perte de vue, tout en suivant le lièvre de son œil perçant, puis s'abat sur lui et le frappe, soit à la tête, soit à l'épaule, d'un coup de ses serres fermées assez violent pour l'étourdir ou même le tuer. Si l'oiseau eût eu affaire à un volatile de bas vol, il lui eût comprimé la tête entre ses serres, de manière à l'étouffer.

« S'agit-il de chasser une proie qui vole haut dans les airs, le faucon monte après elle et cherche à la dominer. Quand il y est parvenu, il descend, lui casse une aile, puis le sternum. Ils tombent en tournoyant, mais toujours le faucon s'arrange de manière à avoir le dessus, et surtout à faire que sa victime ressente seule le choc de cette effroyable chute.

« A la différence du chien, l'oiseau n'a jamais pu être dressé à rapporter la proie. Il commence par en déguster les yeux; il la dévorerait tout entière si l'on n'accourait pour la lui ôter. Les mieux dressés l'abandonnent pour revenir à jeun sur le poing du maître, à ses appels répétés. Il en est parfois qui *trahissent,* qui se permettent de ne plus revenir jamais.

— L'oiseau chasseur, qui même ne chasse plus chez nous, m'intéresse médiocrement. Parlez-nous, mon fils, de l'oiseau qui chante.

— Par exemple, ma mère, le *rossignol,* la *fauvette* et ce musicien plus modeste, le *serin,* trois hôtes des volières d'appartements riches, ou à qui nous accordons de simples cages.

« Rossignol et fauvette appartiennent à deux genres, dont Cuvier forme une section dans sa famille des *becs-fins,* dans l'ordre des *passereaux dentirostres.*

— Oh! oh! dit le fermier, la chose est assez compliquée. Un ignorant tel que moi aura peine à le comprendre.

— Heureusement il n'en est besoin que pour les naturalistes, qui doivent mettre de l'ordre dans leurs études sur l'ensemble de tous les êtres qui peuplent le globe. Vous et moi, ce n'est pas là notre affaire. Dieu m'a refusé ce qu'il faut pour devenir un savant; j'accepte avec foi ce que les livres de ces messieurs me disent. Il leur a plu de créer un ordre de *passereaux,* avec tous les oiseaux qui ne sont ni *nageurs,* comme l'oie et le cygne, que vous connaissez fort bien; ni *échassiers,* comme l'autruche et l'agami, dont nous avons parlé; ni *rapaces,* comme les faucons, les aigles, les ducs, etc.; ni *gallinacés,* comme la poule et le dindon; ni *grimpeurs,* ayant un doigt disposé comme un pouce, à la façon des perroquets. Dans les passereaux ils jugent bon, pour s'y reconnaître, de distinguer parmi les différents becs ou *rostres* (du latin *rostrum*) ceux qui sont échancrés aux côtés de la pointe, ce qui leur donne une fausse apparence de dents.

— Merci, Monsieur. Je crois comprendre maintenant le dentirostre.

— Le mot *bec-fin* indique que le bec de ce passereau, outre qu'il

Chasse au faucon.

est dentirostre, est grêle et pointu. Nous devons honorer les becs-fins, nous autres cultivateurs; ils font une guerre acharnée aux insectes qui pullulent dans nos récoltes et y font tant de ravages. Une bien déplorable habitude qu'on laisse se perpétuer chez les enfants des campagnes, est celle de détruire les nids ou d'enlever les œufs des passereaux. Il n'est pas rare que le même enfant rapporte ou brise en quelques heures jusqu'à soixante et quatre-vingts œufs. Il y a peu d'années, sur la requête d'un savant prussien, M. Glover, le ministre de l'instruction publique en Prusse prescrivit à tous les maîtres d'école de veiller à ce que les enfants cessassent de collectionner des œufs d'oiseaux. En France, vers la même époque, le préfet du Bas-Rhin publia un *arrêté* qui punissait d'une amende de trois cents francs toute personne coupable d'avoir détruit un nid de ces auxiliaires du cultivateur.

— Espérons, mon fils, que l'utile arrêté ne sera pas tombé en désuétude. Je le voudrais voir exécutable dans tous nos départements.

— Moi, Madame, j'ai défendu à mes enfants et aux enfants de mes serviteurs de grimper aux nids; cela use les pantalons et abîme les arbres. J'ai fait avec l'oiseau ce traité d'alliance : tant qu'il se contentera de manger les insectes, je l'estime et respecte sa vie; s'il picore les fruits sauvages, les baies des ronces qui forment mes haies, je le lui passe; mais qu'il se garde d'approcher de mes espaliers, de toucher au grain de mes sillons, oui-da! Autrement gare à lui, monsieur l'auxiliaire infidèle!

— Quoi, Monsieur, son ramage ne vous touche pas?

— Madame, j'ai aussi retenu des fables. Mes fruits, mon grain, c'est ma vie, c'est la vie de mes enfants :

Ventre affamé n'a pas d'oreilles.

— Revenons à nos hôtes d'appartement. Le *rossignol ordinaire* et la *fauvette ordinaire* ou *fauvette des jardins* ou encore *fauvette orphée*, sont à peu près de la même grosseur. Le plumage du premier est brun roussâtre en dessus, gris blanchâtre dessous, avec la queue un peu plus rousse. Les couleurs sont plus claires chez la seconde, avec du blanc au fouet de l'aile, la penne externe de la queue aux deux tiers blanche, la suivante marquée d'une tache au bout, et les autres d'un liséré. Mais c'est surtout par les mœurs qu'ils diffèrent. Le premier cherche ordinairement sa nourriture à terre, l'autre sur les arbres et dans les buissons; il est querelleur, elle est d'un naturel très doux. A terre il marche, elle sautille et ne marche pas.

« La puissance de la voix du rossignol est prodigieuse : on a calculé qu'elle remplit une sphère de mille six cents mètres de rayon, ce qui égale au moins la portée de la voix humaine, et l'oiseau pèse « une demi-once : quinze grammes. « Mais, dit Bechstein, c'est

« moins encore la force que l'étendue, la flexibilité, la prodigieuse
» variété, la mélodie enfin de cette voix qui la rend précieuse à toute
« oreille sensible au beau : tantôt traînant des minutes entières
« une strophe composée seulement de deux ou trois tons mélanco-
« liques, il la commence à demi-voix en l'élevant par le plus su-
« perbe crescendo au plus haut degré d'intensité, et la finit en
« mourant. Tantôt c'est une suite rapide de sons plus éclatants,
« terminés, comme beaucoup d'autres couplets de sa chanson, par
« quelques tons détachés d'un accord ascendant. On peut compter
« jusqu'à vingt-quatre strophes ou couplets différents dans le chant
« d'un rossignol, sans y comprendre les petites variations fines et
« délicates. »

« Le mâle seul a la faculté de chanter. Buffon raconte, comme un
cas très exceptionnel, avoir vu une femelle privée dont le ramage
ressemblait à celui du mâle; cependant il n'était ni aussi fort ni aussi
varié : c'était en hiver, elle le conserva jusqu'au printemps; alors elle
revint aux véritables fonctions de son sexe, elle se tut pour faire son
nid.

« La femelle est assez difficile à reconnaître du mâle, et pourtant
cela est essentiel si l'on ne veut point mal placer ses soins d'élevage.
Le mâle est, dit-on, plus grand, a la tête plus ronde, le bec plus long,
plus large à la base, le plumage plus haut en couleur, le ventre moins
blanc, la queue plus touffue, et plus large lorsqu'il la déploie. Il
commence à gazouiller plus tôt : il se tient volontiers posé sur un
pied à la même place dans la cage.

« Le rossignol en liberté arrive chez nous au mois d'avril, et
commence à chanter pour ne finir qu'au mois de juin, vers le
solstice. Son chant diminue lorsque les petits, au nombre de
quatre à six, viennent à éclore, et qu'il s'occupe de chasser pour
les nourrir. Il nous quitte au mois de septembre pour des climats
plus chauds, heureux alors si, en traversant nos départements
du midi, il échappe au plomb des chasseurs qui le tuent et le
mangent, en prétendant que sa chair est aussi bonne que celle de
l'ortolan.

— Les ingrats ! dit la mère; il est venu détruire vaillamment les
insectes, il nous a ravis par son chant, et on le tue au moment où il
se retire et ne peut encourir aucun reproche. Pourquoi le rossignol
choisit-il la nuit de préférence pour chanter?

— Qui le dira? Dans la saison du chant il fait de la nuit le jour, et du jour son temps de dormir. Le reste de l'année il rentre dans la règle ordinaire des oiseaux diurnes. Ce chant nocturne a fait croire aux anciens qu'il ne dormait point de toute la saison, que, par conséquent, sa chair aurait une vertu antisoporeuse : de là ce singulier préjugé, qu'il suffisait de mettre le cœur et les yeux d'un rossignol sous l'oreiller d'une personne pour lui donner une insomnie.

« Passé le mois de juin, il ne reste plus au rossignol à l'état libre qu'un cri rauque, une sorte de croassement. Le captif continue à chanter pendant huit à dix mois, et son chant, dit Buffon, est non seulement plus soutenu, mais encore plus parfait. Ingéniez-vous à lui faire une volière ou une cage qui soit gaie (si jamais le mot peut s'appliquer à une prison), donnez-lui une nourriture abondante, une pâtée de viande crue, jaunes d'œufs, etc. « A ces conditions, » ajoute l'illustre savant, qui raconte en avoir élevé avec un soin tout paternel, « si ce sont des jeunes de la première ponte élevés à la brochette, « ils commenceront à gazouiller dès qu'ils commenceront à manger « seuls; leur voix se haussera, se formera par degrés; elle sera dans « toute sa force sur la fin de décembre, et ils l'exerceront tous les « jours de l'année, excepté au temps de la mue; ils chanteront beau- « coup mieux que les rossignols sauvages; ils embelliront leur chant « naturel de tous les passages qui leur plairont dans le chant des « autres oiseaux qu'on leur fera entendre, et de tous ceux que leur « inspirera l'envie de les surpasser; ils apprendront à chanter des « airs si on a la patience et le mauvais goût de les siffler avec la « *rossignolette* (un petit orgue à cylindre); ils apprendront même à « chanter alternativement avec un chœur et à répéter leur couplet à « propos.

— Ce genre de chant perfectionné, dit la mère, serait trop acheté par leur captivité; je me contenterai d'écouter le rossignol libre chanter au fond d'un bocage pendant une splendide nuit d'été.

— Un savant naturaliste, M. Gerbe, raconte avoir vu à Paris deux rossignols qui, pris jeunes et élevés dans un jardin, sortaient librement de leur cage, et ne manquaient jamais, après avoir erré çà et là pendant toute la journée, de venir y passer la nuit. L'hiver on les conservait dans une volière pour les rendre à la liberté au printemps. Ils accouraient au moindre appel de la per-

sonne qui les avait élevés et se montraient peu farouches avec les
étrangers.

— Vous commenceriez à me séduire, mon fils.

— Rappelez-vous de plus ce que dit encore Buffon (il est vrai
que là-dessus je vous ai trouvée aussi incrédule que moi), que

Volière.

les jeunes rossignols en cage apprendront même à parler quelle
langue on voudra. Les enfants de l'empereur romain Claude en
avaient qui parlaient grec et latin, et, au rapport de Pline, ces
oiseaux préparaient tous les jours de nouvelles phrases et même
des phrases assez longues, dont ils régalaient les princes leurs
maîtres.

— Monsieur, permettez-moi aussi de protester.

— Un charmant écrivain allemand, Gesner, convaincu de la

véracité de l'anecdote de l'écrivain ancien, a fait preuve de la foi la plus robuste à un récit bien autrement merveilleux. Il rapporte une lettre où il est question de deux rossignols appartenant à un maître d'hôtel de Ratisbonne, lesquels passaient les nuits à converser en allemand sur les intérêts politiques de l'Europe, sur ce qui s'était passé, sur ce qui devait arriver bientôt et ce qui arriva en effet. A la vérité, pour rendre la chose plus croyable, l'auteur de la lettre avoue que ces rossignols ne faisaient que répéter ce qu'ils avaient entendu dire à quelques militaires ou à quelques députés de la diète qui fréquentaient la même hôtellerie.

« Le passage de Pline qui a été cause de pareils contes demanderait à être commenté avec soin.

« Le chant de la *fauvette ordinaire* est éclatant, très varié ; celui de la *fauvette à tête noire* est encore plus doux et plus mélodieux ; il ressemble beaucoup à celui du rossignol sans en avoir les notes puissantes et sonores ; il a cet avantage de durer beaucoup plus longtemps et parfois jusque vers la mi-août. Le ramage de la *fauvette babillarde* consiste en un petit babil continuel. Toutes les fauvettes émigrent à l'automne comme le rossignol.

« Le *serin* est classé par Cuvier dans l'ordre des passereaux *conirostres,* dont le bec présente exactement un cône sans être courbé en aucun point. La linotte, le chardonneret et le serin forment dans cet ordre trois genres. Le *tarin,* le *venturon,* le *cini,* tous trois européens, et le *serin des îles Canaries,* sont trois espèces du genre serin. Le *canari* ne vit chez nous qu'à l'état de domesticité ; son humeur aimable et son charmant ramage ont fait qu'il s'y est multiplié à l'infini. Dans son pays natal son plumage est d'un gris verdâtre avec des taches oblongues, brunes ; en Europe il est généralement d'un jaune plus ou moins vif, plus ou moins nuancé de verdâtre.

« De même que chez la fauvette et le rossignol, la femelle ne chante pas. La voix du mâle a moins d'étendue que celle du rossignol, mais plus de facilité d'imitation. Le serin s'allie avec les espèces venturon et cini, et il résulte de leur union des métis féconds ; il s'allie avec les genres tarin, chardonneret, linotte, et il en résulte des hybrides qui ne reproduisent pas ; il en est de même de l'alliance avec le pinson et le moineau.

« En captivité le chardonneret, charmant oiseau à plumage brun dessus, blanchâtre dessous, avec un masque d'un beau rouge et une belle tache jaune sur l'aile, s'allie plus volontiers avec une serine qu'avec sa propre femelle. Le pinson ne convient pas, à cause de la différence dans sa manière de présenter la nourriture à la femelle et aux petits. Chez ces gentils oiseaux, en effet, le mari se charge de nourrir la femme pendant qu'elle couve, et ensuite continue avec elle à nourrir les petits. Dans l'espèce du serin et dans celle du chardonneret, le mâle dégorge cette nourriture aux becs chéris, après lui avoir fait subir une première préparation en la ramollissant dans son jabot; le mâle du pinson la verse sans cette opération préliminaire.

« Le cini est celui dont la voix est la plus forte. Ses métis sont plus gros que les canaris, chantent plus longtemps avec une voix très sonore, plus étendue, mais ils apprennent les airs avec plus de difficulté et ne les sifflent jamais qu'imparfaitement. Comme chanteurs, on apprécie surtout les produits d'un chardonneret avec une serine.

« Le serin mâle élevé sans femelle vit treize à quatorze ans; le produit du chardonneret et de la serine traité de même, dix-huit à dix-neuf ans; le serin mâle en ménage avec une ou plusieurs femelles, dix à onze ans. Il faut séparer les mâles des femelles après les pontes, c'est-à-dire du mois d'août au mois de mars. On obtient trois pontes par année, chacune de trois et quelquefois de sept œufs. La durée de l'incubation est de treize jours. Parmi les jeunes on distingue le mâle à ses couleurs plus foncées; sa tête est un peu plus grosse et un peu plus longue, ses tempes d'un jaune plus orangé, ses jambes plus longues; il a sous le bec une sorte de flamme jaune qui descend plus bas.

« L'extrême docilité de ces oiseaux porte souvent des éleveurs doués d'une certaine patience à leur apprendre à exécuter au commandement plusieurs exercices. Tous les dix ans environ, on voit figurer dans une petite salle de spectacle une compagnie de ces gentils artistes. Ils traînent une petite pièce d'artillerie, y mettent le feu, simulent des scènes d'un oiseau déserteur, que l'on poursuit, que des gendarmes saisissent, amènent devant un tribunal de juges qui le condamnent. Puis vient l'exécution du condamné, qui tombe sous un coup de feu, fait le mort et se laisse emporter sur une civière.

Ce drame s'exécutait l'année dernière à Paris, sous la direction d'une intelligente jeune femme.

— J'ai vu, dit la mère, un drame analogue exécuté par des serins hollandais; l'*impresario* était un bon vieil oiselier.

— Venons aux oiseaux *parleurs,* ceux dont la voix imite les sons de la parole humaine. Le plus en honneur est le perroquet, qui joint à cette faculté un plumage de couleurs éclatantes. Viennent après lui, beaucoup moins estimés par le monde élégant : la pie, la corneille, le corbeau, le geai, le sansonnet.

« Le perroquet appartient à une famille de l'ordre des oiseaux *grimpeurs,* famille qui se caractérise par une grosse tête, un bec gros, dur, solide, arrondi de toutes parts, incliné dès la base, garni d'une membrane où sont percées les narines ; la mandibule supérieure est crochue et aiguë au bout, tandis que le bout de l'inférieure est ordinairement échancré; la langue est épaisse, charnue et arrondie. On attribue à sa conformation particulière et à celle, très compliquée, du larynx la faculté d'articuler nettement les sons comme le fait l'homme. Les doigts, au nombre de quatre, armés d'ongles robustes, sont opposés deux à deux (cette opposition est le caractère essentiel des oiseaux grimpeurs). Ils ont de la sorte une grande facilité pour s'accrocher aux branches des arbres et y prendre un solide point d'appui ; mais ils sont fort gênés pour marcher sur un terrain uni. L'animal veut-il grimper, il saisit par son bec un point de la branche à sa portée, et y pose ensuite les pieds l'un après l'autre ; veut-il descendre, il pose sur la branche le dos de la mandibule supérieure de son bec comme moyen de soutien.

« On partage la famille en deux divisions : les perroquets à queue longue et étagée, et ceux à queue courte et égale ou légèrement cunéiforme. La première comprend les *aras,* qui ont la plus grande partie des joues nue, sont de grande taille, et ont un plumage de couleurs éclatantes et variées, — et les *perruches,* qui sont moins grosses, ont aussi un plumage varié et les joues couvertes de plumes; la seconde comprend les *kakatoès,* qui ont le plumage blanc et sur la tête une huppe de plumes blanches, jaunes ou rouges, qu'ils peuvent redresser à volonté, et les *perroquets* proprement dits.

« Parmi ces derniers, l'espèce *jaco* a un plumage cendré avec la

queue rouge. Il se trouve à la côte occidentale d'Afrique. Il est très
apprécié en Europe à cause de la douceur de son caractère et de
son attachement pour son maître, et de la facilité avec laquelle on
lui apprend à parler. On donne le nom d'*amazones* aux espèces
dont le plumage est généralement vert (Buffon les nommait *pape-*

1 Ara Congo. — 2. Kakatoès à crête. — 3 Perroquet de Guilding.

gais). La plupart sont de l'Amérique méridionale. L'espèce la plus
commune parmi celles que l'on amène en Europe apprend facilement à parler. Ses variétés nombreuses sont difficiles à rapporter
au type primitif; cependant la plupart sont produites par l'intro-
mission de la couleur jaune en plus ou moins grande quantité
dans le plumage, au point qu'une d'entre elles est complètement
jaune. Chez les espèces *lori,* qui habitent les Moluques, le fond du
plumage est rouge; il y a le *lori* tricolore, le rouge, le bleu et le
vert.

« Dans les espèces *perruche* je mentionnerai l'espèce dite *perruche*

Alexandre, qui fut apportée de l'Inde par le conquérant : elle a le plumage vert, un collier d'un rose vif sur la nuque, un demi-collier noir sous la gorge, et une tache rouge-brun sur chaque aile. Certaines espèces de perruches se rapprochent du genre ara en ce qu'elles ont le tour de l'œil nu ; on les dit *perruche-ara.* On connaît à la Guyane et aux Antilles la *perruche-ara-pavouane* pour son babil confus et son humeur difficile. Levaillant en a connu une qu'on avait cependant dressée à réciter en entier le *Pater* en hollandais, en se couchant sur le dos, et en joignant les deux doigts des deux pieds comme nous joignons les mains pour prier.

« A l'état sauvage, tous ces animaux, répandus dans toutes les contrées chaudes de l'ancien et du nouveau continent, ainsi que dans l'Australie et dans les îles de la mer du Sud, vivent par troupes nombreuses et s'isolent par couples à l'époque de la ponte, qui se renouvelle plusieurs fois dans l'année, et qui est de deux à quatre œufs par couvée. Les exemples de reproduction en captivité sous notre climat ont été cités comme des faits très rares.

« Ceux qu'on apporte en Europe sont en général pris jeunes dans le nid, ou bien adultes lorsqu'ils sont ivres pour s'être gorgés de la graine du cotonnier arbrisseau, ou bien atteints par des flèches dont l'extrémité est terminée par un bouton, et dont le coup les étourdit sans les tuer. On a cité quelques individus qui ont vécu en domesticité quatre-vingt-dix et même cent ans. En calculant sur toutes les espèces, on compte sur une moyenne de quarante ans. Les perruches, dit-on, ne vivent guère que vingt-cinq ans.

« A l'état sauvage ils se nourrissent de pulpes de fruits, et s'attaquent volontiers aux noyaux : que leur bec ouvre avec une grande habileté pour en extraire l'amande. En captivité le chènevis leur est un aliment fort convenable. Ils aiment beaucoup le pain imbibé de vin.

— Oh ! dit la mère, ils mangent volontiers de tout. Il y a plaisir à les voir se servir d'une patte pour porter l'aliment à leur bec. Mais il faut se garder de développer chez eux le goût de la viande. J'ai connu une charmante *perruche de Pennant* qui avait été apportée d'Australie, le manteau et les couvertures des ailes noirs, cerclés de rouge, la gorge, les épaules et le dessus de la queue de couleur azur, et le dessous du corps rouge. On lui avait donné à ronger de petits os de poulet rôti ; elle aimait surtout les tendons, les ligaments. Qu'arriva-t-il? La malheureuse contracta un tel goût pour la chair, qu'elle prit l'habitude de s'arracher les plumes pour les sucer à la base.

— Duméril cite un perroquet amazone à tête blanche qui s'était mis tout le corps à nu, comme celui d'un poulet préparé pour la

1. Perruche de la Caroline. — 2 Perruche de la Nouvelle-Hollande.
3 Mélopsite ondulé.

broche. Néanmoins il supporta ainsi la rigueur de deux hivers très froids.

« Laissons *Jaco* pérorer sur son beau perchoir, dans les appartements, et disons bonjour à *Margot* la *pie,* qui, du fond d'une cage d'osier, javote à la porte des plus humbles cabanes.

— Celle-là, Monsieur, est pour moi une connaissance. Les enfants et les vieilles de mon village lui apprennent à parler, ainsi qu'au *corbeau,* à la *corneille,* au *geai,* tous oiseaux qui ne coûtent pas un sou, et qui n'en répètent pas moins leurs phrases avec gentillesse.

— Ils sont autant de genres distincts dans une même famille, qui appartient à l'ordre des passereaux conirostres.

« Le *corbeau* est le plus grand des passereaux de l'Europe. Il se nourrit volontiers de cadavres, et ne manque jamais d'arriver par bandes sur le lieu où se donne quelque bataille. Son plumage tout noir, et la mandibule supérieure de son bec en avant justifient bien son surnom de croque-mort. Il se laisse facilement apprivoiser. On l'a dressé parfois à la fauconnerie. Selon une légende antique, un Romain avait dressé un corbeau à lui servir d'auxiliaire dans les combats, et ajoutait à son nom de Valerius le surnom de Corvinus (du latin *corvus*, corbeau), comme on dirait Jean du Corbeau.

— Je n'ai garde, Monsieur, qu'il en entre un chez moi. Il met en déroute les chats et les chiens, répond à grands coups de bec aux enfants qui l'agacent, s'attaque même aux jambes des hommes et déchire les vêtements. Je le laisse tranquillement faire son nid dans un creux de rocher, dans la carcasse d'une vieille tour, y pondre ses cinq ou six œufs. A lui le champ libre pour tuer les rats, les mulots, les perdrix même, s'il le veut. La mère de l'épicier du pays en nourrit un en cage; elle lui a appris une phrase d'avertissement : A la boutique, s'il vous plaît !

— La *corneille* ou *corbine,* d'un quart plus petite, est de même strictement vêtue de noir. Elle aussi a été jadis dressée à la fauconnerie. Elle vit en grandes bandes, à la différence du corbeau.

— Monsieur, la femme de notre charron en a une qui dit une phrase vraiment belle : *Le temps est argent.*

— La *pie* est de taille encore inférieure, elle a une queue plus longue et étagée. Elle ne marche pas, comme le corbeau et la corbine, elle va sautillant. Notre espèce française, la *pie commune,* est bien vêtue, d'un noir soyeux, à reflets pourpres, bleus et dorés, à ventre blanc, avec une grande tache blanche au-dessus de l'œil. Montaigne cite, d'après Plutarque, un fait qui dénote une bien grande application à imiter les sons recueillis.

« Une pie était dans la boutique d'un barbier, à Rome, et faisait
« merveilles de contrefaire avec la voix tout ce qu'elle oyait. Un
« jour il advint que certaines trompettes s'arrêtèrent à sonner long-
« temps devant cette boutique. Depuis cela, et tout le lendemain,
« voilà cette pie pensive, muette et mélancolique; de quoi tout le
« monde était émerveillé, et pensait-on que le son des trompettes
« l'eût ainsi étourdie et étonnée, et qu'avec l'ouïe sa voix se fût
« quant et quant éteinte. Mais on trouva enfin que c'était une
« étude profonde et une retraite en soi-même, son esprit s'excitant
« et préparant sa voix à représenter le son des trompettes; de

« manière que sa première voix ce fut celle-là d'exprimer parfai-
« tement leurs reprises, leurs pauses et leurs nuances, ayant quitté
« pour ce nouvel apprentissage et pris à dédain tout ce qu'elle avait
« ouï auparavant. »

— Peu importe son beau talent, Monsieur; jamais pie n'entrera
dans mon ménage. Elle a, plus encore que le corbeau et la corbine,
le goût d'accaparer, de se faire des provisions, de s'emparer de l'argent, des objets brillants qui peuvent traîner. Un fermier de cœur

Pie et Corbeau.

n'oubliera jamais le triste drame de *la Pie voleuse* et de la servante
de Palaiseau.

— Le *geai,* moins gros que la pie est un joli oiseau d'un gris
vineux, à pennes et à moustaches noires, et remarquable surtout par
la grande tache d'un bleu éclatant que présente une partie des couvertures de l'aile. Il ne se nourrit pas de cadavres, le mignon, mais
de glands, de noisettes, de fèves, de baies; il y joint le mérite de
faire la guerre aux insectes et aux vers.

— Oui, Monsieur; mais lui aussi, il est voleur, cacheur d'objets,
d'objets qui ne peuvent lui servir à rien, l'imbécile!

— Moi, mon fils, je plaiderai pour lui. Il est d'humeur si enjouée,
si caressante! Vous n'avez pu oublier le geai qui appartenait à l'une
de nos amies, Mme Clémentine Batta, la célèbre musicienne. Il pas-

sait la journée auprès d'elle sur son piano, sur sa table à ouvrage ; la nuit, il dormait dans sa chambre, appuyé sur une tringle de rideau. Au point du jour il s'approchait du lit, et avec son bec donnait de petites secousses à la couverture pour réveiller doucement sa maîtresse chérie, en répétant sa phrasette habituelle : *Baisez petit geai ! baisez petit geai !*

— L'*étourneau* ou *sansonnet*, plus petit que le geai, appartient aussi à l'ordre des passereaux conirostres, et à une famille voisine de celle dont le corbeau est le type. L'étourneau commun, la seule espèce qui visite notre France, arrive aux premiers jours du printemps, et nous quitte vers la fin de l'automne. Son plumage est noir, avec des reflets violets et verts, et tacheté de blanc ou de fauve. En captivité il apprend à parler, et articule plus distinctement que le perroquet.

— Cela, je puis l'attester. J'ai visité à Paris, à l'hospice des Ménages, une femme âgée bien intéressante, Thérèse Figueur, qui fut connue sous le nom du *Petit dragon sans-gêne* dans nos armées de la république et du premier empire. Elle avait eu occasion, au siège de Toulon, d'être remarquée de Bonaparte, commandant de l'artillerie, qui plus tard la plaça à la Malmaison. Dans sa chambrette d'hospice je trouvai un sansonnet, à qui, pour lui faire honneur, les autres bonnes vieilles ses compagnes avaient appris à répéter cette phrase : *Sans-gêne est un brave,* en souvenir de ce que Napoléon Ier, devant elle-même, en la présentant à Joséphine, avait dit : *Mademoiselle Figueur est un brave.* »

CHAPITRE XIV

VERS A SOIE : Bombyx du mûrier.
— Bombyx du ricin. — Bombyx de l'ailante. — Bombyx du chêne. —
Abeille commune. — Abeille ligurienne.

« Encourageons les passereaux, tant dentirostres que conirostres et autres, à dévorer les chenilles, en leur recommandant
toutefois d'en épargner une bien précieuse, la chenille qui donne la
soie.

— Mon fils, j'ai été élevée à entendre dire le ver à soie.

— Pour être exact, nous devons dire le *bombyx* du mûrier; mais,
en agriculteur, je dirai aussi le ver. Il est originaire de la Chine, où
l'usage des vêtements de soie remonte à la plus haute antiquité, et
ne fut connu que fort tard des Romains. Virgile parle de la soie
« comme de fines toisons qu'on enlevait des feuilles d'un arbre avec
« un peigne. » Pline dit que « c'est un duvet qui croît sur des
« feuilles, et que l'on détache avec de l'eau. » Vers l'an 189 de l'ère
chrétienne, on croyait à Rome que la soie provenait d'une sorte
d'araignée qui vivait cinq ans, et se nourrissait la cinquième année
de jeunes pousses de roseaux; après sa mort, on tirait de son corps
une quantité de menus fils.

« Cette ignorance des Romains, alors en communication commerciale réglée avec la Perse par la côte de Syrie, et avec l'Inde par
l'Égypte et la mer Rouge, semble montrer que l'éducation du ver
était encore une industrie inconnue aux Persans et aux Indiens, et
que les étoffes de soie vendues par ces peuples n'étaient tirées que

de la Chine même. Pline rapporte que, de son temps, les étoffes achetées dans l'Inde se revendaient à Rome cent fois plus cher. Aussi, jusqu'au IIIe siècle de notre ère, la soie ne fut portée que par des femmes, et même par un très petit nombre. Pour l'ordinaire, on effilait avec soin la précieuse étoffe apportée de l'étranger, et l'on mélangeait ces fils avec des fils de lin, afin d'en composer un nouveau tissu, qui se donnait à un prix un peu moindre. Un vêtement de pure soie fut, pendant plusieurs siècles encore, un luxe que se permettaient seulement les femmes très riches, et parmi les hommes les grands personnages.

« Un jour (c'était dans le VIe siècle de notre ère), deux moines chrétiens, nés en Perse, demandent une audience à Justinien, empereur de Constantinople. Ils racontent qu'en prêchant la religion chrétienne d'une contrée à l'autre de l'Asie, ils ont été jusqu'en Chine, où ils ont séjourné longtemps et où ils ont observé les vers à soie. Transporter un insecte dont la vie est si courte est impossible, mais on peut conserver des œufs et les rapporter : c'est là ce qu'ils offrent de faire. Justinien les encourage par des dons et de brillantes promesses. Les infatigables voyageurs retournent en Chine, se procurent des œufs de ver à soie, les cachent dans des bâtons creux qui leur servent de canne, et à leur retour présentent à l'empereur les fruits de leur pacifique conquête.

« Sous leur surveillance, et dans la saison convenable, on eut recours à la chaleur du fumier pour faire éclore ces œufs, et l'on nourrit les vers avec des feuilles de mûrier. Ils vécurent et filèrent sous le nouveau climat.

« Ils se répandirent dans la Grèce, à Thèbes, à Athènes et Corinthe. Six siècles plus tard, ils se naturalisaient en Italie par les soins de Roger, roi de Sicile, qui venait de conquérir la Grèce. Dès le XIIIe siècle, on voit la France tenter un effort de ce genre sur le territoire d'Avignon. Au XVe siècle, une fabrique de soie s'établit à Tours, sous la protection de Louis XI; des mûriers se plantent dans la Touraine, et peu après dans le pays du Dauphiné. On montre encore aujourd'hui, dans le village d'Allan (Drôme), un mûrier qui, dit-on, date de cette époque.

« Vers l'an 1520, Lyon et Saint-Étienne commencent leurs travaux en soieries. Trente ans après, François Ier fait planter des mûriers à Fontainebleau, et établit une magnanerie (bâtiment pour l'éducation du ver) dans le palais même. Sous Charles IX, un simple jardinier de Nîmes, du nom de Traucat, dote d'une semblable richesse son pays natal.

« Le roi Henri IV, nous apprend Olivier de Serres, pour donner « l'exemple, a voulu que des mûriers soient plantés dans tous les « jardins de ses maisons ; et, au commencement de l'an 1601, il

Bombyx du ricin, sa chenille, ses œufs et son cocon.

« en fut conduit à Paris jusqu'au nombre de quinze à vingt mille, « lesquels furent plantés au jardin des Tuileries. Et Sa Majesté « fit construire une grande maison au bout de son jardin des « Tuileries, accommodée de toutes choses nécessaires, tant pour « la nourriture des vers que pour les premiers ouvrages de la « soie. »

« Cependant jusqu'en 1789 les progrès furent très lents ; on n'obtenait que de la soie d'une qualité médiocre. On réussit à se procurer en Chine même des œufs, ou, comme on dit, de la *graine* de la plus belle race, et la soie française s'améliora.

— Traitez-moi comme une ignorante, et faites devant moi une éducation de vers à soie à partir de la graine.

— Cette graine, d'un gris cendré, se détache, à l'aide d'un couteau d'ivoire, du linge sur lequel elle a été pondue. On jette les œufs dans un bassin rempli d'eau tiède. Quelques personnes versent du vin dans cette eau; d'autres emploient du vin pur. Les œufs qui surnagent sont jetés au fumier comme ne renfermant point de germe. Les bons œufs sont agités doucement avec une cuiller pour les bien laver, les débarrasser d'une matière gluante qui leur sert d'enveloppe. On prétend que le petit ver trouvera moins de résistance quand il sera en état de briser sa coquille.

« Ici je dois faire une remarque. Il existe aux archives du ministère de l'Agriculture un manuscrit rédigé en Chine, en 1839, par un chrétien chinois, à la demande des missionnaires lazaristes français. On y lit formellement : *Depuis le commencement jusqu'à la fin, il ne faut faire tremper la graine ni dans l'eau froide ni dans l'eau chaude.* Quant à la conservation de la graine, il mentionne une opinion de son pays, d'après laquelle, « pour la préserver d'éclore, « même sous un climat très chaud, il suffirait de placer le papier « qui la porte dans de la farine de pois. »

« Un point très important est d'obtenir une éclosion générale, afin que tous les petits vers soient de force égale et puissent être soumis tous ensemble à un régime régulier. Pour cela, en France, on place la graine lavée et égouttée dans une chambre chaude, une *étuve,* que l'on chauffe de jour en jour davantage, en ayant soin qu'elle soit un peu humide. On tâche de faire coïncider l'éclosion des œufs avec l'apparition des feuilles sur le mûrier, l'arbre qui porte leur nourriture.

« Le mémoire du Chinois dit « qu'en Chine peu importe que le « climat soit ou ne soit pas extrêmement chaud, on se contente d'en- « velopper la graine dans du coton pour la tenir chaudement, et « bientôt les œufs éclosent d'eux-mêmes. »

« Généralement la paysanne du midi de la France y fait encore moins de façon. La graine lavée est déposée dans un sachet qu'elle noue par le haut; elle porte tout le jour ce *nouet* sur sa poitrine, la nuit elle le place sous son traversin. Je me rappelle d'avoir bien ri à Grignon, lorsque, après avoir entendu une leçon fort savante sur différentes étuves plus propres à l'éclosion les unes que les autres, le

professeur termina par ces mots : « Maintenant, allons voir la mère
« une telle (c'était la magnanière de l'établissement) faire ses nouets
« de graine : la chaleur humaine est peut-être encore ce qu'il y a de
« mieux. »

« Avant l'éclosion, la graine passe par plusieurs teintes : au gris de
cendre succèdent le bleu, le violet, le jaune soufre, un gris très
foncé, et enfin un ton blanchâtre. On calcule qu'un gramme de
graines peut fournir environ douze cents vers. Dans une ferme du
Midi, on fait souvent une *éducation* d'une livre et demie de graines,
soit sept cent cinquante grammes, ce qui donnerait un peu plus de
neuf cent mille vers.

« Le ver *mue*, c'est-à-dire change de peau quatre fois à des intervalles de quelques jours. A sa naissance il avait *deux* millimètres
de longueur; il en a *neuf* après la première mue, *quatorze* après la
seconde, *vingt-sept* après la troisième, et *cinquante-sept* après la
quatrième, et il grandit encore jusqu'à en atteindre *quatre-vingt-
dix*, c'est-à-dire qu'il est *quarante-cinq* fois plus grand qu'à sa
naissance, et sa santé exige qu'on lui accorde *cent cinquante* fois
plus d'espace. La consommation des feuilles par jour va au *centuple*.

— Monsieur, j'ai assisté chez un de mes amis, fermier dans la
Savoie, à une éducation : de jour en jour il fallait donner à ces
voraces qui allaient toujours grossissant de nouvelles claies pour
s'étaler à l'aise. Une petite chambre avait suffi dans les premiers
jours; avant le vingtième il nous fallait quitter tous la maison et aller
coucher dans la grange.

— Vers le vingt-cinquième jour le ver cesse de manger et manifeste l'intention de filer le cocon dans lequel il se transformera de
chenille ou *larve,* qui a trois paires de pattes articulées et placées
du côté de la tête, et quatre paires postérieures, en *chrysalide,* pour
sortir enfin sous forme de *papillon.*

« La chenille, en sortant de l'œuf, était pourvue de poils, et d'une
couleur noirâtre; elle devient successivement lisse à mesure qu'elle
subit les changements de peau, et prend une couleur blanchâtre qui
tire sur la couleur de chair. C'est le fait le plus général; il n'est
pas rare d'en compter un petit nombre qui sont d'un gris foncé et
presque noirâtre, avec peu ou point de taches blanches.

« Le long du corps, qui se divise en anneaux, sont des *stigmates,* petites ouvertures ovales par lesquelles l'insecte respire. La tête porte six petits grains noirs rangés en cercle ; trois sont transparents et semblent être les yeux. La bouche est armée de deux fortes mâchoires dures et assez aiguës. Au-dessous de la lèvre inférieure est un petit trou, c'est la *filière*. Elle communique dans l'intérieur du corps à deux réservoirs remplis d'une liqueur blanchâtre et transparente. Les deux jets de cette liqueur se confondent et se moulent en un seul en passant par la filière ; la liqueur, dès qu'elle est exposée à l'air, se sèche, se solidifie et devient le fil de soie. Quelques éleveurs prétendent que la couleur des huit pattes postérieures indique quelle sera la couleur de la soie à venir, jaunes pour la soie jaune, blanches pour la soie blanche.

« La chenille ne quitte sa dernière peau que dans le cocon, pour se changer en *chrysalide* ou *nymphe* (en langage vulgaire on dit *fève*). Ouvrez le cocon, vous y trouverez alors une petite masse allongée, ovale ; d'abord molle et transparente, elle durcira peu à peu et deviendra opaque. Vingt jours après la transformation, cet objet se transforme en un papillon qu'on nomme *phalène* ou *bombyx*, qui a des antennes disposées en peigne ; le corps très gros, est d'un brun plus ou moins clair ; les ailes, mal construites pour le vol, sont courtes et blanches, les supérieures débordées par les inférieures dans le repos, et recourbées en faucille surtout dans le mâle. Cette fois l'insecte, que les savants classent dans l'ordre des *lépidoptères*, a parcouru la série de ses mutations ; il est apte à se reproduire.

— Cette éducation, Madame, est parfois une affaire admirable. Vous plantez dans vos champs quelques mûriers qui coûtent peu d'achat, rien d'entretien, et qui même vous donnent des fagots. Vous payez une *once* de graines (dans les campagnes nous comptons encore par onces, soit trente grammes et demi) 5 francs, 12 francs au plus pour ce qu'il y a de mieux, et en moins d'un mois, sans autre dépense que la main d'œuvre de la famille en vous gênant un peu dans votre logement, votre once de graines peut vous donner cent et jusqu'à cent vingt livres de cocons, ce qui est le maximum, j'en conviens. Mais ne comptons que soixante-dix livres, ce qui est modeste : soixante-dix livres de cocons, que je puis vendre au moins 8 francs la livre, sont un magnifique bénéfice.

— Aussi la perspective séduit-elle de nombreux spéculateurs qui opèrent en grand, construisent des bâtiments spéciaux ou magnaneries (du mot *magnan,* qui en provençal est le nom du ver à soie). Ils y établissent une chambre à air munie d'un poêle, de laquelle ils tirent à volonté de l'air chaud ou de l'air frais, pour maintenir le ver dans une température constamment égale, un ventilateur pour changer l'air vicié par la mauvaise odeur, et d'autres appareils, de

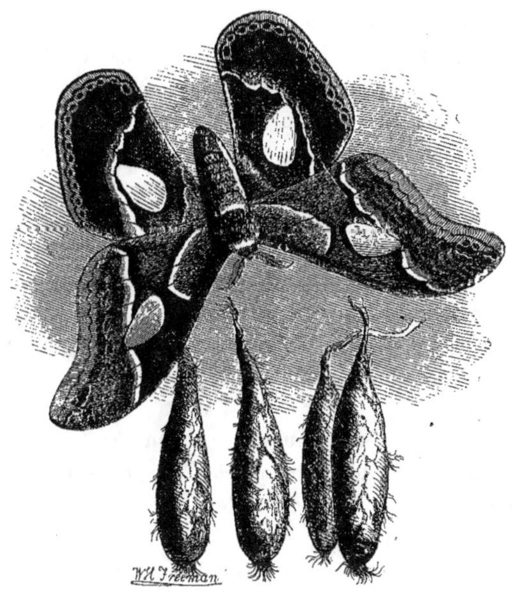

Attacus speculum et ses cocons.

manière à prolonger la saison propre à l'éducation et en faire trois dans l'année. Malheureusement les vers sont sujets à plusieurs maladies, par exemple : la bouffissure ou la *grasserie;* la *touffe,* qui provient d'un excès de chaleur dans l'atmosphère lors d'un orage; la *muscardine,* un petit champignon qui se développe dans les tissus graisseux du ver; on estime que ce fléau a causé plus de 20 millions de perte à nos éleveurs français.

— Monsieur, dans ma petite pratique j'ai peur que ces trop grandes agglomérations de vers n'aient amené le fléau, comme, parmi les hommes, le typhus se produit dans les hôpitaux et les casernes dès qu'il y a encombrement. Je suis pour les éducations d'un nombre modéré, dans lesquelles on n'avance qu'une peine prise en famille et un capital presque insignifiant.

— Les cultivateurs ne pouvaient rester indifférents dans la question de produire la soie.

« Dès l'an 1804, Roxburg recommandait aux fabricants anglais, ses compatriotes, la soie de deux chenilles, le *bombyx Militta* et le *bombyx Cinthia* : l'une qui file son cocon à l'état libre et sauvage sur les jujubiers de l'Hindoustan ; l'autre domestique, au Bengale, et se nourrissant des feuilles soit du ricin, soit de l'ailante (l'arbre que nous appelons à tort vernis du Japon). Cette soie, nommée dans le pays *fussah,* est d'un poids énorme et d'une solidité extrême. Rouxburg conseillait de l'employer pour la chaîne des étoffes, en réservant pour la trame la soie du ver du mûrier, plus légère avec plus d'éclat et de moelleux. On aurait ainsi des étoffes d'une durée extraordinaire. Vers l'an 1849, le voyageur français Lamare-Picquot, qui s'était passionné pour cette idée, rapporta en France quelques œufs du *bombyx Mylitta.* L'éclosion donna une cinquantaine de vers, mais l'éducation ne produisit malheureusement que des papillons femelles.

« M. Blanchard, professeur au Muséum, émit à cette même époque une idée plus séduisante. Parmi plusieurs chenilles de l'Inde, de la Chine, de la Nouvelle-Hollande et de l'Amérique septentrionale, il recommandait avant toutes : le *bombyx cecropia,* qui se nourrit volontiers des feuilles du mûrier sauvage, de l'aubépine, de l'orme, etc. ; le *bombyx polyphemus,* qui vit particulièrement sur les chênes et mange aussi les feuilles du peuplier.

— C'est-à-dire, Monsieur, qu'on pourrait en élever dans notre pays sans qu'on soit obligé de leur consacrer aucune culture. Ce serait là un bien grand trésor mis à la portée des plus pauvres gens de la campagne.

— M. Drouyn de Lhuys, ministre des affaires étrangères, adopta l'idée. Il fit envoyer à la Société d'acclimatation, par notre consul de la Nouvelle-Orléans, des cocons vivants de trois espèces : *bombyx polyphemus, bombyx cecropia* et *bombyx luna.* Ce premier essai ne réussit malheureusement pas. Un second essai du *bombyx cecropia* a réussi en Allemagne.

« De son côté, le persévérant M. Guérin-Méneville a pratiqué une longue suite d'essais, qui ont porté sur presque toutes les espèces successivement importées en Europe. « Quelques-uns, disait Isi- « dore Geoffroy en 1861, ont eu lieu sur une grande échelle, et « si heureusement, que le succès définitif semble assuré. » Il a, entre autres services, amélioré une race très robuste qu'il a prise en Italie, et dont il fait grossir les cocons, qui avaient le défaut d'être trop petits. Il a donné ses soins au ver à soie du chêne (ou plutôt des chênes de la Chine), qu'il a nommé *bombyx Pernyi,* lequel donne un soie peu brillante, mais solide.

« En définitive, les vues se dirigent surtout sur les espèces robustes qui vivent à l'état libre en Chine, dans le Japon, dans l'Indo-Chine, et que j'appellerai tout simplement le ver du ricin, celui de l'ailante et celui du chêne. Le ver de l'ailante, depuis quelques années, s'élève avec succès à l'état libre sur l'arbre même, enveloppé de filets, au bois de Boulogne, dans un terrain du jardin d'acclimatation. Ses œufs sont même devenus un objet de commerce, sous le nom de graine du Japon.

« Je dois ajouter, pour être impartial, que le *bombyx mylitta,* qui a obtenu les préférences de M. Chavannes, est aussi élevé par lui en plein air, et sous le climat de la Suisse. Des expériences ont constaté qu'il s'accommode parfaitement des feuilles du chêne de notre pays, du néflier commun, de l'alisier et du cognassier.

— Monsieur, ma voix sera comptée pour bien peu, mais je fais des vœux surtout pour le bombyx mylitta, puisque nous avons sous la main et sans frais de culture tant de différents arbres indigènes pour le recevoir et le nourrir.

— Un autre insecte, qui lui aussi passe par les trois états de larve, de nymphe et d'insecte parfait, l'abeille, fournit à l'homme le miel et la cire, en échange de son loyer dans une pauvre habitation nommée *ruche.* La ruche se construit avec quelque peu d'osier tressé en un cône allongé qui se termine en dôme, ou mieux avec quelques minces planchettes formant des cadres. C'est une spéculation nullement précaire, où le capital avancé est vraiment insignifiant.

— Ma femme ne m'a jamais permis d'avoir des ruches, tant elle craignait pour les marmots nos enfants et petits-enfants la piqûre des abeilles. J'ai eu tort de lui céder.

— La ruche du docteur Debauvoys, inventée depuis une vingtaine d'années, permet aujourd'hui d'explorer une ruche sans le
moindre danger. C'est une boîte renfermant neuf cadres ou châssis
verticaux, que l'on peut retirer ou replacer à volonté, sans être
obligé de tourmenter les abeilles ; on les invite seulement à passer
du cadre que l'on veut manier, et que l'on enlève, sur le cadre voisin. Une ruche, avec des parois de verre, permet aux savants de
surprendre le secret des opérations de l'essaim qui l'habite. Un
essaim, pour payer convenablement son loyer au bout de l'année,
doit se composer de quinze à vingt mille individus ; il le payera encore mieux s'il va à trente mille.

— Mais, demanda la mère, comment s'assurer du nombre des
locataires ?

— Le propriétaire de la ruche l'a pesée avant de la livrer à l'essaim ; un fois l'essaim mis en possesion des lieux, il pèse de nouveau ; chaque kilogramme en sus annonce, dit-on, la présence de
dix mille occupants. Je dois dire que l'évaluation est discutée, et
qu'on la prétend un peu trop forte.

« L'abeille est noirâtre ; l'écusson et l'abdomen sont de la même
couleur ; une bande transversale grisâtre, formée par un duvet,
existe à la base du troisième anneau et des suivants.

« Dans les trente mille individus qui composent l'essaim, on
distingue la femelle féconde ou *reine*, les *mâles* ou *faux-bourdons*,
qui sont dans la proportion d'un trentième, d'autres disent d'un
vingt-cinquième ; le reste sont les ouvrières ou *neutres*.

« L'abdomen de l'*ouvrière* est court, composé de six anneaux et
armé d'un aiguillon. Ses mandibules sont en forme de cuillers et
sans dentelures. De ses trois paires de pattes, la première n'a rien
de remarquable ; la deuxième paire porte une *brosse* peu pronon-
cée sur la face interne ; la troisième est surtout digne d'attention.
Les naturalistes divisent la patte, chez l'insecte, en trois parties :
cuisse, jambe et tarse. Ici la cuisse est très forte ; la jambe porte
à sa partie externe, ou *palette*, une excavation toute entourée de
poils raides : c'est la *corbeille*. La première pièce du tarse, ou
pièce carrée, présente à sa partie interne une *brosse* énergique,
formée de poils régulièrement rangés en bandes transversales.
La pièce carrée et la jambe sont articulées entre elles de telle
façon, que l'insecte les ouvre et les ferme comme la lame d'un

couteau sur son manche, et peut s'en servir comme d'une pince. L'abeille ouvrière est la seule ainsi munie des outils pour aller recueillir les matériaux au dehors, et de l'arme pour défendre ce qu'elle a conquis.

« Le faux-bourdon est plus gros ; il a la tête arrondie ; le thorax est très velu, le ventre plus convexe ; le premier article des tarses postérieurs a une forme allongée et ne présente point la *pièce carrée,*

Essaim d'abeilles.

ni la brosse. L'insecte manque des outils de travail, et aussi de l'aiguillon.

— Oh! dit le fermier, c'est un propre à rien.

— La femelle ou reine a la tête triangulaire, l'abdomen très allongé, les ailes plus courtes que chez les deux premiers. Elle n'a point la brosse, mais elle a l'aiguillon. Nous verrons plus tard comment, la reine venant à manquer, une ouvrière peut être choisie au berceau et modifiée en reine, qui deviendra féconde. Les ouvrières seraient, à vrai dire, autant de femelles qui restent neutres, afin de se livrer exclusivement au travail.

« L'abeille ouvrière récolte la cire en se roulant dans l'intérieur de la corolle des fleurs. Le *pollen,* poussière fine qui est rouge, jaune, verte ou blanche, suivant la nature des plantes, s'attache à ses poils. Avec les brosses qui garnissent ses longues pattes posté rieures, elle se nettoie et ramasse cette poussière en deux pelottes qu'elle fait entrer dans les palettes. Chargée de butin, elle rentre à la ruche.

« J'avais négligé de dire qu'avant d'aller chercher les matériaux de la cire, l'abeille a récolté la matière avec laquelle elle crépira les parois de la ruche. Elle a extrait avec ses outils, sur les bourgeons du peuplier, du maronnier d'Inde, du bouleau, etc., une substance résineuse, que Pline a appelée la *propolis* : substance rougeâtre, aromatique, molle et très extensible, qui, avec le temps, se durcit et devient très solide. L'abeille l'a apportée à la ruche sous forme de petites masses lenticulaires. Revenons à la cire. On a cru longtemps que la cire était le pollen absorbé et dégorgé par la trompe. Des observateurs patients ont démontré : 1º que l'abeille ne peut fabriquer de la cire qu'avec du miel (ou du sucre qu'on lui fournira); 2º que les demi-anneaux inférieurs de l'abdomen des ouvrières, à l'exception du premier et du dernier, offrent chacun, sur leur face interne, deux poches où la cire se sécrète et se moule en petites lamelles, qui apparaissent entre les intervalles des anneaux. (C'est peut-être, diront-ils, avec la sécrétion sébacée de la peau des mammifères que la cire a le plus d'analogie.) Il est à croire que les abeilles dissolvent et ramollissent ces lamelles à mesure qu'elles tombent, en les imprégnant de leur salive.

« Le miel est puisé dans certaines glandes de fleurs, glandes désignées sous le nom de *nectaires*. L'ouvrière avale ce liquide, et puis le dégorge; c'est alors l'aliment général de la communauté.

« La grande affaire de tout ce petit monde est de construire dans la cité, avec la cire, les gâteaux, réunions d'*alvéoles*, petites cellules à six pans, dont les uns recevront la provision de miel, les magasins de propolis, de pollen, et les autres le *couvain*, c'est-à-dire les œufs que pondra la reine. Les gâteaux sont attachés au sommet de la ruche et descendent verticalement sur des plans parallèles, laissant entre eux assez d'espace pour que deux abeilles puissent circuler et travailler sans gêne. Les alvéoles forment, dans l'épaisseur d'un gâteau, un double quinconce de godets horizontaux, opposés l'un à l'autre par leur base, et qui ont leur ouverture sur l'espace vide entre deux gâteaux. Des ouvertures sont ménagées qui permettent aux abeilles de passer d'un gâteau à l'autre sans perdre de temps à contourner le gâteau. Il y aura pour le couvain de petits alvéoles destinés à recevoir les œufs qui seront larves d'ouvrières; d'autres un peu plus grands, et dans un nombre proportionnel bien calculé, destiné à recevoir les œufs qui seront larves de faux-bourdons; d'autres enfin, dans un nombre très restreint, ordinairement de trois ou quatre par ruche (Réaumur en a compté jusqu'à quarante), destinés à recevoir les œufs qui sont larves de reines. Cette fois l'alvéole est plus grand, d'une autre figure, et plus épais. Un seul pèse autant que cent trente et même cent cinquante alvéoles pour œufs de larves d'ouvrières. Le grand axe de la cellule n'est plus horizontal, mais presque vertical.

« Pendant ces grands travaux, la reine a fait des promenades dans l'air, escortée chaque fois par une troupe de bourdons ses courtisans empressés. Le jour vient où commence son importante fonction de la ponte. Pendant plusieurs mois elle ne pond que des œufs d'ouvrières, à raison de deux cents œufs par jour, les déposant quelquefois par deux ou quatre dans les alvéoles préparés; mais les ouvrières n'en laissent qu'un et détruisent les surnuméraires; puis elle commence à pondre les œufs des mâles, sans se tromper sur la grandeur des cellules, et cela pendant un mois, avec la seule interruption de la ponte d'œufs de reines, qui commence vers le vingt unième jour, et se reproduit à un jour d'intervalle.

« On prétend qu'il s'établit parmi les ouvrières une division de fonctions. Les uns continuent à recueillir au dehors les matériaux alimentaires et de construction; les autres, les *nourricières,* parachèvent les alvéoles, préparent la nourriture particulière destinée à chaque espèce de larves et en font la distribution.

« La larve éclôt deux à trois jours après la ponte : elle est roulée au fond de l'alvéole dans un liquide transparent. Elle est blanche, dépourvue de pattes, et composée de treize anneaux, y compris la tête. Les nourricières lui donnent plusieurs fois par jour une sorte de pâtée ou bouillie blanche. Elle vit dans cet état cinq à six jours, et se prend à filer une coque presque membraneuse. Les nourricières bouchent alors l'alvéole avec un couvercle de cire, et là dedans elle se transforme en nymphe; il lui faut pour cela trois jours. La nymphe, au bout de huit jours, opère sa dernière mutation, elle est abeille et brise le couvercle. Il en est de même pour les bourdons que pour les ouvrières. L'ouvrière a des ailes au vingtième jour, le bourdon n'en a qu'au vingt-quatrième; les œufs qui doivent donner la précieuse larve de reine sont l'objet de soins particuliers. Cette larve, éclose, reçoit une pâtée d'une autre nature, plus abondante, et qui a une autre saveur.

« Si par accident une ruche vient à perdre sa reine, les nourricières se hâtent d'agrandir un petit nombre de cellules qui contiennent des larves d'ouvrières, et elles apportent à ces larves choisies la pâtée exquise réservée aux larves de reine. Les larves ainsi favorisées deviendront, après leur mutation en nymphes, de véritables femelles ou reines, ayant l'abdomen très allongé et la faculté de porter et de pondre des œufs.

« La ponte des œufs et la mutation des nymphes en abeilles terminée, quand la dernière nymphe de la saison a brisé le couvercle de son alvéole, les ouvrières s'occupent de compléter et d'emmagasiner la provision du miel pour l'hiver. Malheur alors aux mâles, qui jusqu'à ce jour ont vécu d'une vie paisible de flâneurs, tout au plus occupés pendant l'absence des abeilles à couvrir les gâteaux pour conserver au couvain la chaleur dont il a besoin pour éclore, sortant volontiers, et quelquefois ne rentrant que la nuit ! Au premier mois de l'automne, après qu'il a venté froid quelques jours, sous un ciel couvert ou après une longue pluie, la rentrée dans la ruche est interdite à tout mâle; s'il s'obstine, il est percé d'aiguillons par les ouvrières. Tous sont massacrés sans pitié. On ne veut pas pour l'hiver de bouches inutiles. On n'en trouve pas un dans les ruches pendant les quatre mois de la saison rigoureuse.

« Le premier soin de la première nymphe qui arrive à l'état d'abeille reine est d'aller visiter les autres cellules royales et d'y percer de son aiguillon les larves ou nymphes qui pourraient devenir des rivales.

« Lorsque la population s'est accrue au point que l'espace manque à la communauté, une émigration devient nécessaire, un essaim se détache ayant ordinairement une reine à sa tête et va chercher fortune ailleurs.

« La durée de la vie du mâle ne dépasse pas deux à trois mois. On ne pense pas que celle de l'ouvrière dépasse de beaucoup une année. On a dit que la reine pouvait vivre cinq ans ; mais la chose est peu probable, puisqu'elle n'est en réalité qu'une ouvrière qui a acquis le développement nécessaire pour être fécondée.

« M. Debauvoys, qui fait autorité en cette matière, estime qu'un *rucher* sagement conduit, bien isolé et dans une bonne localité, donnera année moyenne douze à quinze kilogrammes de miel par ruche, et de quatre à cinq cents grammes de cire.

« Jusqu'au commencement de notre siècle, les naturalistes n'admettaient qu'une seule espèce d'abeilles donnant le miel. On admet aujourd'hui que les abeilles du midi de l'Europe sont d'une autre espèce que l'abeille commune de l'Europe occidentale.

« L'ordre de la *Mouche à miel,* institué le 11 juin 1703, figurait au nombre des amusements de la petite cour formée à Sceaux par la duchesse du Maine. La médaille d'or de l'ordre (gravée dans les *Récréations numismatiques* de Duby) représente la tête de la duchesse du Maine avec la légende L. BAR. D. SC. D. P. D. L. O. D. L. M. A. M. (Louise, baronne de Sceaux, directrice perpétuelle de l'ordre de la Mouche à miel). Dans le champ du revers une abeille se dirige vers une ruche avec la devise : *Piccola si, ma pur fa gravi le ferite :* Petite, oui ; mais pourtant elle fait de cruelles blessures.

« Les chevaliers auxquels on conférait l'ordre prononçaient ce serment : « Je jure, par les abeilles du mont Hymète, fidélité et « obéissance à la directrice perpétuelle de l'ordre, de porter toute « ma vie la médaille de la Mouche et d'accomplir, tant que je « vivrai, les statuts de l'ordre ; et si je fausse mon serment, je con- « sens que le miel se change pour moi en fiel, la cire en suif, les « fleurs en orties, et que les guêpes et les frelons me percent de leurs « aiguillons. »

« Dans notre revue des serviteurs et commensaux de l'homme, vous aurez probablement remarqué que je me suis abstenu de parler d'un animal qu'on rencontre dans presque toutes les maisons, le chat.

— Je suppose, dit la mère, que vous l'avez gardé pour le dernier en vertu de son mérite tout à fait exceptionnel.

— Non, c'est que, malgré tout ce mérite, l'homme n'a pu se faire de lui un ami dévoué comme le chien. »

——— ——— ———

CHAPITRE XV

LE CHAT ET LE SINGE

Chat commun. — Chat sauvage. — Chimpanzé. — Orang. —
Gorille. — Gibbon.

« Je dirai, avec Buffon, que le chat forme la nuance entre les
animaux domestiques et les animaux sauvages. L'homme ne lui a
ouvert sa maison que pour l'opposer à un ennemi intérieur, le rat,
encore plus incommode et qu'on ne peut anéantir. « Nous ne comp-
« tons pas, ajoute-t-il, les gens qui, ayant du goût pour les bêtes,
« n'élèvent des chats que pour s'en amuser; l'un est l'usage, l'autre
« est l'abus; et quoique ces animaux, surtout quand ils sont jeunes,
« aient de la gentillesse, ils ont en même temps une malice innée,
« un caractère faux, un naturel pervers, que l'âge augmente encore
« et que l'éducation ne fait que masquer. De voleurs déterminés ils
« deviennent seulement, lorsqu'ils sont bien élevés, souples et flat-
« teurs comme les fripons; ils ont la même adresse, la même sub-
« tilité, le même goût pour faire le mal, le même penchant à la
« rapine; comme eux ils savent couvrir leur marche, dissimuler
« leur dessein, épier les occasions, attendre, choisir, saisir l'instant
« de faire leur coup, se dérober ensuite au châtiment, fuir et
« demeurer éloignés jusqu'à ce qu'on les rappelle. Ils prennent
« aisément des habitudes de société, mais jamais des mœurs. Ils
« n'ont que l'apparence de l'attachement; on le voit à leurs mou-
« vements obliques, à leurs yeux équivoques : ils ne regardent
« jamais en face la personne aimée; soit défiance ou fausseté, ils
« prennent des détours pour en approcher, pour chercher des

« caresses auxquelles ils ne sont sensibles que pour le plaisir qu'elles
« leur font. » On a dit : Le chat se caresse à nous, mais ne nous
caresse pas.

— Propos exagérés, dit la mère. L'habile écrivain dans cette
diatribe visait à faire un contraste avec son éloge du chien. J'aime
et je préfère le chien ; mais je ne suis point *partiale* envers le
chat.

— Moi, Madame, je n'ai pas là-dessus d'opinion. J'entrevois
de temps à autre une chatte et ses petits enfants qui parcourent
mes greniers et toute la ferme. Je n'ai garde de m'occuper de
leur nourriture. Ma politique est de les maintenir à l'état d'affamés.
Ils n'en font que mieux la chasse aux souris, aux mulots, aux
taupes. Quand la chatte fait trop de petits, un valet me rend le
service de prendre la portée et de la noyer dans la mare la plus
voisine.

— Moi, Messieurs, je pense, avec M. Boitard, qu'en résumé le
chat est d'un caractère timide auprès de l'homme; il devient farouche
par poltronnerie, défiant par faiblesse, rusé par nécessité. Il n'est
jamais méchant que lorsqu'il est en colère, et jamais en colère que
lorsqu'il voit sa vie menacée. Alors il devient dangereux, parce que
sa fureur est celle du désespoir, et qu'il combat avec toute la fureur
des lâches poussés à bout.

— Le chat, cet animal de grosseur médiocre, d'allure caute-
leuse, que nous traitons assez légèrement et dont vous noyez sans
façon les petits, a l'honneur d'appartenir et de donner son nom,
dans l'ordre des mammifères, à la famille des *féliens* (du mot
latin *felis*, chat), famille à l'excès terrible des carnassiers de proie,
famille à laquelle appartiennent le lion, le tigre, la panthère, etc.
Le chat a la même organisation qu'eux, et n'en diffère que par la
taille.

« Alors que ses grands confrères en meurtre durent se retirer au
plus profond des déserts devant l'homme qu'assistaient le chien et
le cheval et qui avait inventé des armes puissantes, le chat, peu
redouté, se contenta de se cacher dans la forêt voisine. Il y vécut de
petites proies sans que l'homme se mît en souci de l'y inquiéter.
Cependant la souris, rôdeuse de nuit, s'introduisit dans nos demeures et y pullula cyniquement. Le chat, déprédateur non moins
nocturne, s'approcha à son tour du lieu où il sentit la souris installée,

et se prit à la dévorer. L'homme témoigna au chat quelque reconnaissance et prétendit se l'attacher, lui offrant une mission de police intérieure. Fol espoir ! Le chat honore un logis de sa présence, y prend un certain pied tant qu'il y sent une souris à poursuivre

Chats et Rats soupant ensemble.

ostensiblement en bravache, et un poussin, un lapereau, un oisillon, un poisson à surprendre en assassin. De l'affection du maître il s'en soucie comme d'une pomme. Le maître déménage, le chat reste là où la vie est douce et large. Il ne reçoit point d'ordre, son caprice est sa loi. Fainéant tant que le jour dure, la nuit il vaque à ses affaires purement personnelles. Écrasé et séduit par notre civilisation qui l'enveloppe, le brigand est devenu poltron et fanfaron autant que Falstaff. Il croquera lentement une faible souris, après s'être diverti de ses tortures et avoir étalé sa prouesse devant le plus de spectateurs possible ; mais il ne hasarde pas sa moustache, bien que trois fois plus vigoureux, devant un rat qui lui montre les dents. Or de jour en jour le rat va grossissant, c'est-à-dire que des espèces de plus en plus grosses accourent désoler nos cités.

« M. Toussenel raconte qu'après l'heure de minuit, dans le carré des Halles, à Paris, à la lueur des becs de gaz, qui en blêmissent d'horreur, « on peut voir sur chaque tas d'immondices « un groupe de chats et de rats devisant de bonne amitié en- « semble et fraternisant aux dépens de l'homme, et se partageant « sans vergogne les entrailles des pigeonneaux et des lapins de « choux. »

« Qu'adviendra-t-il avant peu ? La mission de police antiratière sera retirée au chat, qui l'accomplit en traître, pour être confiée au chien, probe et brave, qui montre déjà des dispositions autrement rassurantes. « Ce n'est pas, ajoute M. Toussenel, un chat qui tue- « rait douze rats à la minute, comme je l'ai vu faire à Monfaucon « par le griffon d'écurie ou par le petit boule - dogue dressés à la « besogne par des professeurs anglais. Ce n'est pas un chat qui « braverait les · assauts d'une myriade de rats pour conquérir un « simple suffrage d'estime et faire gagner quelques pièces d'or à son « maître. »

« En attendant le jour où cette satisfaction sera donnée aux intérêts sociaux, l'écrivain chasseur a publié dans son livre cette déclaration privée : « Je ne rencontre jamais un chat en maraude « en bois ou dans la plaine sans lui faire l'honneur de mon coup de « feu. »

— Châtiment bien rigoureux, dit la mère.

— C'est au chat à réformer ses mœurs ; après cet avertissement, qu'il se le tienne pour dit. Chez ces carnassiers de proie la face est arrondie, garnie de fortes moustaches propres à recevoir les moindres impressions ; les mâchoires sont garnies de six dents incisives entre deux grandes laniaires et de trois molaires tranchantes à plusieurs pointes de chaque côté. Ils ont cinq doigts aux pieds de devant, quatre à ceux de derrière, très courts en apparence parce que la phalange qui porte l'ongle donne attache par sa face dorsale à un ligament qui la maintient habituellement relevée, sans que l'animal fasse pour cela aucun effort ; de sorte que l'ongle n'éprouve pas de frottement sur le sol, et n'est pas sensible à qui toucherait la patte. (On dit que l'animal fait alors *patte de velours*.) Veut-il saisir une proie, il contracte les muscles qui font fléchir les phalanges, et les ongles s'étendent en griffes acérées. Les cou est épais, le corps allongé, presque aussi gros au ventre qu'à la poitrine, mais étroit, et qui peut s'étrécir encore au besoin. Les pattes sont peu élevées, celles de devant surtout ; la queue est assez grande et fort mobile.

« On peut croire que leur vue n'a pas une portée très longue. La pupille en se resserrant forme une fente verticale, et ils voient mieux la nuit que le jour. L'ouïe semble le sens le plus favorisé ; grâce à la mobilité de l'oreille externe, et au développement que présentent la membrane et la caisse intérieure, ils perçoivent des sons inappréciables pour nous. Le nez est peu étendu, l'odorat n'est pas très fin. La langue est revêtue de papilles cornées qui altèrent sans doute les sensations du goût. Ils dévorent plus qu'ils ne mangent ; ils tiennent leur proie entre leurs pattes de devant, ils boivent en lapant. Ils enfouissent leurs déjections pour que l'odeur ne trahisse pas leur retraite.

« Le chat sauvage est d'un tiers environ plus grand que le chat domestique. Le fond du pelage est d'un gris brun, avec des bandes noires qui tranchent peu, longitudinales sur le dos, transversales sur les flancs, les épaules et les cuisses. Poitrine et dessous du ventre gris blanc, ainsi que les coins de la bouche ; lèvres noires. Les pattes ont une teinte fauve à leur côté interne, et la plante est noire. Il habite encore nos forêts, sans y être fort commun.

« On fait généralement descendre de lui nos variétés domestiques. D'autres savants, parmi lesquels Isidore Geoffroy, prétendent qu'il faut remonter à une espèce qui se trouve en Nubie et en Abyssinie, tant à l'état sauvage qu'en domesticité. Ce chat, à peu près de la taille de notre chat ordinaire, est d'un gris fauve avec la plante des pieds noire. Il a sur la tête sept ou huit bandes noires étroites et arquées. Sa queue est longue, noire au bout avec deux anneaux rapprochés de cette couleur ; la ligne de son dos est noire, les parties inférieures sont blanches, nuancées de fauve sur la poitrine ; la face externe des pieds de devant a (en guise de gants) quatre ou cinq petites bandes transversales brunes, et la face interne deux grandes taches noires. Il porte cinq ou six petites bandes sur les cuisses.

« Notre *chat commun* a la plante des pieds et les lèvres noires. Il ressemble beaucoup au chat sauvage par les couleurs. La couleur blanche est la première que l'homme développe et qui vienne se mêler au gris de l'espèce.

« Le pelage du chat d'Espagne est entièrement roux, ou mélangé de blanc, de roux et de noir : cependant le mâle n'a jamais que des taches de deux couleurs, lèvres et plante des pieds couleur de chair. Le *chat des chartreux* a les poils très fins, généralement d'un beau gris d'ardoise d'un seul ton, lèvres et plante des pieds noires. Le *chat angora,* poil long et soyeux; quelquefois ceux du ventre descendent jusqu'à terre, et ceux du cou forment une large fraise; mais les poils de la tête et des pattes restent courts. La couleur la plus ordinaire est blanche; on en rencontre cependant de gris, de fauves, de tachetés, lèvres et plante des pieds couleur de chair.

« Les petits chats, au nombre de cinq ou six, naissent les yeux fermés, ne les ouvrent qu'au neuvième jour, et tettent pendant très longtemps. La mère leur apporte ensuite des souris et des oiseaux jusqu'à l'âge de dix-huit mois, celui de leur entier développement. Leur vie moyenne est de douze à quinze ans.

« Malgré ses vices que nous venons de traiter avec sévérité, le chat a trouvé chez les hommes des amis passionnés, parmi lesquels le cardinal de Richelieu. Vers le commencement de ce siècle, Guillot de Sterbiers célébra les chats dans un poème composé pour une certaine dame Anson, qui avait la manie d'en nourrir un très grand nombre dans un pavillon, et la malice de réunir une société d'hommes de lettres dans un second pavillon qui faisait pendant au premier.

« Voici terminée notre inspection des animaux *domestiques,* ceux qui se rattachent à la maison (en latin *domus*). Ne remarquez-vous pas avec étonnement que l'animal qui ressemble le plus à l'homme refuse de faire partie de sa maison? Le singe ne fait pour nous aucune œuvre utile d'une de ses quatre mains; car il est *quadrumane,* le misérable!

« Je laisse de côté la foule vulgaire des quadrumanes de petite taille, à longue queue *enroulante* ou sans queue, qui, dans le *palais des singes* au Muséum, ou sur nos places publiques, terrifiés par le fouet d'un maître, réjouissent du spectacle de leurs gambades et de leurs grimaces un public enfantin : ceux-là du moins payent leur nourriture en *monnaie de singe,* c'est-à-dire de saltimbanque. Je parle de l'élite sérieuse de la nation, de ces grands personnages que les savants ont appelés *anthropomorphes,* semblables à l'homme; de ceux à qui les Malais appliquent le nom d'*orang-outang,* qui,

Chat sauvage.

traduit littéralement, signifie l'*être indépendant,* dont nous avons fait l'*homme des bois.*

« Aujourd'hui la famille comprend quatre genres : le *chimpanzé,* l'*orang,* le *gorille* et le *gibbon.* Tous les quatre sans queue et sans *abajoues,* poches pendantes s'ouvrant à l'intérieur et servant à emmagasiner les aliments que l'animal ne veut pas consommer immédiatement. Les dents sont au nombre de trente-deux : quatre incisives, deux laniaires et dix molaires à chaque mâchoire. La mâchoire inférieure, presque de même forme que la nôtre, s'articule de la même manière avec le crâne. Les oreilles ont la conque appliquée contre la tête avec le contour plus ou moins arrondi, comme l'oreille humaine, la face nue, d'une couleur chair livide, est encadrée de favoris.

« Le cerveau est plus volumineux comparativement au volume

du corps que celui de tous les autres mammifères. Sous le scalpel du naturaliste, c'est celui qui offre le plus d'analogie avec le cerveau humain. Les sens ont beaucoup de perfection. L'animal voit très bien; les yeux, portés en avant, jugent parfaitement des distances. L'ouïe paraît avoir beaucoup de finesse; l'odorat et le goût semblent inférieurs. Le tact est au-dessus de tout. L'organisation des parties internes a la plus grande analogie avec la nôtre. Les femelles ont deux mamelles et font un petit, rarement deux.

« Les deux os des avant-bras et ceux des jambes sont mobiles l'un sur l'autre comme ceux des avant-bras de l'homme, de manière à exécuter très facilement par les quatre membres les mouvements de nos deux poignets. Les doigts, allongés, nus en dessous, peu poilus en dessus, sont terminés par un ongle plat et peu arqué. Le pouce, séparé aux pieds et aux mains, est opposable aux autres doigts.

« Du reste, aucun singe n'a les extrémités conformées pour la natation, ni pour fouiller la terre, et chez aucun la plante du pied ne pose à plat comme chez l'homme. Chez ceux mêmes qui ont le plus de propension pour se tenir debout, c'est toujours le tranchant externe du pied qui repose sur le sol. A quatre pattes, c'est l'extrémité des doigts du pied et le poing fermé, ou le tranchant des mains, qui supportent le corps, et pour voir devant eux ils doivent alors relever la tête d'une manière fort incommode. Il ne leur est guère possible non plus de marcher debout, du moins un peu de temps, sans une trop grande fatigue, les muscles du mollet, de la cuisse et de la fesse, qui travaillent alors, étant chez eux moins développés que chez l'homme. Ils sont éminemment grimpeurs et constitués pour vivre et courir sur les arbres.

« Le plus grand de tous est le *gorille*, qui atteint un mètre soixante-sept centimètres (cinq pieds deux pouces), très développé des bras et de la poitrine, les membres postérieurs courts. Il vit sur la côte occidentale d'Afrique.

« Vient après lui le *chimpanzé*, qui atteint un mètre soixante centimètres (près de cinq pieds). Ses jambes présentent un peu de mollet. C'est celui qui se rapproche le plus de l'homme par ses proportions générales. Il paraît propre à la Guinée et au Congo.

« L'*orang* a les bras beaucoup plus longs, et atteint un mètre cinquante centimètres (quatre pieds six pouces). Il semble particulier aux îles de la Sonde.

« Le *gibbon* est d'une taille bien inférieure. On le trouve aux îles de la Sonde et dans la partie méridionale de l'Inde.

« Amenés en Europe et en captivité, les singes périssent la plupart de phtisie pulmonaire. Ils apprennent, imitateurs de leur nature, à exécuter des mouvements plus ou moins compliqués,

Gorille.

ressemblant à ceux de l'homme. Les *anthropomorphes* qu'on a pu observer dans les jardins zoologiques donnent des signes de grande intelligence. Jeunes, il est facile de les dresser en faisant usage d'appâts pour leur gourmandise, ou de châtiments, dont ils conservent fort bien la mémoire ; mais à mesure qu'ils avancent en âge, ils deviennent de plus en plus rebelles, malicieux, et arrivent à une indocilité complète.

— Ce n'est pas moi, dit la mère, qui ferai des vœux pour leur acclimatation. Certains voyageurs, qui probablement exagéraient, ont vanté leurs bonnes dispositions pour un service d'intérieur, de la chambre, de la table. Qu'attendre d'une brute indocile, qui briserait la vaisselle et vous la jetterait à la tête ; qui un matin brosserait les habits, et le lendemain les déchirerait à belles dents ;

qui, pour imiter le barbier, approcherait un couteau de la gorge d'un enfant...? C'est horrible à songer.

— Madame, j'ai pris le singe en exécration. Cela date de mon enfance, du jour où j'ai lu la fable où le singe se plaît à jeter par la fenêtre, dans la mer, les piles d'écus que son maître entassait au fond d'un coffre, dont le maudit animal avait trouvé la clef. C'est assez du risque d'être volé par un domestique infidèle. Bien qu'il ait passé par une école, mettre son avoir à la disposition d'une bête inéducable et malfaisante, merci! »

CHAPITRE XVI

« Monsieur, demande le fermier, je comprends comment on peut prévoir que telle ou telle espèce animale sera plus ou moins facile à accoutumer à la température, à l'humidité ou à la sécheresse, à l'herbage de plaine ou de montagne d'une contrée, — à *acclimater,* en un mot; maintenant à quoi reconnaître qu'elle sera plus ou moins facile à soumettre à la volonté de l'homme, à domestiquer?

— F. Cuvier a le plus approfondi et éclairé la question, dans une série d'études publiées dans les *Annales du Muséum d'histoire naturelle.* M. Flourens a résumé ces travaux dans un excellent petit livre qui va nous servir de guide.

« Commençons par examiner en quoi consiste l'entendement chez les animaux, ou, comme on dit vulgairement, *l'esprit des bêtes,* et comparons-le à l'entendement humain.

« L'entendement chez l'animal se compose de deux éléments opposés : *instinct* et *intelligence.* Dans certains actes, il obéit à l'instinct; dans d'autres, à l'intelligence. — « Tous les actes de « l'instinct sont aveugles, nécessaires, invariables; tous ceux de « l'intelligence sont volontaires, conditionnels et modifiables. » — L'oiseau qui se construit un nid, l'abeille qui construit son gâteau d'alvéoles, n'agissent que par instinct; le chien, le cheval, qui apprennent jusqu'à la signification de plusieurs mots, qui obéissent quand nous les prononçons, font cela par intelligence. — Tout

dans l'instinct est inné : l'oiseau, l'abeille construisent sans l'avoir
appris ; ils construisent, maîtrisés par une force constante, irré-
sistible. Tout dans l'intelligence résulte de l'expérience et de l'instruction ; le chien n'obéit que parce qu'il l'a appris. — « Les
animaux reçoivent par leurs sens des impressions ; ils en con-
« servent la trace ; ces impressions conservées forment dans leur
« intelligence des associations nombreuses et variées ; ils les
« combinent, ils en tirent des rapports, ils en forment des juge-
« ments. Ils font plusieurs choses indépendantes des besoins pré-
« sents et par la seule prévoyance des suites ; or ils ne prévoient
« qu'en conséquence des impressions éprouvées, ils ont donc une
« certaine réflexion. La liberté n'étant que l'intelligence qui juge,
« qui délibère, qui choisit, ils ont donc un certain degré de liberté.
« Le chien n'obéit que parce qu'il le veut.

« Enfin, tout dans l'instinct est particulier ; cette industrie que
« l'instinct met à bâtir son nid, il ne peut l'employer qu'à bâtir son
« nid, tandis que tout dans l'intelligence est susceptible d'une appli-
« cation générale ; car cette même flexibilité d'attention et de con-
« ception que le chien met à obéir, il pourrait l'employer à l'acte
« contraire ou à d'autres actes. »

« Voici comment F. Cuvier marque les degrés de l'intelligence
dans les différents ordres des mammifères.

« C'est dans les *rongeurs* qu'elle se manifeste au plus bas degré. Le
rongeur ne distingue pas l'homme qui le soigne de tout autre homme.

« Elle est plus développée dans les *ruminants*. Le ruminant distingue son maître ; mais un simple changement d'habit suffit pour
qu'il le méconnaisse. Deux béliers accoutumés à vivre ensemble
sont-ils tondus, on les voit aussitôt se précipiter l'un sur l'autre avec
fureur.

« L'intelligence est beaucoup plus développée chez les *pachydermes*,
à la tête desquels il faut placer le cheval et l'éléphant.

« Elle l'est plus encore dans les *carnassiers*, à la tête desquels il
faut placer le chien.

« Elle atteint son plus haut degré de l'échelle animale dans les
quadrumanes, à la tête desquels se placent l'orang-outang et le
chimpanzé.

« L'entendement humain se compose aussi d'instinct et d'intelligence. « L'enfant tette en venant au monde sans l'avoir appris, sans

« avoir pu l'apprendre, par une force aveugle, par un pur instinct.
« Une force secrète et primordiale pousse invinciblement les hommes
« à se réunir. Cet instinct précède chez l'homme toute réflexion, il
« domine jusqu'aux peuples les plus sauvages, et l'idée que l'homme
« de la nature vit solitaire n'a jamais été qu'un paradoxe de philo-
« sophie, partout contredit par l'observation.

Nid d'oiseau.

« Infiniment mieux que chez l'animal, l'intelligence de l'homme
« perçoit les impressions, les combine, en tire des rapports, forme
« des jugements, prévoit, réfléchit, fait acte de liberté ; et, de
« plus, la pensée, qui se considère elle-même ; l'intelligence, qui
« se voit et s'étudie ; la connaissance, qui se connaît, forme évi-
« demment un ordre de phénomènes déterminés, d'une nature
« tranchée, et auxquels aucun autre animal ne saurait atteindre.
« C'est là un monde transcendant, et ce monde n'appartient qu'à
« l'homme.

« F. Cuvier a soin aussi de comparer les phénomènes de l'instinct
avec ceux de l'*habitude*. De l'habitude d'une action il résulte que

l'acte corporel par lequel elle s'opère finit par se reproduire sans le concours de l'acte intellectuel, qui primitivement était nécessaire. « Une personne, ajoute-t-il, qui se serait exercée dès son « enfance à ramasser et à cacher tout ce qui lui reste de ses « repas, finirait par le faire aussi machinalement que le chien « domestique, et sans que l'intelligence prenne à l'acte la moindre « part. »

« Abordant enfin la question de l'aptitude d'un animal à la domestication, il la fonde sur l'instinct de sociabilité à différents degrés qui existe chez lui. A ne considérer que la classe des mammifères, il reconnaît trois états distincts : celui des espèces *solitaires,* comme par exemple les carnassiers de proie (dont le chat ordinaire est un mince représentant); celui des espèces qui vivent en *famille,* par exemple les loups, les chevreuils; et celui des espèces qui vivent par troupes et forment de véritables *sociétés,* obéissant à un chef, par exemple les chevaux, les bœufs, les moutons, etc.

«.Auprès de ces derniers, l'art de l'homme consiste à se faire accepter comme associé, et, une fois accepté, son intelligence le rend chef. « Il ne change pas l'état naturel de ces animaux, comme « le dit Buffon, il profite de cet état naturel. » Il avait trouvé, selon F. Cuvier, les animaux *sociables,* il les rend *domestiques,* en devenant leur chef. La domesticité n'est qu'une simple modification, une conséquence déterminée de la sociabilité.

« Tous nos animaux domestiques sont de leur nature des animaux sociables. Le bœuf, la chèvre, le cochon, le chien, le lapin, etc., vivent naturellement en sociétés et par troupes.

« Le chat, espèce solitaire, ne peut être qu'apprivoisé, et aussi se peuvent apprivoiser ses grands confrères le lion et le tigre. A force de patience, en employant la menace ou la caresse, on parvient à leur imposer plus ou moins l'*habitude,* qui devient une sorte d'instinct. Plus l'animal a d'intelligence, plus on peut espérer de l'apprivoiser, de créer en lui une habitude plus ou moins précaire; pour le domestiquer, il faut qu'il ait reçu de la nature l'instinct sociable.

« S'agit-il d'introduire chez nous une nouvelle espèce animale, nous devons donc considérer si elle est sociable, c'est-à-dire apte à être domestiquée, ou si du moins elle a assez d'intelligence pour contracter l'habitude, pour se laisser apprivoiser.

— Mais, Monsieur, voici le quadrumane, qui vit en troupes, et qui, par conséquent, a l'instinct sociable; il y joint la plus grande dose d'intelligence donnée à un animal, et l'homme cependant ne tire de lui aucun parti.

— Jeune, à l'âge où l'instinct seul parle, il accepte l'homme pour chef de troupe; plus tard, son extrême intelligence, se développant, engendre un vouloir qui tend à lutter, et qui, pour être dompté, demanderait de notre part une surveillance trop assidue et des moyens de coercition qui seraient cruels.

Chien couché sur la tombe de son maître.

« La *sociabilité,* conclut F. Cuvier, marque donc parmi les espèces
« sauvages celles qui pourraient devenir encore domestiques. Mais
« l'instinct *sociable,* s'il agissait seul, ne donnerait peut-être que
« l'individu domestique; un second fait vient le renforcer et donne
« la *race;* et ce second fait est la *transmission,* d'une génération à
« une autre, des modifications acquises par une première. Ainsi
« l'*instinct sociable,* pris isolément, donne l'*individu domestique,*
« et, renforcé par les transmissions des *modifications acquises,* il
« donne la race. »

— Avant de nous séparer, dit la mère, permettez-moi de vous rappeler les beaux vers de notre grand poète Lamartine sur le traitement que l'homme doit aux animaux :

« Du mammouth au coursier, de l'aigle à la vipère,
Tous ont la juste part du domaine du Père.
Comprenez leur nature, adoucissez leur sort.
Le pacte entre eux et vous, hommes, n'est pas la mort.

Entre leur race amie et notre race humaine,
Votre seule ignorance a fait naître la haine;
La justice entre vous rétablirait la paix.
Cherchez à deviner pourquoi Dieu les a faits.
A sa meilleure fin façonnez chaque engeance,
Prêtez-leur un rayon de votre intelligence,
Adoucissez leurs mœurs en leur étant plus doux,
Soyez médiateurs et juges entre eux tous,
Et dans tout ce qui vit, la Sagesse infinie
Rétablira d'Éden la première harmonie. »

FIN

TABLE DES MATIÈRES

CHAPITRE XIV

Vers a soie : Bombyx du mûrier. — Bombyx du ricin. — Bombyx de l'ailante. — Bombyx du chêne. — Abeille commune. — Abeille ligurienne.

CHAPITRE XV

Chat commun. — Chat sauvage. — Chimpanzé. — Orang. — Gorille. — Gibbon.

CHAPITRE XVI

16691. — Tours, impr. Mame.